◉ 高职高专"十三五"土建类建筑工程造价系列教材

广联达造价软件应用技术

主　编　赵　迪

Construction Project

西安交通大学出版社
XI'AN JIAOTONG UNIVERSITY PRESS

内容提要

本教材共分为两篇，分别是土建算量篇与钢筋算量篇。本书的最大特点是以一套实际工程图纸为依托，运用广联达软件进行土建算量和钢筋算量，在实际操作的基础上引出广联达软件相关功能的运用介绍。一方面可以使学生熟悉软件的操作功能，另一方面可以使学生熟练掌握广联达软件算量的流程及原理。

本教材可作为高职高专土建类工程造价及其相关专业的教材，也可以作为建筑工程单位、工程咨询部门和造价工程师的参考书。

前　言

《广联达造价软件应用技术》是一门“理论＋实践”一体化的课程。本课程为咸阳职业技术学院新开发的一门课程。自课程开发以来，咸阳职业技术学院就开始进行校本教材的研究与开发。为了保证本教材的编制质量，学院成立了领导小组，成立了编辑委员会，建筑学院徐德乾院长担任技术顾问，并聘请咸阳市建筑设计院的李森林担任主审。领导小组主要负责校本教材开发和实施的领导工作，并明确责任到编写小组。编写小组采取分工合作的方式，制订出详细的教材编写方案。

本教材共分为两篇，分别是土建算量篇与钢筋算量篇。本书的最大特点是以一套实际工程图纸为依托，运用广联达软件进行土建算量和钢筋算量，在实际操作的基础上引出广联达软件相关功能的运用介绍。这样一方面可以使学生熟悉软件的操作功能，另一方面可以使学生熟练掌握广联达软件算量的流程及原理。为了达到以上编写目的，本教材在单元内容设置时紧紧围绕广联达算量进行安排，学习任务、任务要求、任务描述、信息准备、任务实施、考核评估、任务总结、任务拓展等八个环节节节相扣，体现了“理＋实”一体化的教学特色。

本教材由咸阳职业技术学院赵迪主编，咸阳职业技术学院熊群英、陈婷、段薇薇、房伟、刘敏参与编写。

本教材在编写过程中，参考了相关的教材及资料，在此对这些教材及资料的原著者表示衷心的感谢。虽然本教材经过认真审校，但缺点和不足在所难免，在具体教学中，我们也会不断完善和修改，并期待专家、同行提出指导意见，使本教材更加充实和完善。

编者

2016 年 7 月

目　录

· 绪　论

一、软件基础知识

1. 土建算量软件能够计算的工程量

土建算量软件能够计算的工程量包括:土石方工程量、砌体工程量、混凝土及模板工程量、屋面工程量、天棚及其楼地面工程量、墙柱面工程量等。

2. 土建算量软件的计算方法

软件算量并不是说完全抛弃了手工算量的思想。实际上,软件算量是将手工的思路完全内置在软件中,只是将算量过程利用软件实现,依靠已有的计算扣减规则,利用计算机这一高效的运算工具快速、完整地计算出所有的细部工程量,让大家从繁琐的背规则、列式子、按计算器中解脱出来。

3. 手工算量与软件算量的区别

(1)软件算量——软件可以按计算规则算出很多量;

(2)手工算量——提前清楚自己想要什么量。

基于手工的算量思维,清楚自己想要的量,利用软件这一工具,快速准确地完成工程量的计算。其实有很多项目手工计算起来比软件画图更简单,例如:板上有很多小洞,画图其实挺麻烦,我们可以在表格输入里直接计算出板的体积,填写成负数即可,这样比画图要省事得多。遇到类似的情况都可以这样处理,要以结果为导向,什么方法最快用什么,不要陷入软件画图的误区。

二、中心思想

软件算量并不是说完全抛弃了手工算量的思想。无论是手工算量,还是软件算量,我们所需要的量无非是长度、面积、体积。软件中层高确定高度,轴网确定位置,属性确定截面。我们只需把点形构件、线形构件和面形构件画到软件当中,就能根据相应的计算规则快速、准确地计算出所需要的工程量。

三、操作流程

图 0-1 是软件操作的基本流程,按图上的操作步骤我们可以轻松地将复杂的工程量计算出来,满足工程招投标及结算审核的需要。

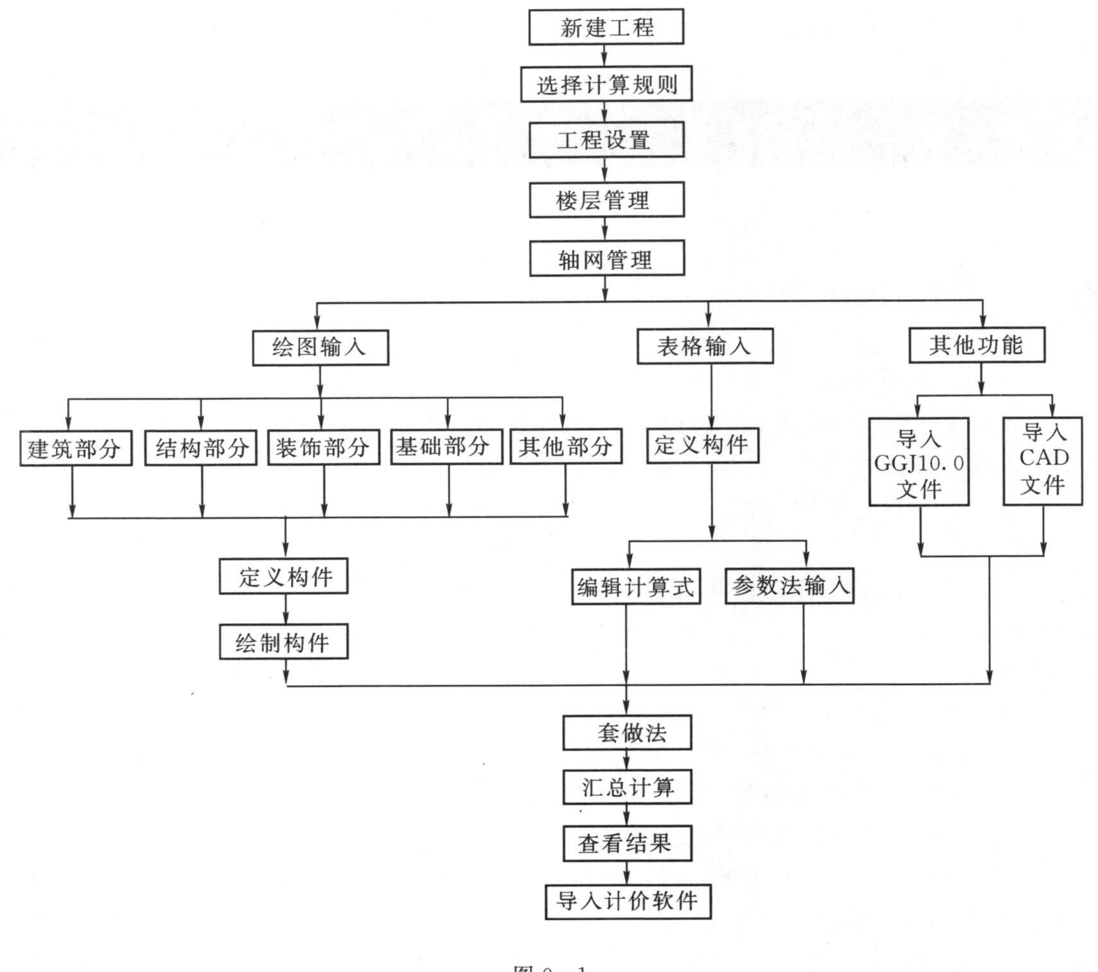

图 0-1

四、软件界面介绍

1. *界面解释*

在导航栏中，切换到绘图输入界面，软件共分为：标题栏、菜单栏、工具栏、导航栏、绘图区、状态栏等六个部分，如图 0-2 所示。

(1)标题栏：显示软件名称、工程名称、工程保存路径。

(2)菜单栏：菜单栏的主要作用就是触发软件的功能和操作，软件的所有功能和操作都可以在这里找到。

(3)工具栏：工具栏提供软件操作的常用功能键和快捷键，包括：常用工具条、构件工具条、捕捉工具条、修改工具条、窗口缩放工具条，其主要作用就是辅助用户进行快速绘图，以提高用户的应用效率。

(4)导航栏：导航栏主要是显示软件操作的主要流程和常用构件图元，帮助用户快速进行页面和构件切换；软件中设置了“常用类型”功能，用户可根据需要把工作中常用的构件放到该

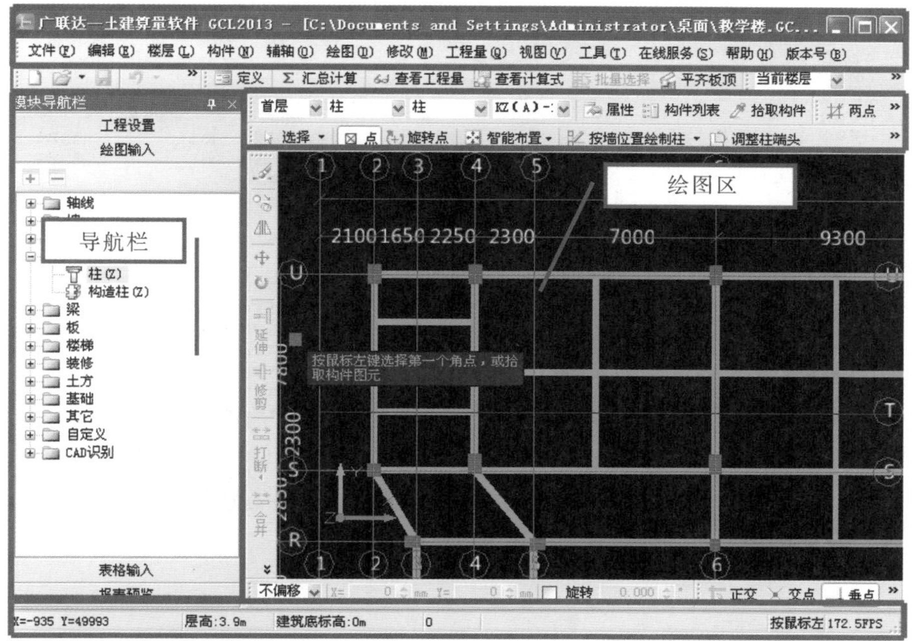

图 0-2

菜单下，方便进行构件选择和切换。

(5)绘图区：绘图区是用户进行绘图的区域，用户在该区域建立轴网、绘制图元构件、套取构件做法，然后由软件自动进行工程量的计算。

(6)状态栏：状态栏显示各种状态下的绘图信息，主要包括：当前楼层层高、当前楼层底标高、软件操作提示信息(辅助用户进行软件学习和操作)，状态栏的显隐状态在视图下拉菜单中的“状态条”中调整。

2. 导航栏中四大模块解释

(1)工程设置界面。

工程设置界面主要由工程信息、楼层信息、外部清单、计算设置、计算规则等五部分组成，可在此界面输入与工程有关的工程信息、楼层信息、混凝土强度等级等，并可查看和调整软件计算规则。如图 0-3 所示。

(2)绘图输入界面。

绘图输入界面主要包括定义界面和绘图界面，是主要操作界面，主要进行构件的定义、绘制、编辑、计算等工作，如图 0-4(定义界面)、图 0-5(绘图界面)所示。

(3)表格输入界面。

在表格输入界面，可以不用绘图而直接计算工程量，主要处理零星构件的工程量计算，如图 0-6 所示。

(4)报表预览界面。

GCL2013 软件提供三类报表：做法汇总分析、构件汇总分析、指标汇总分析，根据标书的不同模式(清单模式、定额模式、清单和定额模式)，报表的形式会有所不同，如图 0-7 所示。

模块导航栏
工程设置
工程信息
楼层信息
外部清单
计算设置
计算规则
绘图输入
表格输入
报表预览
插入楼层
删除楼层
上移
下移
楼层序号
名称
层高(m)
首层
底标高(m)
相同层数
标号设置 [当前设置楼层：屋面层，19.500 ~ 20.400]
构件类型
砼标号
砼类别
砂浆标号
1 基础 C30 普通砼(坍落度10~ M5 混合砂浆
2 垫层 C20 普通砼(坍落度10~ M5 混合砂浆
3 基础梁 C30 普通砼(坍落度10~
4 砼墙 C35 普通砼(坍落度10~
5 砌块墙 M5 混合砂浆
6 砖墙 M5 混合砂浆
7 石墙 M5 混合砂浆
8 梁 C30 普通砼(坍落度10~
9 圈梁 C25 普通砼(坍落度10~
10 柱 C35 普通砼(坍落度10~ M5 混合砂浆
11 构造柱 C25 普通砼(坍落度10~
12 现浇板 C30 普通砼(坍落度10~
13 预制板 C20 普通砼(坍落度10~
复制到其他楼层
恢复默认值
1、如果标记为首层，则标记层为首层，相邻楼层的编码自动变化，基础层的编码不变；
2、基础层、标准层及楼层编号如2~4的，均不能设为首层；设置首层标志后，楼层编码自动变化。

图 0－3

模块导航栏
工程设置
绘图输入
轴线
墙
门窗洞
柱
柱(Z)
构造柱(Z)
梁
板
楼梯
装修
土方
基础
其它
自定义
构件列表
新建
过滤
搜索构件...
构件名称
1 KZ-1
2 KZ-1a
3 KZ-2
4 KZ-3
5 KZ-4
6 KZ-4a
属性编辑框
属性名称
属性值
附加
名称 KZ-1
类别 框架柱
材质 现浇混凝土
砼标号 C30
砼类型 (普通砼(坍落度10
截面宽度(m 500
截面高度(m 500
截面面积(m 0.25
截面周长(m 2
顶标高(m) 层顶标高
底标高(m) 层底标高
添加清单
删除
项目特征
查询
编码
类别
项目名称
1 010402001 项 KZ-1
示意图
查询匹配清单
查询清单库
查询匹配外部清单
编码
清单项
单位
1 010302005 实心砖柱 m3
2 010402001 矩形柱 m3
3 010402002 异形柱 m3
4 010409001 矩形柱 m3/根
5 010409002 异形柱 m3/根

图 0－4

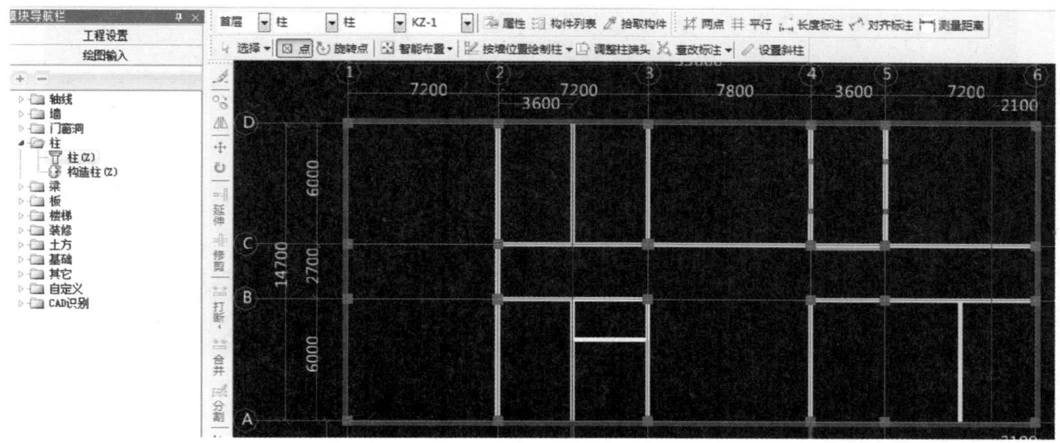

图 0－5

图 0－6

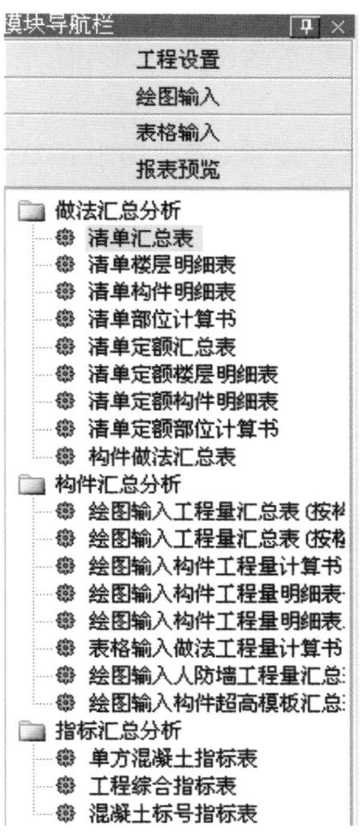

图 0－7

五、案例工程展示

案例成果如图 0－8 所示。

图 0-8

六、界面控制

1. 鼠标滚轮操作

(1)放大缩小图形:向前推动鼠标滚轮对图形进行放大;向后推动鼠标滚轮对图形进行缩小;

(2)显示、移动图形:双击鼠标滚轮可以显示全图;按住鼠标滚轮可以移动图形。

2. 菜单栏中"视图"操作

如图 0-9 所示,在菜单栏中选择"视图",点击"缩放"/"平移"即可完成界面控制的操作。

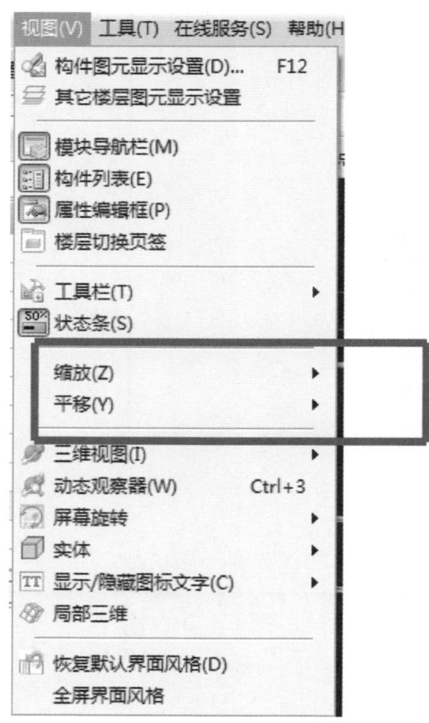

图 0-9

七、名词解释

1. 主楼层

主楼层也就是实际工程中的楼层，即基础层、地下 x 层、首层、第二层、标准层、顶层等，楼层的操作见“楼层管理”。

2. 子楼层

子楼层是附属在当前楼层中的楼层，与当前楼层没有任何位置关系，子楼层的名称、层高等各种属性均可以与主楼层不一致，子楼层的操作见“楼层管理”。

3. 构件

构件即在绘图过程中建立的墙、梁、板、柱等。

4. 构件图元

构件图元简称图元，指绘制在绘图区域的图形。

5. 公有属性

公有属性也称公共属性，是指构件属性中用蓝色字体表示的属性，该构件所有的图元公有属性都是一样的。如要修改蓝色字体的图元属性，在定义界面与绘图界面都可以修改，即一改全改。

6. 私有属性

私有属性是指构件属性中用黑色字体表示的属性，该构件所有图元的私有属性可以一样，也可以不一样；如要修改黑色字体的图元属性，需要在绘制界面选中图元，然后在属性编辑器中修改即可。

7. 附属构件

当一个构件必须借助其他构件才能存在，那么该构件被称作附属构件，如门窗洞等。

8. 块

用鼠标拉框选择范围内所有构件的集合称作块，对块可以进行复制、移动、镜像等操作。

9. 点选

当鼠标处在选择状态时，在绘图区域点击某图元，则该图元被选择，此操作即为点选。

10. 框选

当鼠标处在选择状态时，在绘图区域内拉框进行选择。框选分为以下两种：

(1)单击图中任一点，向右方拉一个方框选择，拖动框为实线，只有完全包含在框内的图元才被选中。

(2)单击图中任一点，向左方拉一个方框选择，拖动框为虚线，框内及与拖动框相交的图元均被选中。

11. 点状实体

软件中为一个点，通过画点的方式绘制。如柱、独基、门、窗、墙洞等。

12. 线状实体

软件中为一条线，通过画线的方式绘制。如墙、梁、条形基础等。

13. 面状实体

软件中为一个面，通过画一封闭区域的方法绘制。如板、满堂基础等。

八、常用功能介绍

1. 隐藏、显示

画完构件之后，往往需要检查一下构件是否正确，这时我们需要查看构件的属性，下面介绍几种常用的检查构件的方法以供参考。

(1)隐藏、显示构件。

检查画完的构件图元时，需要隐藏或显示构件图元，直接点击键盘上与构件对应的字母键，构件图元将会自动隐藏或显示。例如：柱画完后，需要把柱隐藏起来，我们只需要点击键盘上的字母 Z 键，柱就会自动隐藏起来，想要再次显示，再按 Z 键即可显示。

(2)显示构件名称。

需要查看构件的名称，可以点击键盘上的“Shift＋键盘字母”就可以显示构件图元的名称，例如：要查看柱子的图元名称，按住键盘上的 Shift 键同时再按住字母 Z 键，软件将自动显示柱子的名称，若要隐藏则需再重复操作即可隐藏构件的名称。

2. 构件属性编辑器

查看构件图元的属性(名称、尺寸、配筋等信息)，操作步骤为：

第一步：选择需要查看属性的构件。

第二步：点击工具栏中的按钮，在弹出的“构件属性编辑器”窗口中可以直接查看所选构件的信息。

第三步：移动鼠标到“属性编辑器”窗口顶部蓝色区域并双击鼠标左键，窗口将自动移到屏幕的右侧。

第四步：再次点击工具栏中的“属性”按钮，窗口即可关闭。

3. 一、三维及动态观察

为了使工程绘制得更加准确，使用“三维显示”功能，可以对当前工程进行查错，操作步骤为：

第一步：点击工具栏中的“保存”按钮。

第二步：点击工具栏中的“三维动态观摩器”即可对当前楼层的三维效果进行显示。

第三步：若想显示整个楼层，可选择工具栏中的“全部楼层”即可显示地上部分的三维效果。

4. 查看距离

需要查看图形中构件间的距离，可通过“工具”下拉菜单中的“测量两点间距离” 进行距离的测量。

九、保存(打开)工程

1. 保存工程

新建工程后，使用“保存”功能可以保存新建的工程。建议在“新建工程”结束后立刻执行“保存工程”操作，以免丢失文件。

(1)保存工程。

操作步骤：

第一步：点击菜单栏“工程”中的“保存”按钮。

第二步：在文件名一栏中输入工程名称，点击“保存”按钮即可。

(2)另存为工程。

①“另存为”功能可以把当前工程以另外一个名称保存，操作步骤同“保存”功能。

②软件默认自动保存时间为 15 分钟。

③如果要调整工程自动保存的时间，如图 0－10 所示，可进行如下操作：

第一步：点击菜单栏“工具”中的“选项”按钮；

第二步：在弹出的对话框中填入工程自动保存的时间即可。

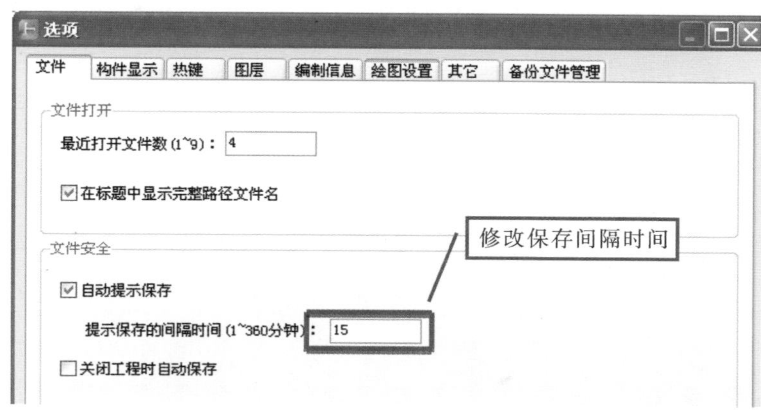

图 0－10

2. 打开工程

需要打开已经保存过的工程时，需要进行打开工程操作。

操作步骤：

第一步：点击菜单栏“工程”中的“打开”按钮。

第二步：选择需要打开的工程名称，点击“打开”即可。

第一篇

土建算量篇

• 第1单元　画图准备

学习任务

1. 学会新建工程。根据图纸信息进行工程基本信息的建立。
2. 熟练掌握楼层建立方法。根据图纸信息，进行楼层层高、楼层标高等的设置。
3. 学会新建轴网。根据图纸信息进行工程轴网的建立。
4. 学会合并轴网。根据图纸信息分块新建工程轴网之后，进行轴网合并功能应用。

任务要求

按照课程学习思路，进行土建算量绘图工作准备。

任务描述

按照图纸信息进行新建工程信息设置。

信息准备

在教师的带领下，熟读“办公楼”工程图纸，将相关信息填入表1－1中。

表1－1　信息准备内容表

序号	项目	内容
1	项目名称	
2	结构类型	
3	基础形式	
4	地上层数	
5	地下层数	
6	檐高	
7	室内外高差	
8	首层底标高	
9	基础底标高	
10	层高	
11	进深轴网	

任务实施

1.1 新建工程

第一步：启动软件。双击“广联达土建算量软件”图标，进入欢迎向导界面，如图 1－1 所示。

第二步：新建工程。点击“新建向导”，进行“工程名称”相关内容填写，如图 1－2 所示。

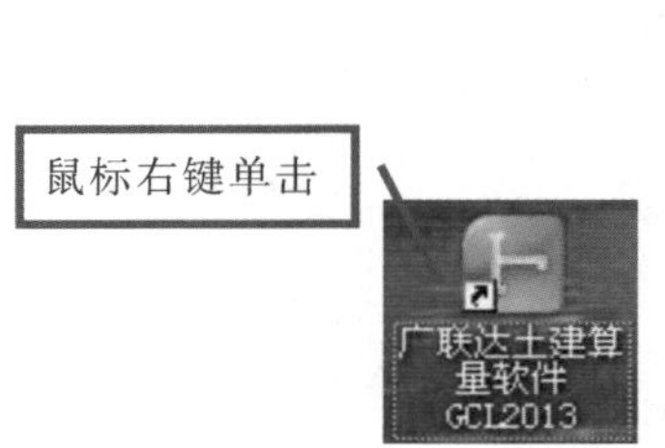

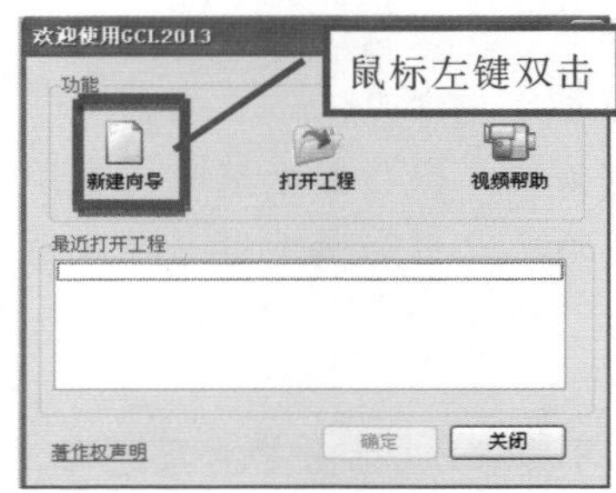

图 1－1

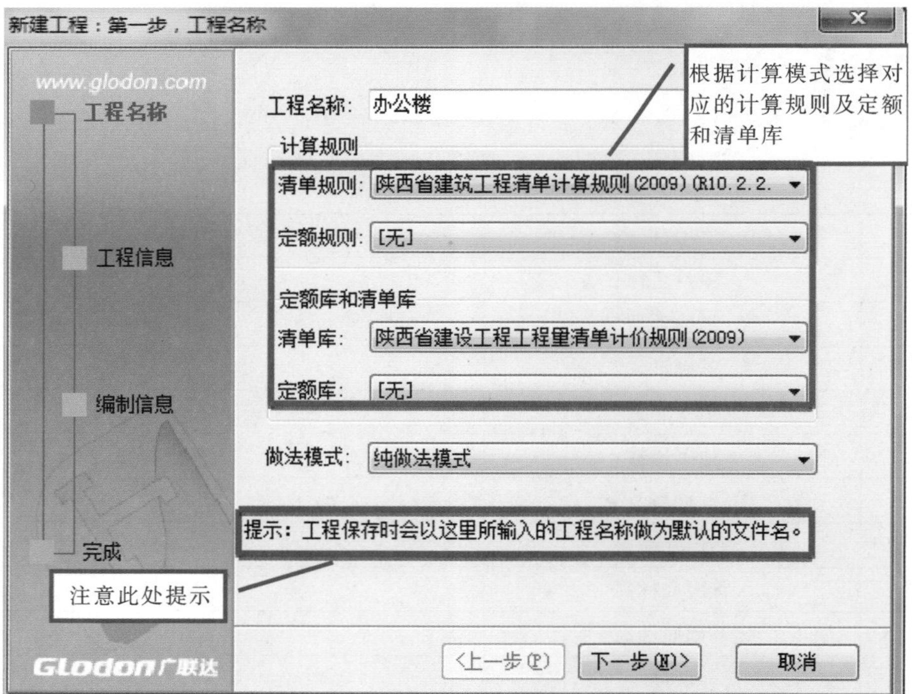

图 1－2

第三步：工程信息设置。点击“下一步”，进入“工程信息”界面，输入相应信息，如图1－3所示。

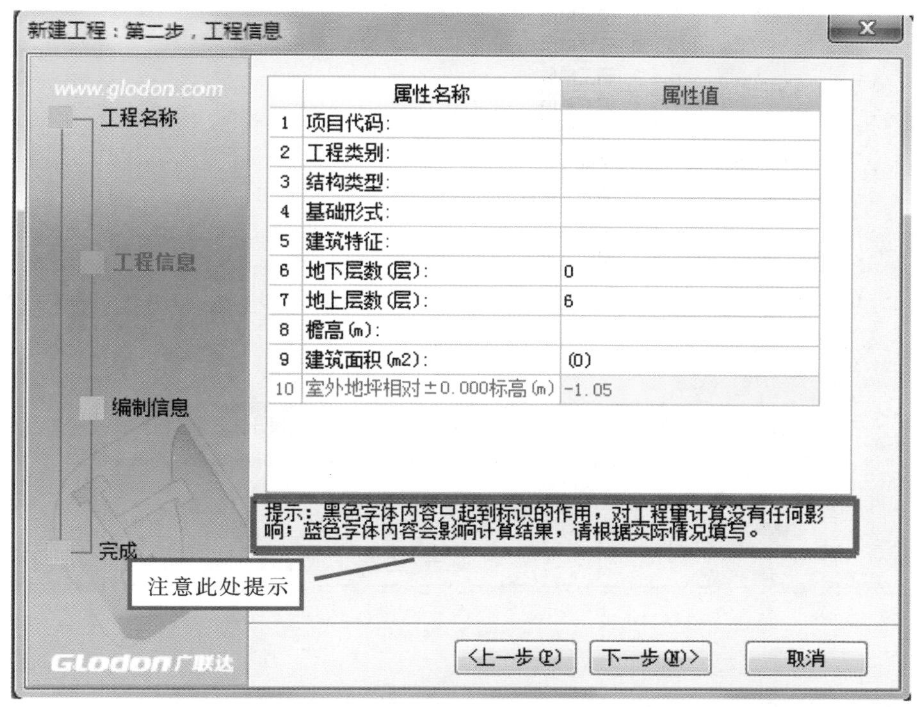

图1－3

第四步：编制信息设置。点击“下一步”进入“编制信息”界面，如图1－4所示。

第五步：完成。点击“下一步”进入“完成”界面，如图1－5所示。

解 读

(1)工程名称——按照实际填写。

(2)计算规则——定额库、清单库根据实际需要填写，当选择清单库、清单规则时，软件计算出清单工程量；当选择定额库、定额规则时，软件计算出定额工程量。当两种规则都选择时，软件既会计算出清单工程量，也会计算出定额工程量。

(3)做法模式——纯做法模式。

(4)计算规则和定额库、清单库体现了软件一图两算的功能，建立好之后则无法进行修改，因此，在作预算之前定好计算模式。

新建工程：第三步，编制信息

www.glodon.com

工程名称

工程信息

编制信息

完成

	属性名称	属性值
1	建设单位:	
2	设计单位:	
3	施工单位:	
4	编制单位:	
5	编制日期:	2016-02-29
6	编制人:	
7	编制人证号:	
8	审核人:	
9	审核人证号:	

提示：该部分内容只起到标识作用，对工程量计算没有任何影响。

注意此处提示

Glodon广联达

<上一步(P)　下一步(N)>　取消

图 1－4

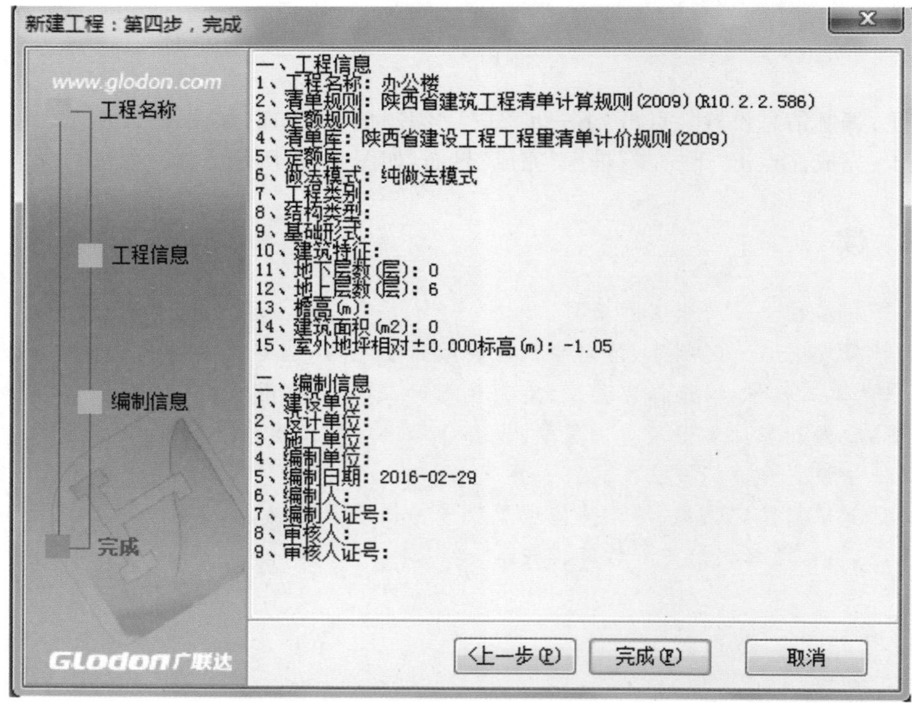

图 1－5

1.2 新建楼层

工程建立之后，首先要建立建筑物楼层高度的相关信息，即设置立面高度方面的信息。

第一步：切换界面。进入“楼层信息”界面，建立楼层信息，如图 1－6 所示。

插入楼层 删除楼层 上移 下移

	楼层序号	名称	层高(m)	首层	底标高(m)	相同层数	现浇板厚(mm)
1	1	首层	3.000	☑	0.000	1	120
2	0	基础层	3.000		-3.000	1	120

图 1－6

第二步：添加楼层。点击“插入楼层”，进行楼层添加，如图 1－7 所示。

插入楼层 删除楼层 上移 下移

	楼层序号	名称	层高(m)	首层	底标高(m)	相同层数	现浇板厚(mm)
1	6	第6层	3.000	☐	15.000	1	120
2	5	第5层	3.000	☐	12.000	1	120
3	4	第4层	3.000	☐	9.000	1	120
4	3	第3层	3.000	☐	6.000	1	120
5	2	第2层	3.000	☐	3.000	1	120
6	1	首层	3.000	☑	0.000	1	120
7	0	基础层	3.000		-3.000	1	120

图 1－7

第三步：修改楼层信息。分别修改首层底标高及各层高信息，层高的单位为“m”。如图 1－8所示。

插入楼层 删除楼层 上移 下移

	楼层序号	名称	层高(m)	首层	底标高(m)	相同层数	现浇板厚(mm)
1	7	屋面层	1.300	☐	22.500	1	120
2	6	第6层	4.200	☐	18.300	1	120
3	5	第5层	3.300	☐	15.000	1	120
4	4	第4层	3.300	☐	11.700	1	120
5	3	第3层	3.300	☐	8.400	1	120
6	2	第2层	4.200	☐	4.200	1	120
7	1	首层	4.200	☑	0.000	1	120
8	0	基础层	2.850		-2.850	1	120

图 1－8

解 读

(1)建立楼层的几种方法。

①插入楼层法。点击“首层”→“插入楼层”，软件插入的是地上部分。点击“基础层”→“插入楼层”，软件插入的是地下部分。

②首层标记法。利用首层对应的“√”选择。

注意：

①当建筑物有地下室时，基础层指的是最底层地下室以下的部分，当建筑物没有地下室时，可以把首层以下的部分定义为基础层。

②如果有地下室，添加楼层后，需要将地下室的楼层编码(如—1,—2)输入到楼层编码中。

(2)相同楼层数的建立。

比如现在的建筑物有很多标准层。标准层的建立是通过相同楼层数来处理的，如图1-9所示。

插入楼层 删除楼层 上移 下移

	楼层序号	名称	层高(m)	首层	底标高(m)	相同层数	现浇板厚(mm)
1	10	屋面层	1.500	☐	35.100	1	120
2	9	第9层	3.900	☐	31.200	1	120
3	4~8	第4~8层	3.900	☐	11.700	5	120
4	3	第3层	3.900	☐	7.800	1	120
5	2	第2层	3.900	☐	3.900	1	120
6	1	首层	3.900	☑	0.000	1	120
7	0	基础层	1.600		-1.600	1	120

图1-9

(3)屋面层需要单独建层，命名为“屋面层”。

(4)层高的确定：以建筑标高为准。

(5)基础层的设置：软件中的基础层层高和实际意义不同，不包括垫层，因此，在软件中还要单独定义垫层。因此，基础层层高到基础底部，且应该最大限度的包含所有基础构件。

1.3 新建轴网

第一步：切换界面。进入“绘图输入”界面，如图1-10所示。

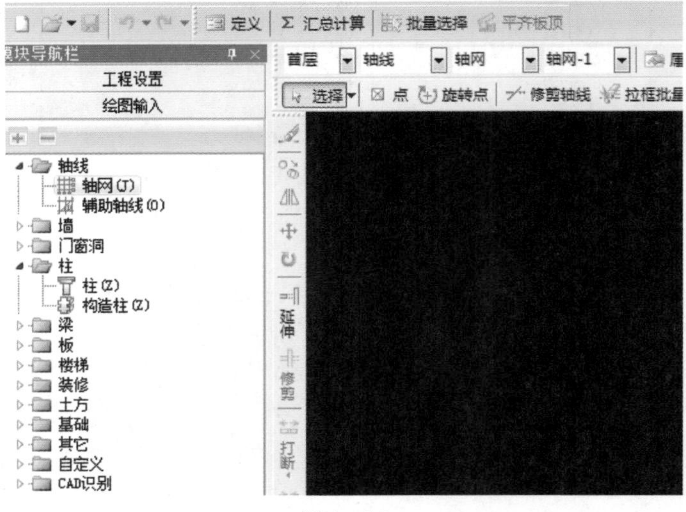

图1-10

第二步：选择绘图输入界面下的"轴线→轴网"，定义→新建→新建正交轴网。如图 1－11 所示。

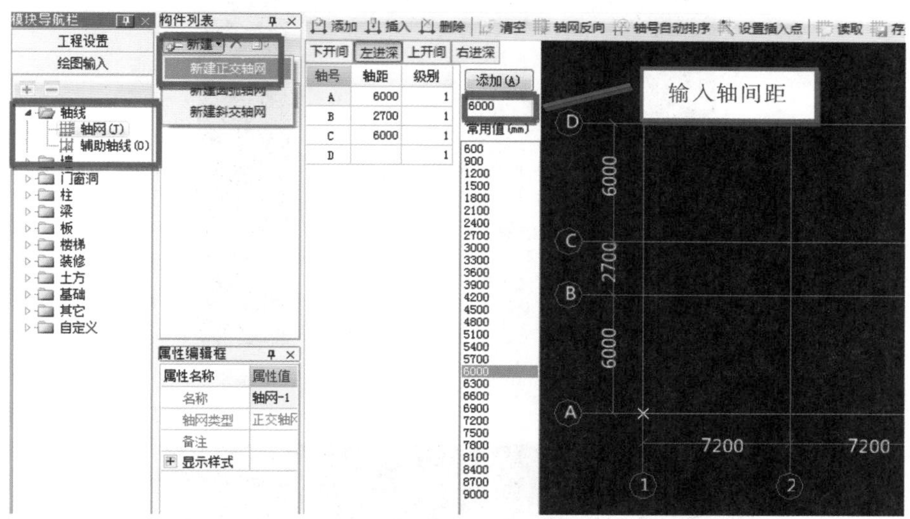

图 1－11

第三步：添加辅助轴线。选择绘图输入界面下的"轴线→辅助轴线网"，点击工具栏中的"平行"，出现如图 1－12 所示对话框，输入偏移距离，点击确定。

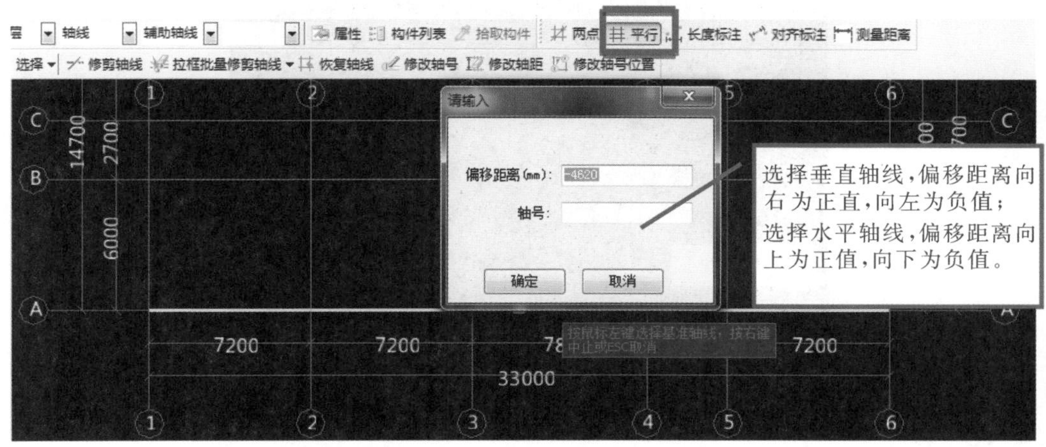

图 1－12

第四步：延伸。添加完②轴线的右侧垂直辅助轴线之后，将该条辅助轴线进行延伸，与 A 轴线的下侧水平辅助轴线进行相接，使用延伸功能。

点击该辅助轴线，鼠标右键，选择"延伸"功能，点击需要延伸的边界线（水平方向的辅助轴线），鼠标右键确定即可，如图 1－13、1－14 所示。

第五步：点击"绘图"，输入角度，完成轴网建立工作。

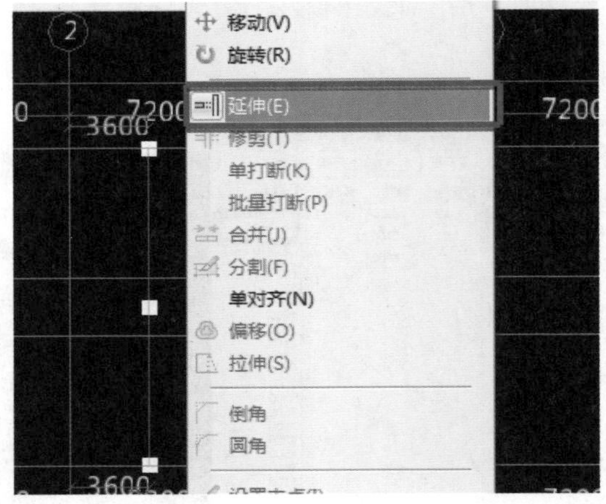

图 1-13

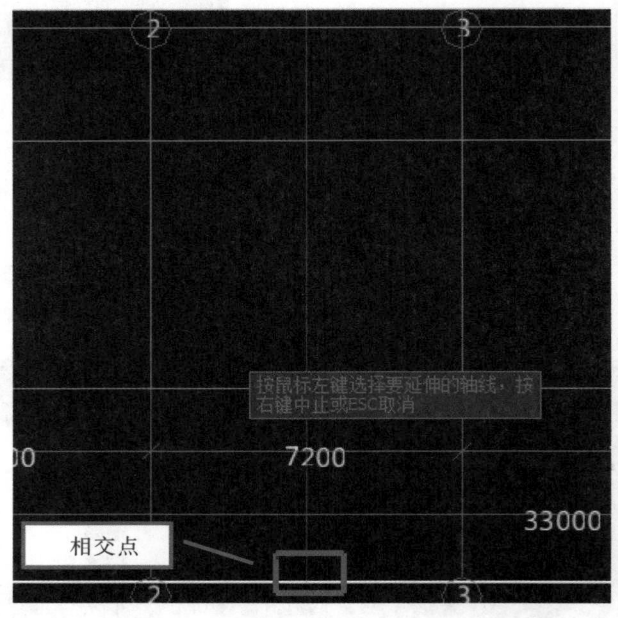

图 1-14

解　读

(1)如果有连续相同的轴距数据，可以通过输入“轴距 * 相同个数”实现连续相同轴网数据的快速输入。如图①—②—③中轴距之间均为 7200，因此可以直接输入“7200 * 2”。

(2)如果错误删除了轴线段，可使用“轴网”菜单中的“恢复轴线”(见图 1-12)功能恢复错误删除的轴线段。

(3)如果有轴距输错了，可使用“修改轴距”功能进行修改，修改后，绘图界面已输入的轴网也会随着修改。

1.4 拼接轴网

当工程的轴网很复杂时，一次性新建一个轴网工作量大且容易出错，这时可以根据轴网的特点进行分块新建轴网，然后拼接轴网，这样可以快速绘制复杂轴网。

例如某工程共分为 A、B、C、D 四个区域，且四个区域的轴网均为正交轴网，因此可以分区域新建四个正交轴网，之后进行拼接。

第一步：分别新建 A～D 区四个正交轴网，方法同“1.3 新建轴网”，如图 1－15 所示。

图 1－15

第二步：设置插入点。点击“设置插入点”，依次选择 A～D 轴网的插入点，如图 1－16 所示。在四个轴网中找出一个共同的交点，定为插入点。通过对图纸进行分析，定位(11，P)为四个轴网的共同插入点。

第三步：拼接轴网。选择好插入点之后，返回到 A 轴网界面，点击“绘图”，选择 B 轴网，点画即可，如图 1－17 所示。

解　读

(1)定义轴网时，注意左(右)、上(下)标注的显示，建议在轴网内部不要显示出标注。例如 A 轴网只需要设置上开间和左进深即可。

(2)插入点的设置必须是四个轴网共同具有的一个点。

(3)拼接时，以 A 轴网作为绘图界面，将其他三个轴网视为普通构件，点画即可。

考核评估

将考核结果填入表 1－2 中。

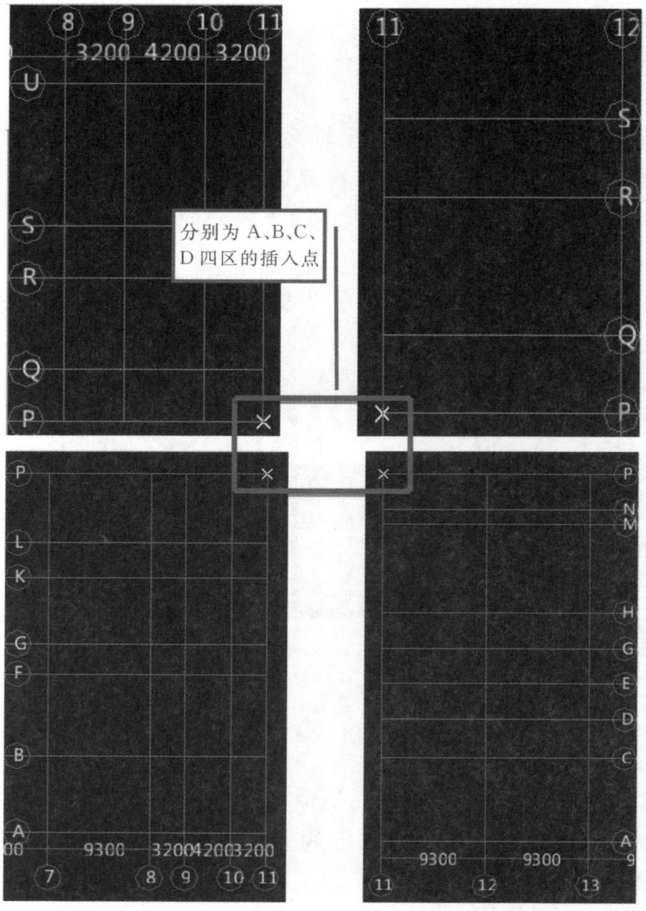

图 1－16

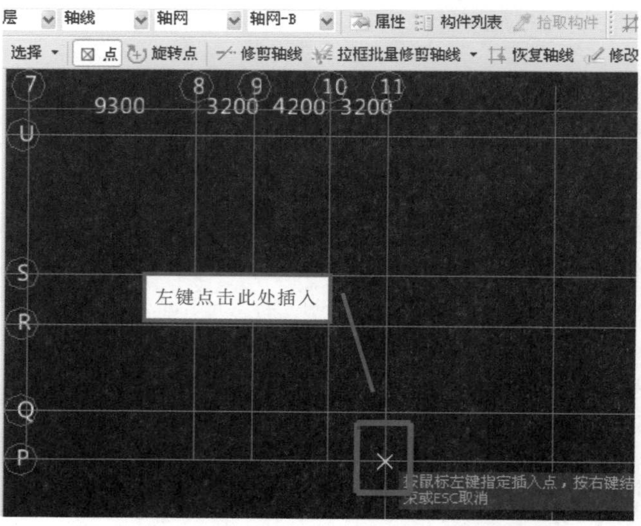

图 1－17

表 1-2 任务考核表

序号	项目	内容
1	室内外高差	正确 □ 不正确 □
2	首层底标高	正确 □ 不正确 □
3	轴号	正确 □ 不正确 □
4	轴间距	正确 □ 不正确 □

任务总结

1. 新建工程

(1)规则的选用：根据需要，选择清单规则、定额规则，或者两种规则都选用。

(2)室外地坪相对标高一定要按实填写。

2. 新建楼层

(1)层高、首层底标高：按建筑标高设置。

(2)女儿墙层或设备间单独建一层。

(3)基础层层高：无地下室，从基础底面到首层结构地面为基础层层高；有地下室：从基础底面到地下室结构地面为基础层层高。

(4)基础层层高不含垫层厚。

3. 新建轴网

(1)建立轴网时，应选用表示最全的图。

(2)先上下开间，后左右进深。

(3)“修剪轴线”“修改轴号”“修改轴距”等功能应用时，注意看绘图区域下面的动态提示。

(4)建立辅轴时，可以在任意界面，但如果要删除辅轴，必须在辅轴界面。

4. 轴间距的输入顺序

(1)开间——按照图纸中从左到右依次输入轴间距。

(2)进深——按照图纸中从下往上依次输入轴间距。

5. 拼接轴网

(1)选定轴网后，不要盲目地直接去建轴网，应先分析轴网，找到公共点，将一个复杂的轴网拆分为多个简单的轴网。

(2)现在的工程图纸越来越复杂，轴网的形式也是多种多样的，正确运用拼接轴网功能，可以减少很多工作量。

任务拓展

学生自己探索并学习圆弧轴网、斜交轴网的建立，并在小组内进行讨论。

• 第 2 单元　柱构件工程量计算

学习任务

1. 学会柱构件的绘制。柱构件的属性定义、添加清单、绘制。

2. 熟练掌握绘图技巧。查改标注、智能布置、旋转点、“shift+左键”等技巧性功能的应用。

3. 学会汇总工程量。工程量的汇总、三维视图查看及报表预览。

任务要求

按照课程学习思路，绘制并汇总计算图纸“结构施工图（以下简称为“结施”）基础顶—4.15米柱平法配筋图”中 KZ 构件工程量。

任务描述

按照图纸“结施基础顶—4.15 米柱平法配筋图”中 KZ 构件位置、尺寸信息进行定义、绘图并汇总工程量。

信息准备

在教师的带领下，熟读“结施基础顶—4.15 米柱平法配筋图”工程图纸，将相关信息填入表 2-1 中。

表 2-1　信息准备内容表

序号	项目	内容
1	柱类型	框架柱□　非框架柱□　构造柱□　其他□
2	柱标号	KZ1——KZ?
3	柱相对轴线定位	轴线居中(　)个　轴线偏心(　)个

任务实施

1. 定义构件

(1)属性定义。在绘图输入界面依次点击“柱→新建→新建矩形柱”，在属性编辑框中输入相关参数。

采用“复制”方法依次定义其他柱构件，如图 2-1 所示。

(2)添加清单。属性定义完成之后，进入“构件做法”界面，套用柱的“清单项目”。从软件的清单库中查找对应的“清单项目”，如图 2-2 所示。

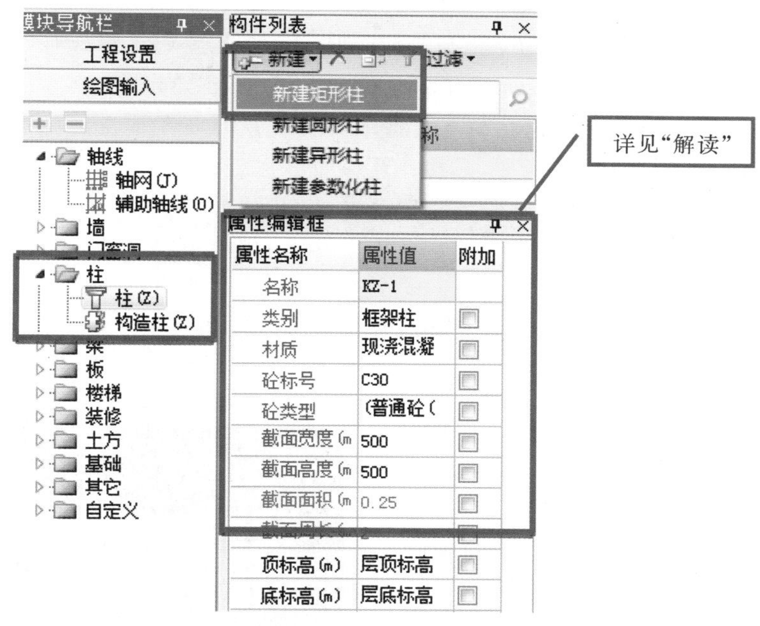

图 2-1

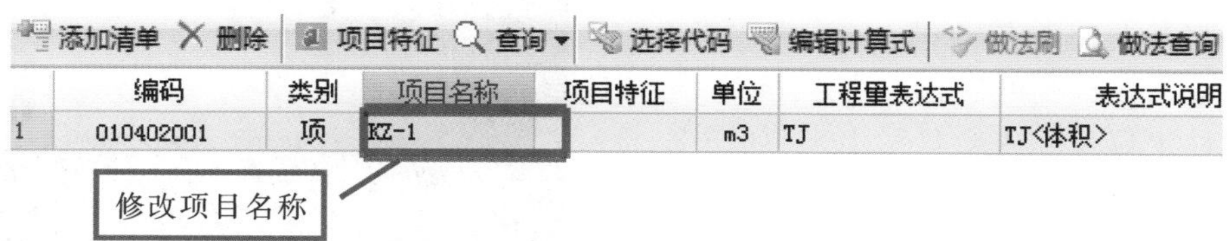

	编码	类别	项目名称	项目特征	单位	工程量表达式	表达式说明
1	010402001	项	KZ-1		m3	TJ	TJ<体积>

示意图 | 查询匹配清单 | 查询清单库 | 查询匹配外部清单 | 查询措施

	编码	清单项	单位
1	010302005	实心砖柱	m3
2	010402001	矩形柱	m3
3	010402002	异形柱	m3
4	010409001	矩形柱	m3/根
5	010409002	异形柱	m3/根

图 2-2

解　读

(1)解读图 2-1“属性编辑框”内容。

①名称:根据图纸输入柱名称。第一次新建默认为 KZ-1,以后依次类推。

②类别:具体类型按照图纸标注选择。名称输入为 KZ,软件自动识别为框架柱。

③材质:不同的材质会对应不同的计算规则,因此应该正确选择。

④混凝土类别、混凝土等级：柱的混凝土类别及强度等级的正确选择，可以在处理同定额默认的柱的混凝土类型强度等级不同时进行混凝土、砂浆的快速换算。

⑤顶标高、底标高：两个标高在缺省状态下为楼层顶标高和楼层底标高，柱高度默认为当前层的层高。若修改楼层高度，则构件及构件图元的标高会随之改变；若只修改构件的标高，此修改后标高只对修改后绘制的图元有效，但对于修改标高之前的图元则不起作用，具体图元的标高修改则要在选中绘制区域需要修改的图元后再去修改标高。

(2)解读图 2－2。

为了方便后面汇总工程量，可将柱的名称修改为与属性定义时一致的名称。

2. 绘制构件

(1)“点”画构件。点击“绘图”按钮，从构件列表界面选择 KZ－1，查看图纸，定位 KZ－1 的位置，在绘图界面，单击(1，D)交点，即可点画 KZ－1。同样的方法可以“点”画出其他类别的柱构件。

(2)定位修改。根据信息准备，部分构件非定位轴线居中，因此，必须进行轴线定位修改。

以修改 KZ－3 标注为例，步骤如下：

①单击工具栏中的“查改标注”按钮，绘图区域的构件定位尺寸将会显示出来，如图 2－3 所示。

②在绘图区域选择需要修改的构件，直接输入修改数，点击回车键即可，如图 2－4 所示。

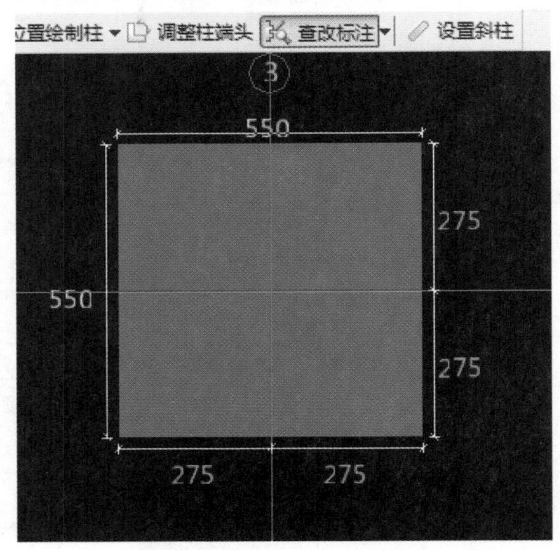

图 2－3

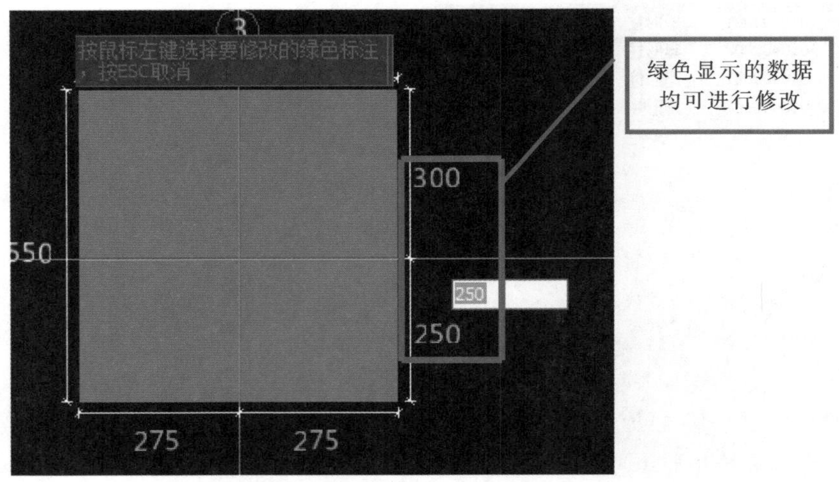

图 2－4

解 读

(1)智能布置——当构件在一定范围内批量布置时,可以选择智能布置 KZ-6。

①单击绘图区上方工具栏中的"智能布置"按钮,在下拉框中选择智能布置的参照对象(这里选择按"轴线"布置)。

②在绘图区拉框批量选择柱的绘制点,软件会在框选范围的所有轴线的交点处布置相应的柱,如图 2-5 所示。

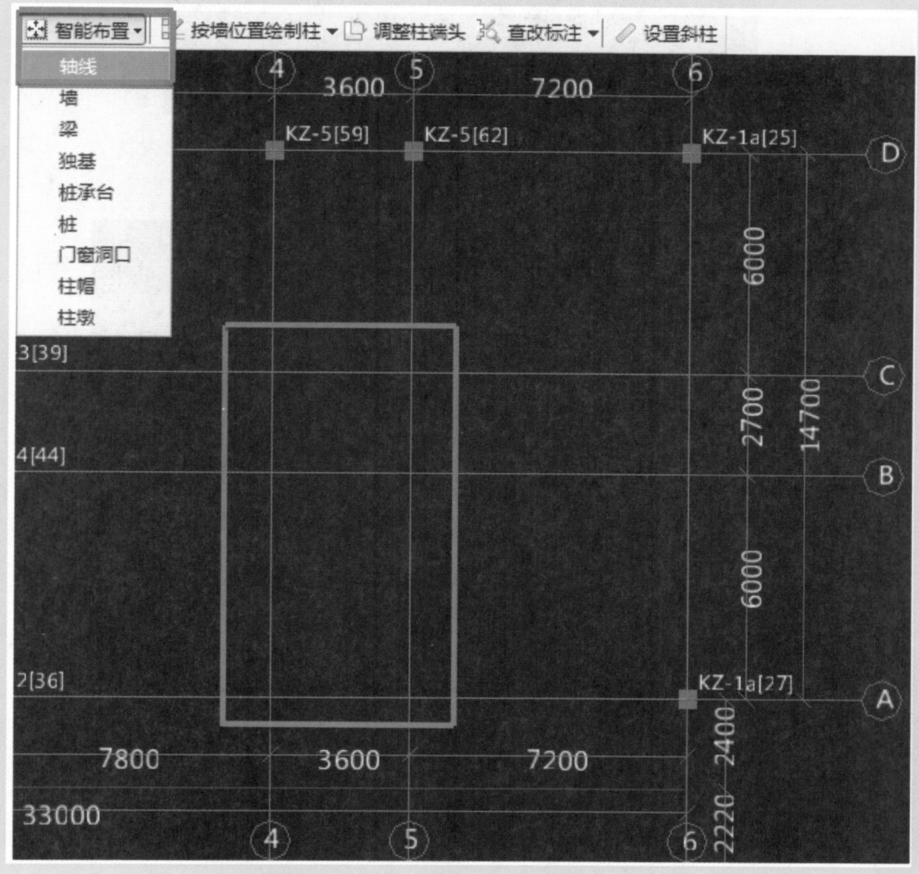

图 2-5

(2)删除功能——当构件绘制错误时,右键选择删除工具,进行删除。

(3)旋转点——当构件的 b 侧和 h 侧的尺寸标注相反时,可以选择旋转点绘制。

①单击工具栏中的"旋转点"按钮,在图纸所示轴线的交点处单击布置柱,此时的柱仍处于旋转状态,如图 2-6 所示。

②长按键盘"shift"键,单击鼠标左键后显示输入旋转角度的对话框,输入相应的角度即可,如图 2-7 所示。

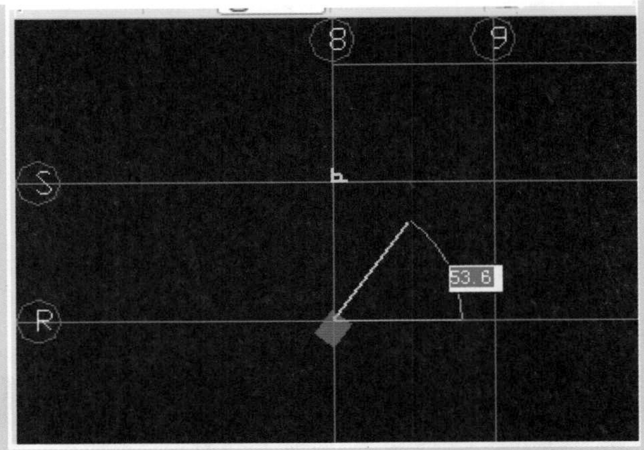

图 2－6

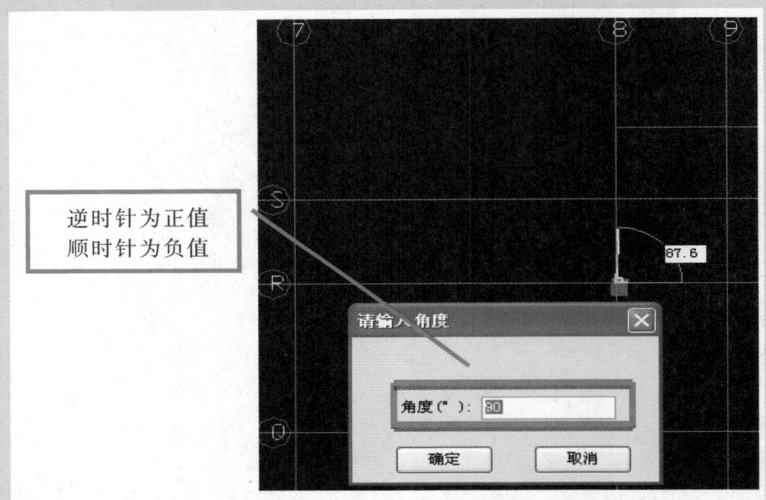

图 2－7

(4)“shift＋左键”偏移——当构件位置不在轴线交点处时，采用此种方法(KZ－7)。

在构件列表选择 KZ－7，选择“点”画。鼠标光标放置(2，A)交点，此时同时单击“shift＋左键”，会出现输入偏移量的对话框，输入 KZ－7 相对于(4，A)交点的偏移值，点击“确定”，如图 2－8 所示。

(5)自动判断边角柱——顶层框架柱的边柱、角柱、中柱设置，可选择用此功能快速设置。

在中间层一般不需要区分角柱、边柱、中柱，到顶层需要区分，边角柱，可利用软件自动判断边角柱的功能判断。

单击绘图区上方工具栏中的“自动判断边角柱”按钮，软件会根据构件的位置，自动进行判断。判断后的图元会用不同的颜色显示出来。

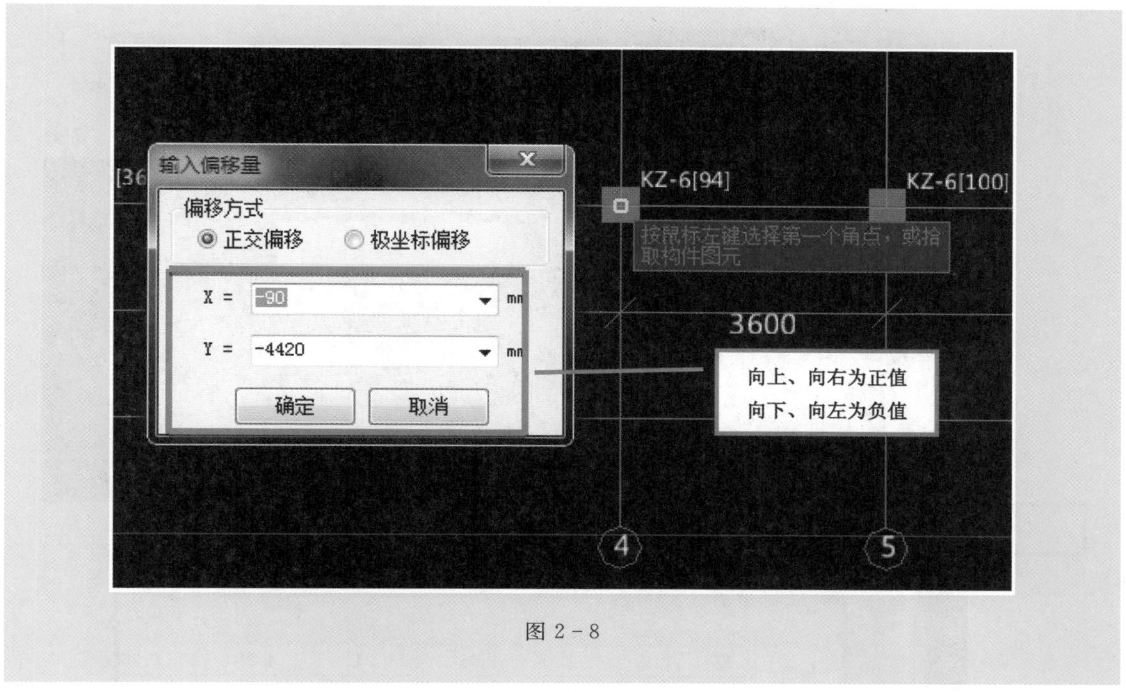

图 2-8

3. 汇总工程量

构件绘制完成之后，单击工具栏中的“汇总计算”按钮，软件将自动计算所绘制构件的工程量。

4. 查看工程量

汇总计算完成之后，单击工具栏中的“查看工程量”按钮，如果查看某一个构件的工程量，单击需要查看的构件，软件将会显示某一个构件的工程量；如果要查看所有构件的工程量，框选所有构件，软件将会显示所有构件的工程量。如图 2-9 所示。

5. 查看构件三维

单击工具栏中的“三维”按钮，框选所有构件，可以直观感受构件的三维效果。如图 2-10 所示。

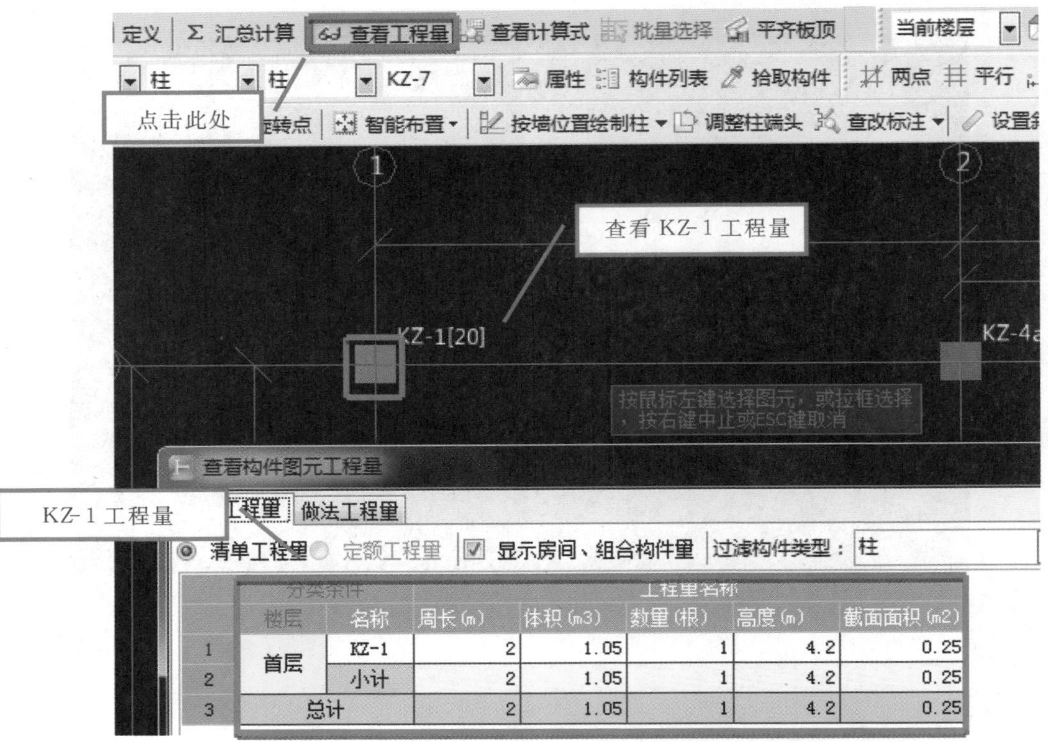
定义
Σ 汇总计算
查看工程量
查看计算式
批量选择
平齐板顶
当前楼层
柱
柱
KZ-7
属性
构件列表
拾取构件
两点
平行
点击此处
智能布置
按墙位置绘制柱
调整柱端头
查改标注
查看 KZ-1 工程量
KZ-1[20]
按鼠标左键选择图元，或拉框选择，按右键中止或ESC键取消
查看构件图元工程量
KZ-1 工程量
做法工程量
清单工程量
定额工程量
显示房间、组合构件量
过滤构件类型：柱
楼层
名称
周长(m)
体积(m3)
数量(根)
高度(m)
截面面积(m2)
1 首层 KZ-1 2 1.05 1 4.2 0.25
2 小计 2 1.05 1 4.2 0.25
3 总计 2 1.05 1 4.2 0.25

图 2-9

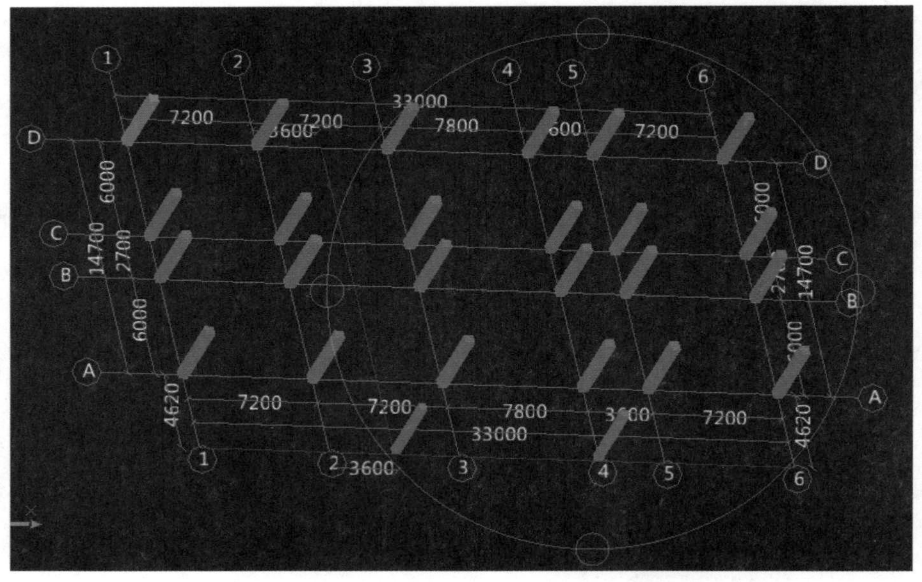
7200
7200
33000
7800
7200
6000
14700
2700
6000
4620
7200
7200
7800
33000
7200
3600

图 2-10

考核评估

将考核结果填入表2-2中。

表2-2 任务考核表

序号	项目	内容			
1	构件定位	正确 □ 不正确 □			
2	属性信息编辑	正确 □ 不正确 □			
3	工程量	正确 □	误差范围内 □	误差±2%以内 □	不正确 □
				误差±5%以内 □	

任务总结

(1)初学者进行柱构件定义及绘制时,应该依次定义一根柱,绘制一根柱,以免混乱。

(2)正确进行构件属性信息编辑。

(3)注意构件绘制中各功能的正确运用,以提高操作效率。

(4)如果修改某一个构件图元,一定要重新汇总计算工程量。

任务拓展

学生自己练习2~6层中框架柱构件的信息定义、绘制及工程量的汇总,并在小组内进行工程量的核对。

• 第3单元　梁构件工程量计算

学习任务

1. 学会梁构件的绘制。梁构件的属性定义、添加清单、绘制。
2. 熟练掌握绘图技巧。矩形布置、单对齐、偏移等技巧性功能的应用。
3. 学会汇总工程量。工程量的汇总、三维视图查看及报表预览。

任务要求

按照课程学习思路，绘制并汇总计算图纸结施“标高4.15米梁平法配筋图”梁构件工程量。

任务描述

按照图纸结施“标高4.15米梁平法配筋图”梁构件位置、尺寸进行定义并绘图。

信息准备

在教师的带领下，熟读结施“标高4.15米梁平法配筋图”工程图纸，将相关信息填入表3-1中。

表3-1　信息准备内容表

序号	项目	内容
1	梁类型	框架梁□　非框架梁□　其他□
2	梁标高	________________
3	梁相对轴线定位	轴线居中(　)个　轴线偏心(　)个

任务实施

1. 定义构件

(1)属性定义。在绘图输入界面依次点击“梁→新建→新建矩形梁”，在属性编辑框中输入相关参数。

采用“复制”方法依次定义其他梁构件，如图3-1所示。

(2)添加清单。属性定义完成之后，进入“构件做法”界面，套用梁的“清单项目”，具体操作步骤与柱构件的做法定义相同，如图3-2所示。

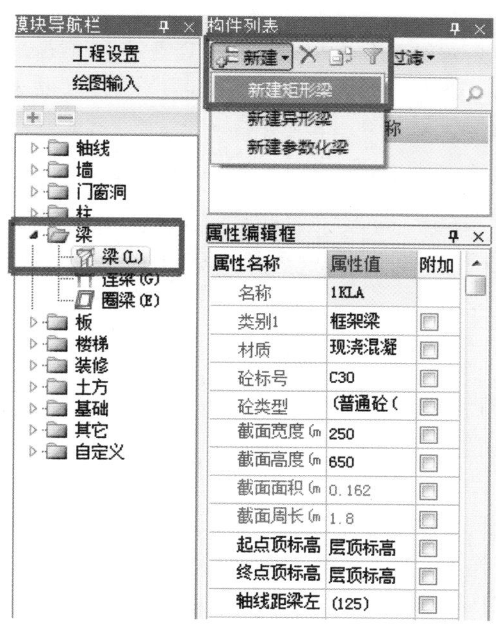

图 3-1

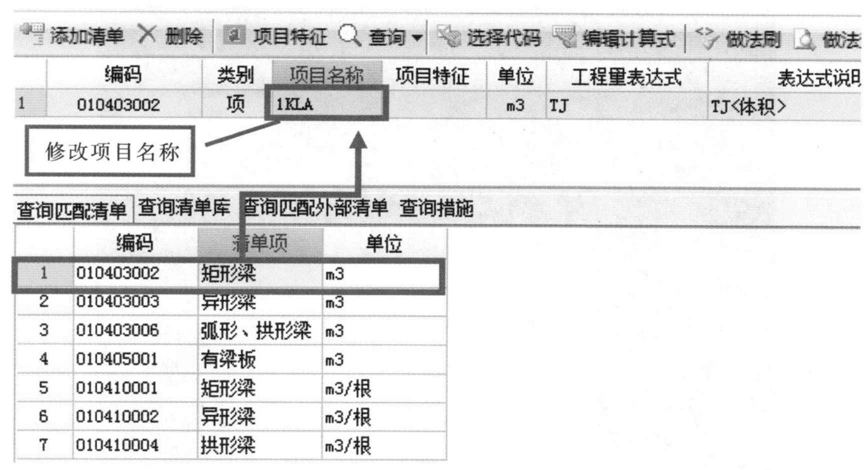

图 3-2

解 读

(1)解读图 3-1“属性编辑框”内容。

①名称:根据图纸输入梁名称。第一次新建默认为 KL-1,以后依次类推。本工程和图纸中命名保持一致。

②类别 1:分为框架梁、非框架梁等。不同类别的梁对应着不同的计算规则,需要正确选择类别。

③材质：不同的材质会对应不同的计算规则，因此应该正确选择。

④混凝土标号、混凝土类型：当前构件的混凝土标号及混凝土类型，据实填写。

⑤起点(终点)顶标高：绘制梁构件时，鼠标起点(终点)处梁的顶面标高。

⑥轴线距梁左边线距离：在图纸中，当梁为偏心时，需要设置该属性。

(2)解读图3-2。

为了方便后面汇总工程量，可将梁的名称修改为与属性定义时一致的名称。

2. 绘制构件

(1)"直线"绘制。

点击"绘图"按钮。从构建列表界面选择1KLA，查看图纸，定位1KLA的位置，在绘图界面，选择"直线"绘制方法，左键单击(1,A)交点(起点)，右键单击(6,A)交点(终点)，即可线画1KLA。

同样的方法可以"直线"画出其他梁构件。

(2)一(两)端悬挑梁的绘制。

"shift＋左键"——以(1,B)为参照点，输入偏移量，如图3-3所示。点击确定，再点击(1,B)交点即可，如图3-4所示。

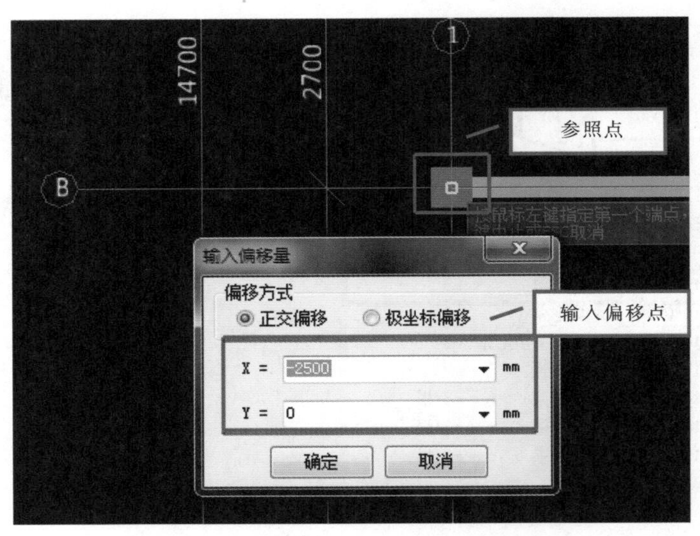

图3-3

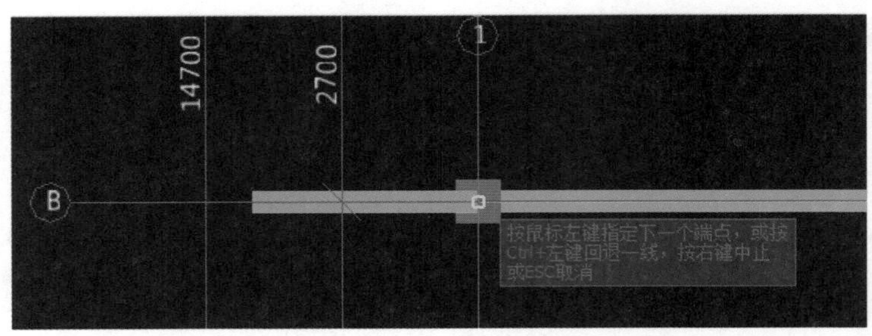

图3-4

解 读

(1)矩形布置。当同一构件沿着矩形的边长布置时,可以选择矩形布置。

单击绘图区上方工具栏中的“矩形”按钮,鼠标左键选择第一个角点,沿着矩形对角线方向指定第二个角点,即可画出一个矩形梁。如图3－5所示。

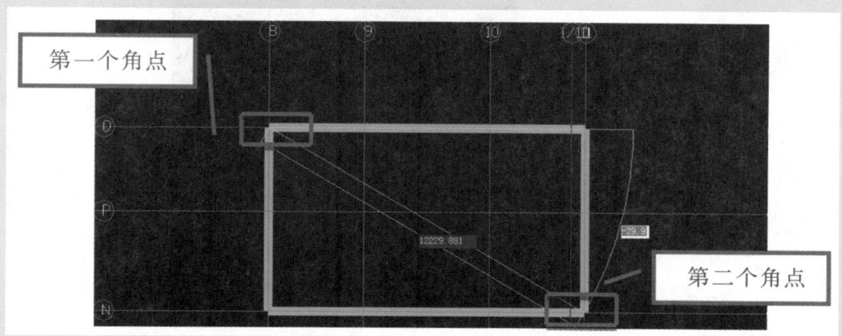

图 3－5

(2)悬挑部分的构件尺寸和直线部分不同时,需要单独定义,如图 3－6 所示。

2	1KLB
3	1KLB(5B)

悬挑部分

属性编辑框

属性名称	属性值	附加
名称	1KLB(5B)	
类别1	框架梁	□
材质	现浇混凝	□
砼标号	C30	□
砼类型	(普通砼(	□
截面宽度(m	250	□
截面高度(m	450	□
截面面积(m	0.112	□
截面周长(m	1.4	□
起点顶标高	层顶标高	□
终点顶标高	层顶标高	□
轴线距梁左	(125)	□

图 3－6

(3)梁的对齐。构件相对于轴线有位置的偏移时,选择此功能进行修改。

选中需要对齐的梁构件,单击鼠标右键,选择“单对齐”按钮,即可进行操作,如图3－7所示。

(4)标高的修改——1L11。当构件顶标高比本层顶标高低 0.07,在定义该构件时,需进行标高修改,如图 3－8 所示。借助辅助轴线进行绘制。

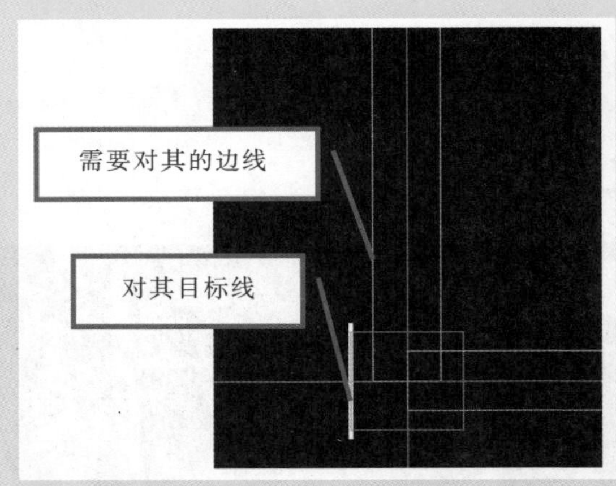

图 3－7

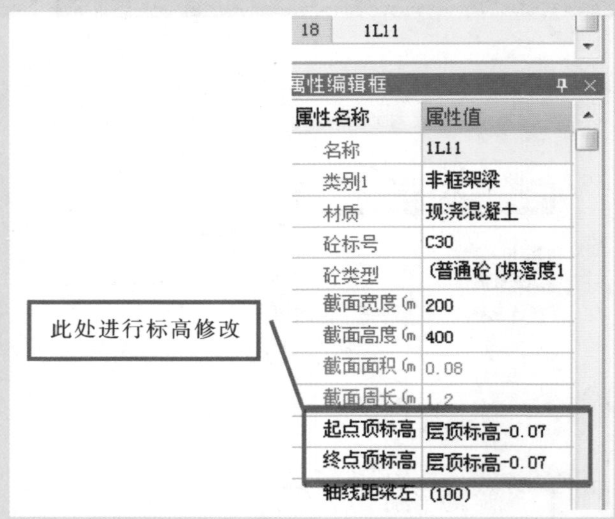

图 3－8

(5)偏移功能的运用——1L11。当构件中心线偏离轴线时，可以用此功能进行位置修改。选中需要进行偏移的构件，鼠标左键点击，向上(下)移动，再输入偏移值即可，如图 3－9 所示。

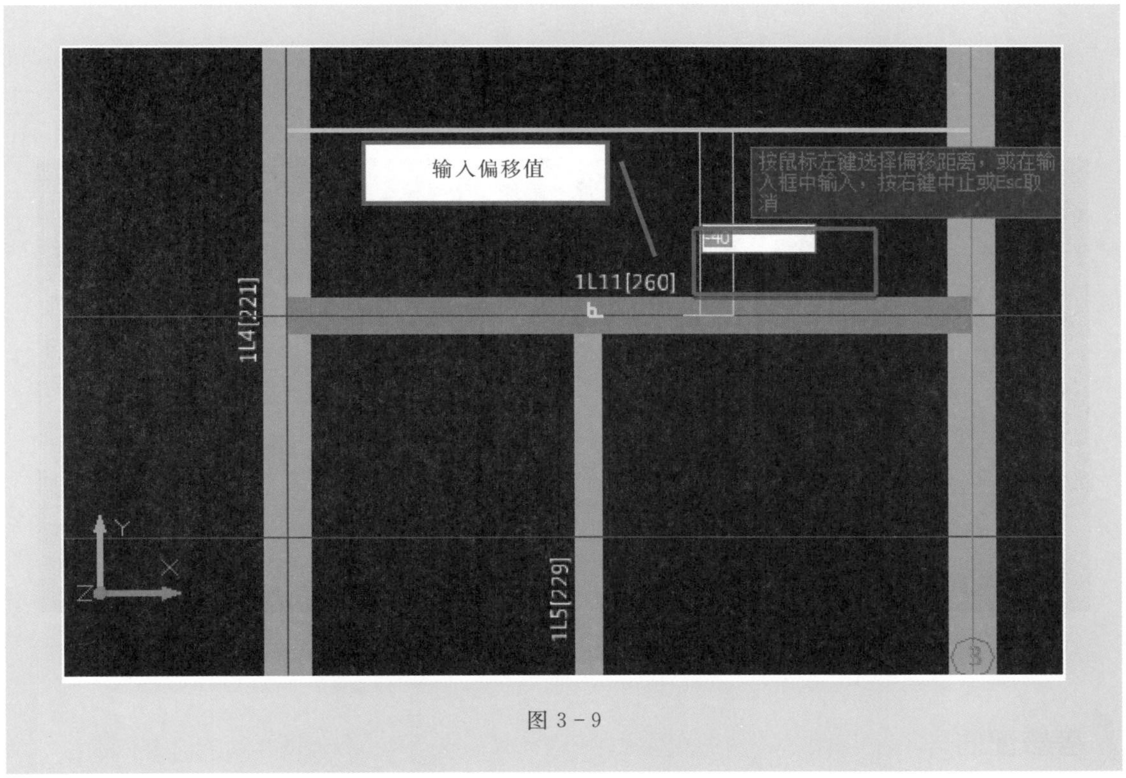

图 3－9

3. 汇总工程量

构件绘制完成之后，单击工具栏中的“汇总计算”按钮，软件将自动计算所绘制构件的工程量。

4. 查看工程量

汇总计算完成之后，单击工具栏中的“查看工程量”按钮，如果查看某一个构件的工程量，单击需要查看的构件，软件将会显示某一个构件的工程量；如果要查看所有构件的工程量，框选所有构件，软件将会显示所有构件的工程量。如图 3－10 所示。

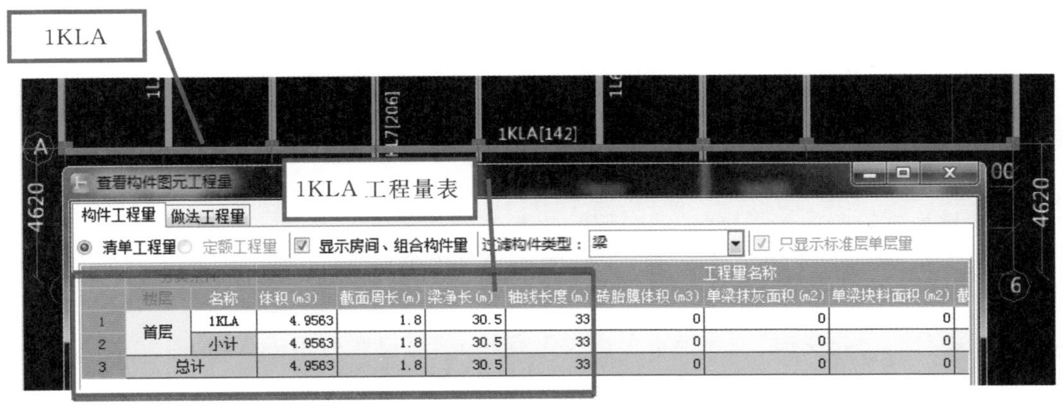

	楼层	名称	体积(m3)	截面周长(m)	梁净长(m)	轴线长度(m)	砖胎膜体积(m3)	单梁抹灰面积(m2)	单梁块料面积(m2)
1	首层	1KLA	4.9563	1.8	30.5	33	0	0	0
2		小计	4.9563	1.8	30.5	33	0	0	0
3	总计		4.9563	1.8	30.5	33	0	0	0

图 3－10

5. 查看构件三维

单击工具栏中的“三维”按钮，框选所有构件，可以直观感受构件的三维效果。如图 3 - 11 所示。

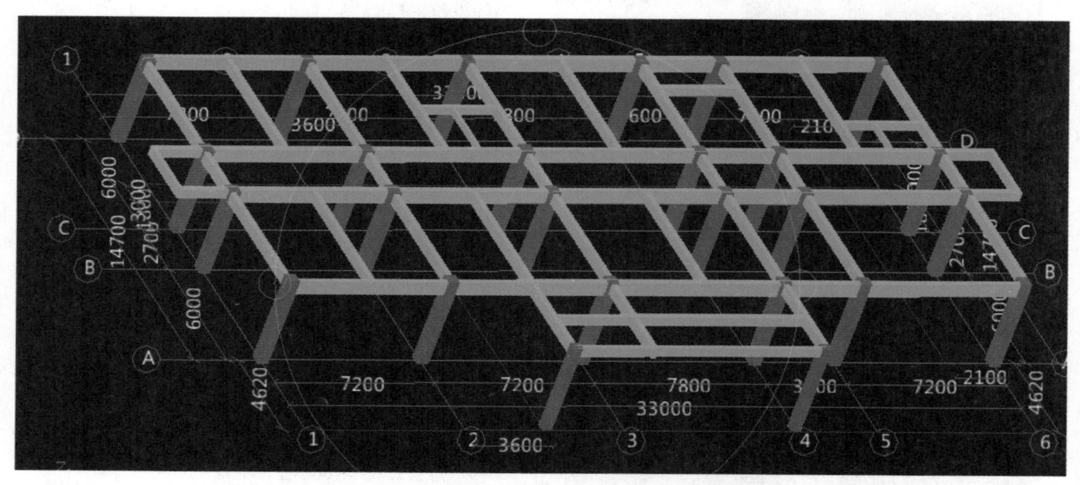

图 3 - 11

考核评估

将考核结果填入表 3 - 2 中。

表 3 - 2 任务考核表

<table>
<tr><th>序 号</th><th>项 目</th><th colspan="4">内 容</th></tr>
<tr><td>1</td><td>构件定位</td><td colspan="4">正确 □ 不正确 □</td></tr>
<tr><td>2</td><td>属性信息编辑</td><td colspan="4">正确 □ 不正确 □</td></tr>
<tr><td rowspan="2">3</td><td rowspan="2">工程量</td><td rowspan="2">正确 □</td><td rowspan="2">误差范围内 □</td><td>误差±2%以内 □</td><td rowspan="2">不正确 □</td></tr>
<tr><td>误差±5%以内 □</td></tr>
</table>

任务总结

(1)初学者进行梁构件定义及绘制时，应该依次定义一根梁，绘制一根梁，以免混乱。

(2)正确进行构件属性信息编辑。

(3)注意构件绘制中各功能的正确运用，以提高操作效率。

(4)当采用“矩形”绘制梁构件时，此时的矩形边长所对应的梁构件必须是同一类型的构件。

(5)梁构件信息定义时，轴线距梁左边线距离(mm)可以暂时不输入，绘制完成之后，通过“单对齐”进行修改即可。

(6)多跨梁一次画通，即只有一个起点和一个终点。

(7)如果定义普通梁(以 L 开头的梁)，此类别软件自动识别为“非框架梁”。

(8)如果定义屋面框架梁(以 WKL 开头的梁),此类别自动识别为“屋面框架梁”。

任务拓展

学生自己练习 2～6 层梁构件的信息定义、绘制及工程量的汇总,并在小组内进行工程量的核对。

• 第 4 单元　板构件工程量计算

学习任务

1. 学会板构件的绘制。板构件的属性定义、添加清单、绘制以及斜板的绘制。
2. 熟练掌握绘图技巧。点画布置、直线、矩形等技巧性功能的应用。
3. 学会汇总工程量。工程量的汇总、三维效果查看及报表预览。

任务要求

按照课程学习思路，绘制并汇总计算结施“标高 4.15 米板平法配筋图”板构件工程量。

任务描述

按照结施“标高 4.15 米板平法配筋图”板构件位置、尺寸进行定义并绘图。

信息准备

在教师的带领下，熟读结施“标高 4.15 米板平法配筋图”工程图纸，完成板构件信息的识读，将相关信息填入表 4－1 中。

表 4－1　信息准备内容表

序号	项目	内容
1	板厚	
2	板类别	有梁板□　无梁板□　平板□

任务实施

1. 定义构件

(1)属性定义。在绘图输入界面依次点击“板→新建→新建现浇板”，在属性编辑框中输入相关参数。采用“复制”方法依次定义其他板构件，如图 4－1 所示。

(2)添加清单。属性定义完成之后，进入“构件做法”界面，套用板的“清单项目”，如图4－2 所示。

图 4-1

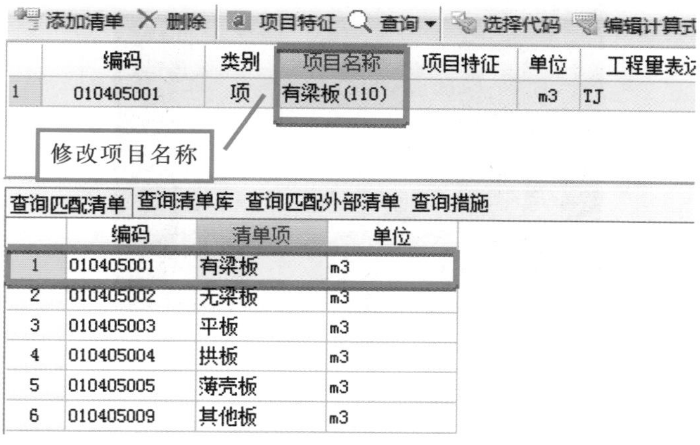

图 4-2

解 读

(1)解读图 4-1“属性编辑框”内容,具体如下:

①名称:根据图纸输入现浇板名称。建议根据板厚命名,如 XB—110。

②类别:选项为有梁板、无梁板、平板等。框架梁套矩形梁子目计算,板下有次梁时,次梁与板都套有梁板子目计算,板下无次梁时套平板子目。

③混凝土标号、混凝土类型:根据实际情况进行调整。

④厚度:输入板的设计厚度,单位为毫米(mm)。

⑤顶标高:板顶的标高,根据实际设计与本层构件相对标高情况进行调整。

(2)解读图4-2“查询匹配清单”内容。

注意“清单项”中有梁板、无梁板、平板等的正确选择。

2. 构件绘制

(1)点画布置。在绘图界面,选择“点”绘制按钮,左键单击板构件对应位置的封闭区域即可,如图4-3所示。

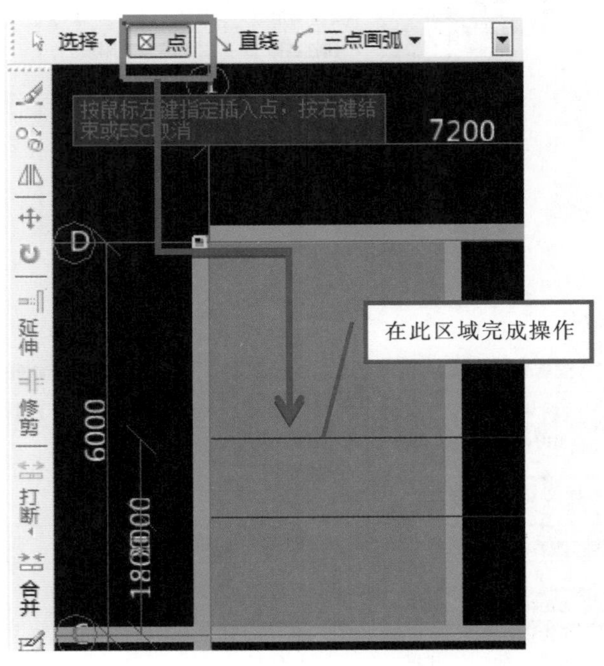

图4-3

(2)直线画法。在绘图界面,选择“直线”绘制按钮,左键指定第一个插入点(端点),按鼠标左键依次单击下一个端点,单击鼠标右键终止即可,如图4-4所示。

(3)矩形画法。在绘图界面,选择矩形画法“矩形”绘制按钮,左键指定板的第一个角点,左键指定对角点即可,如图4-5所示。

(4)智能布置。单击工具栏中的“智能布置”按钮,点开下拉菜单,如图4-6所示。选择需要布置的方式,如梁中心线、框选需要布置板的梁,如图4-7所示。右键确认即可。

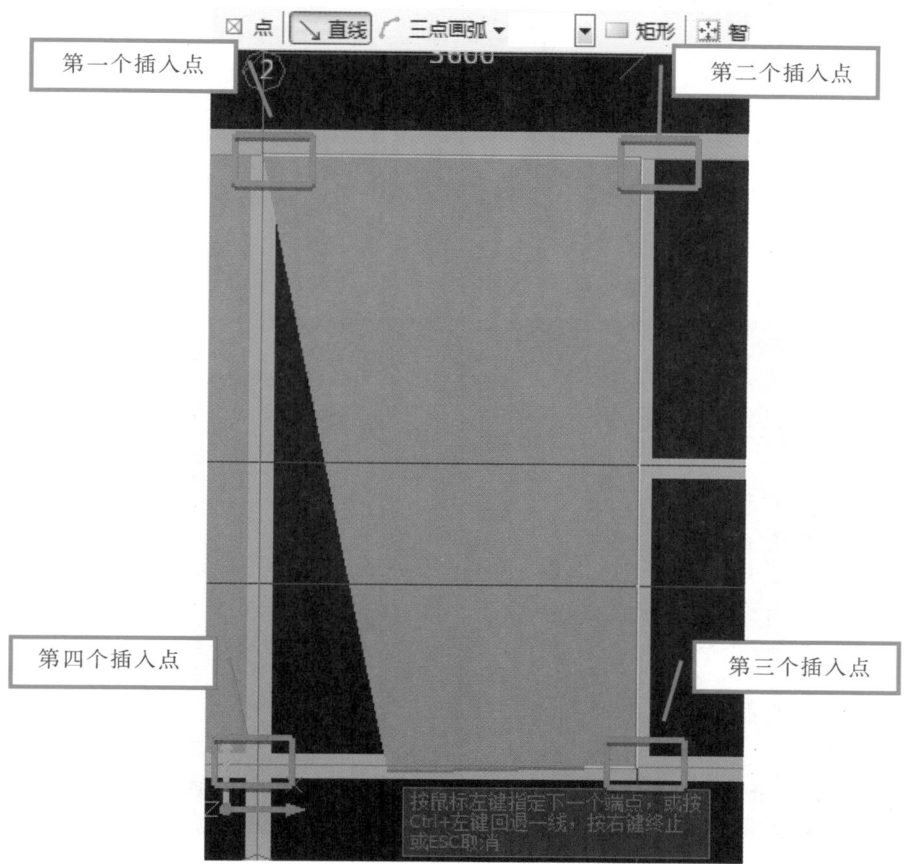
点
直线
三点画弧
矩形
智
第一个插入点
第二个插入点
第四个插入点
第三个插入点
按鼠标左键指定下一个端点，或按
Ctrl+左键回退一线，按右键终止
或ESC取消

图 4 - 4

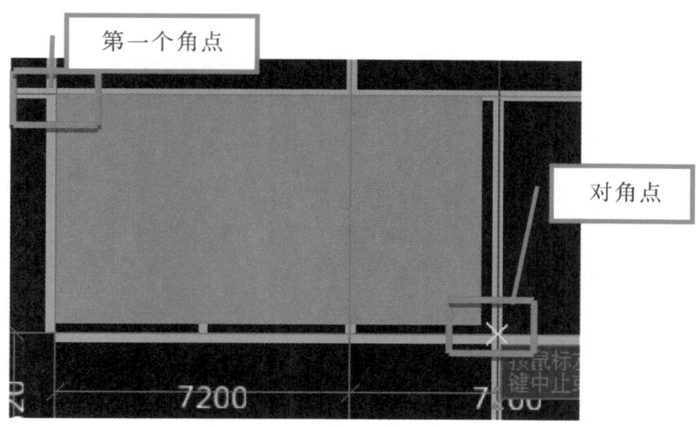
第一个角点
对角点
7200

图 4 - 5

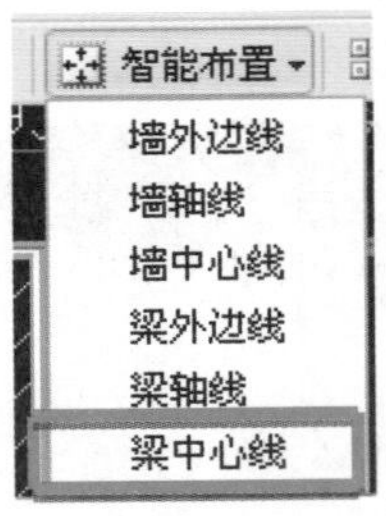

图 4－6

图 4－7

解　读

(1)在封闭区域"点"画布置板，这里的封闭区域指的是梁或墙围成的封闭区域。

(2)卫生间位置，楼板标高为 4.080 米，定义时需要修改顶标高。

(3)斜板的定义及绘制。

步骤 1：进入选择状态，在绘图区域选择需要编辑的板，单击绘图工具栏中的"坡度系数定义斜板"按钮，如图 4－8 所示。

步骤 2：选择板的基准边，输入坡度系数，点击确定即可，如图 4－9 所示。

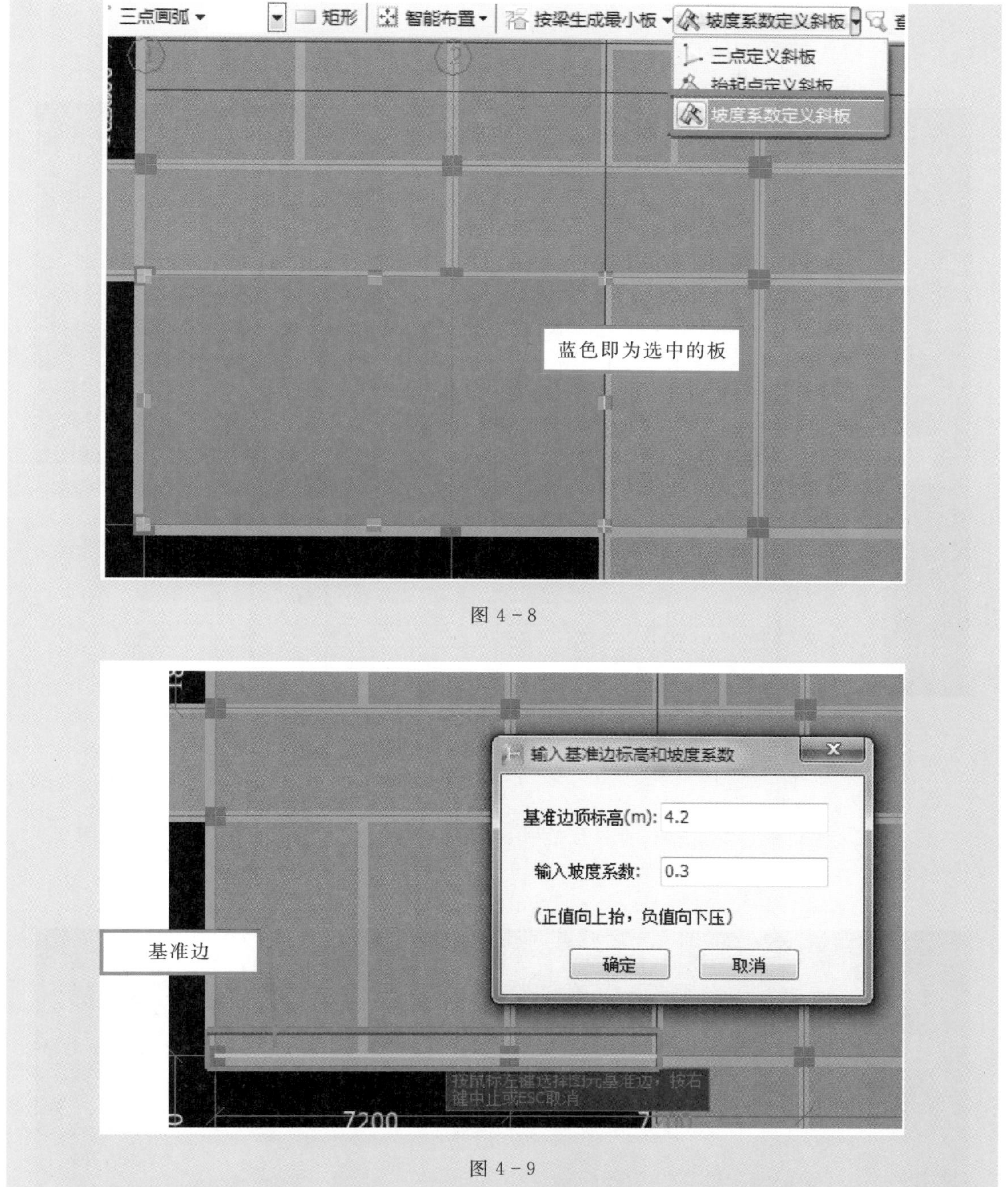

图 4－8

图 4－9

3. 汇总工程量

构件绘制完成之后，单击工具栏中的“汇总计算”按钮，软件将自动计算所绘制构件的工程量。

4. 查看工程量

汇总计算完成之后，单击工具栏中的“查看工程量”按钮，如果查看某一块板构件的工程量，单击需要查看的板构件图元，软件将会显示某一块板构件的工程量；如果要查看所有板构件的工程量，框选所有板构件图元，软件将会显示所有板构件的工程量。如图 4－10 所示。

	楼层	名称	面积(m2)	体积(m3)	数量(块)	投影面积(m2)	平台贴墙长度(m)	板厚(m)
1	首层	XB-110	512.2999	50.033	25	0	0	2.75
2		XB-110(卫生间)	22.05	2.0398	3	0	0	0.33
3		小计	534.3499	52.0728	28	0	0	3.08
4	总计		534.3499	52.0728	28	0	0	3.08

图 4－10

5. 查看构件三维

单击工具栏中的“三维”按钮，框选所有构件，可以直观感受构件的三维效果。如图 4－11 所示。

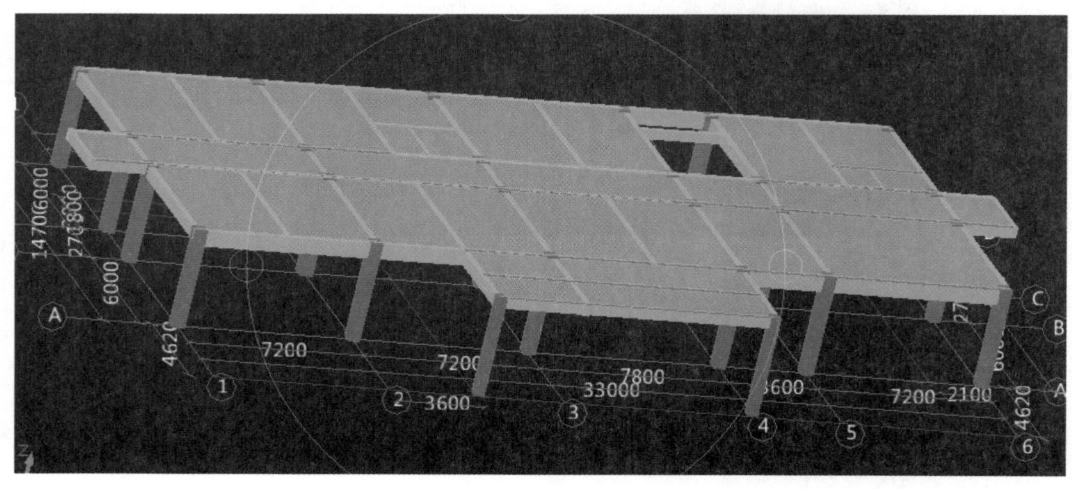

图 4－11

考核评估

将考核结果填入表 4－2 中。

表 4－2　任务考核表

<table>
<tr><td>序 号</td><td>项 目</td><td colspan="4">内 容</td></tr>
<tr><td>1</td><td>构件定位</td><td colspan="4">正确 □　不正确 □</td></tr>
<tr><td>2</td><td>属性信息编辑</td><td colspan="4">正确 □　不正确 □</td></tr>
<tr><td rowspan="2">3</td><td rowspan="2">工程量</td><td rowspan="2">正确 □</td><td rowspan="2">误差范围内 □</td><td>误差±2%以内 □</td><td rowspan="2">不正确 □</td></tr>
<tr><td>误差±5%以内 □</td></tr>
</table>

任务总结

(1)输入板厚时删除括号。

(2)检查板的位置是否正确：隐藏梁构件，检查板是否与轴线相交。如果没有，说明板的位置是以梁的中心线为基准的。

(3)智能布置汇总，按梁生成最小板和按墙生成最小板应根据实际工程进行选择。

(4)注意构件绘制中各功能的正确运用，以提高操作效率。

任务拓展

学生自己练习 2～6 层顶板构件的信息定义、绘制及工程量的汇总，并在小组内进行工程量的核对。

· 第5单元　墙构件工程量计算

学习任务

1. 学会外墙、内墙、剪力墙构件的定义及绘制。墙构件属性定义、添加清单、绘制。
2. 熟练掌握绘图技巧。复制、单对齐等功能的应用。
3. 学会汇总工程量。工程量的汇总、三维效果查看及报表预览。

任务要求

按照课程学习思路，绘制并汇总计算建筑施工图(以下简称“建施”)“一层平面图”中墙构件工程量。

任务描述

按照建施“一层平面图”墙构件位置、尺寸进行定义并绘图。

信息准备

在教师的带领下，熟读建筑设计说明中墙体部分内容，查看建施“一层平面图”，并将相关信息填入表5-1中。

表5-1　信息准备内容表

序号	项目	内容
1	外墙	墙厚________
		材质________
2	内墙	墙厚________
		材质________

任务实施

5.1　外墙

1. 定义构件

(1)属性定义。在绘图输入界面依次点击“墙→新建→新建外墙”，在属性编辑框中输入相关参数，如图5-1所示。

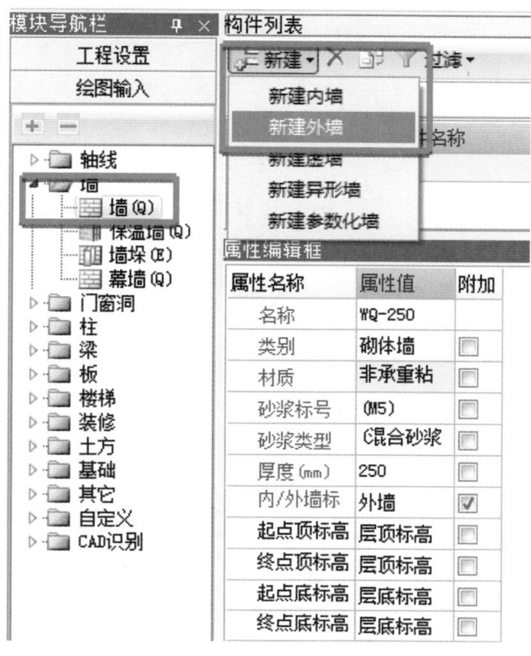

图 5-1

(2)做法定义。属性定义完成之后，进入“构件做法”界面，套用墙体的“清单项目”，如图 5-2 所示。

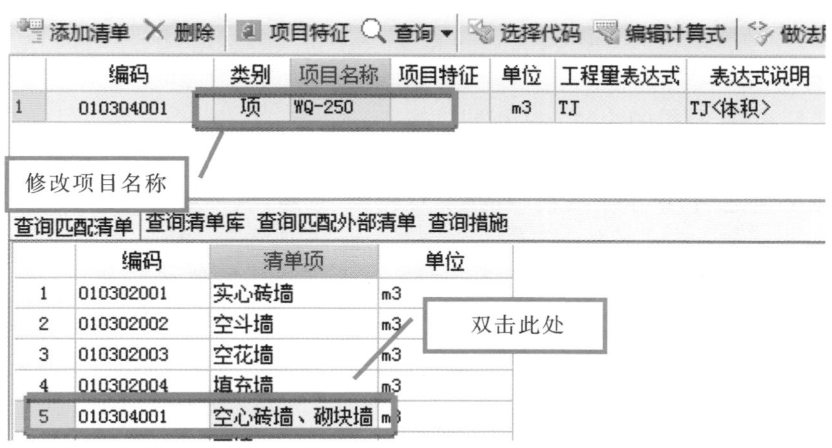

图 5-2

解 读

(1)解读图 5-1“属性编辑框”内容。

①名称:根据图纸输入墙名称。第一次新建默认为 Q-1,以后依次类推。本工程命名为 WQ-250。

②类别:具体类别按照实际选择。此处选择砌体墙。

③材质:不同的材质会对应不同的计算规则,因此应该正确选择。

④砂浆标号、砂浆类型:当前构件的砂浆强度等级和砂浆类型,可以根据实际进行调整。这里的默认值与楼层信息界面强度等级设置里的砂浆强度等级和砂浆类型一致。

⑤厚度:当前构件的厚度,按实际填写。

⑥内/外墙标志:用来识别内外墙的标志。内外墙计算规则不同,因此应该正确填写。

⑦四个标高:具体如图 5-3 所示。

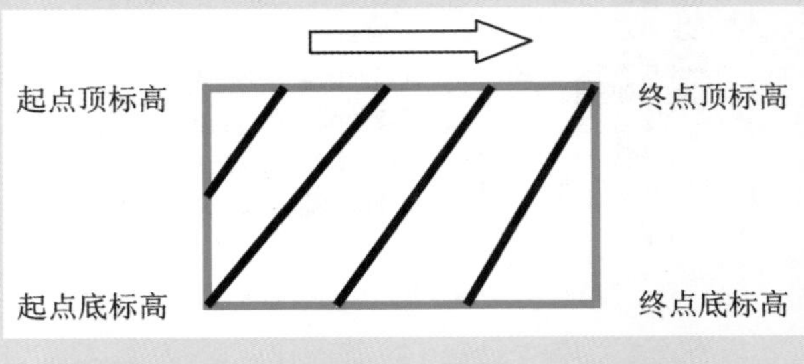

图 5-3

(2)解读图 5-2“修改项目名称”内容。

为了方便后面汇总工程量,此处将墙的名称修改为与属性定义时一致的名称。

2. 绘制构件

墙体是线性构件,与梁的绘制方法相同。

3. 汇总工程量

构件绘制完成之后,单击工具栏中的“汇总计算”按钮,软件将自动计算所绘制构件的工程量。

4. 查看工程量

汇总计算完成之后,单击工具栏中的“查看工程量”按钮,如果要查看某一面墙体构件的工程量,单击需要查看的构件,软件将会显示某一面墙体构件的工程量;如果要查看所有外墙构件的工程量,框选所有构件,软件将会显示所有构件的工程量。如图 5-4 所示。

5. 查看构件三维

单击工具栏中的“三维”按钮,框选所有构件,可以直观感受构件的三维效果。如图 5-5 所示。

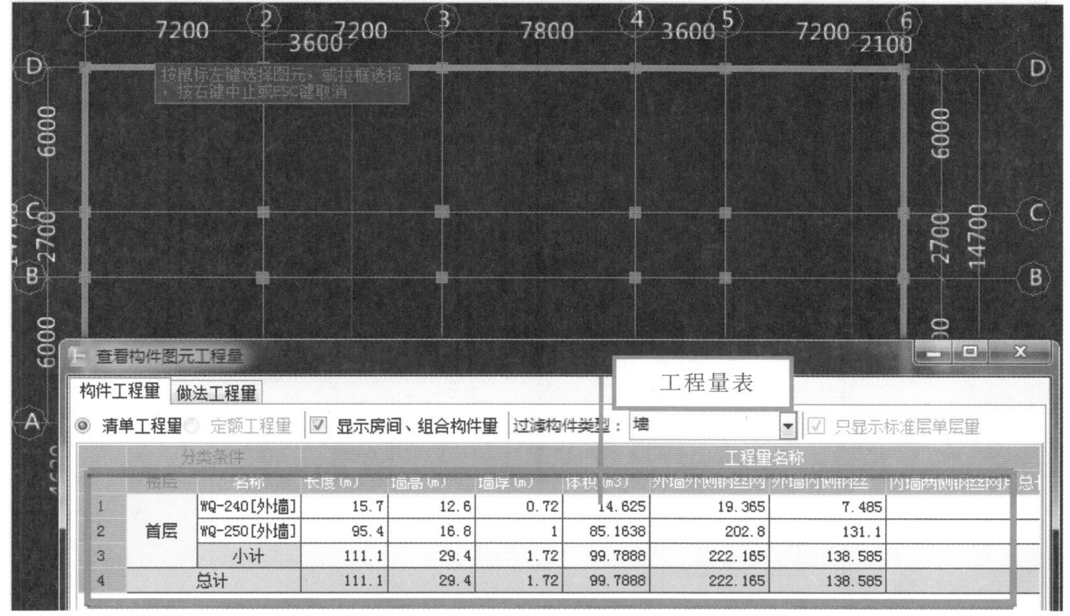

	楼层	名称	长度(m)	墙高(m)	墙厚(m)	体积(m3)	外墙外侧钢丝网	外墙内侧钢丝	内墙两侧钢丝网片	
1	首层	WQ-240[外墙]	15.7	12.6	0.72	14.625	19.365	7.485		
2		WQ-250[外墙]	95.4	16.8	1	85.1638	202.8	131.1		
3		小计	111.1	29.4	1.72	99.7888	222.165	138.585		
4	总计		111.1	29.4	1.72	99.7888	222.165	138.585		

图 5 - 4

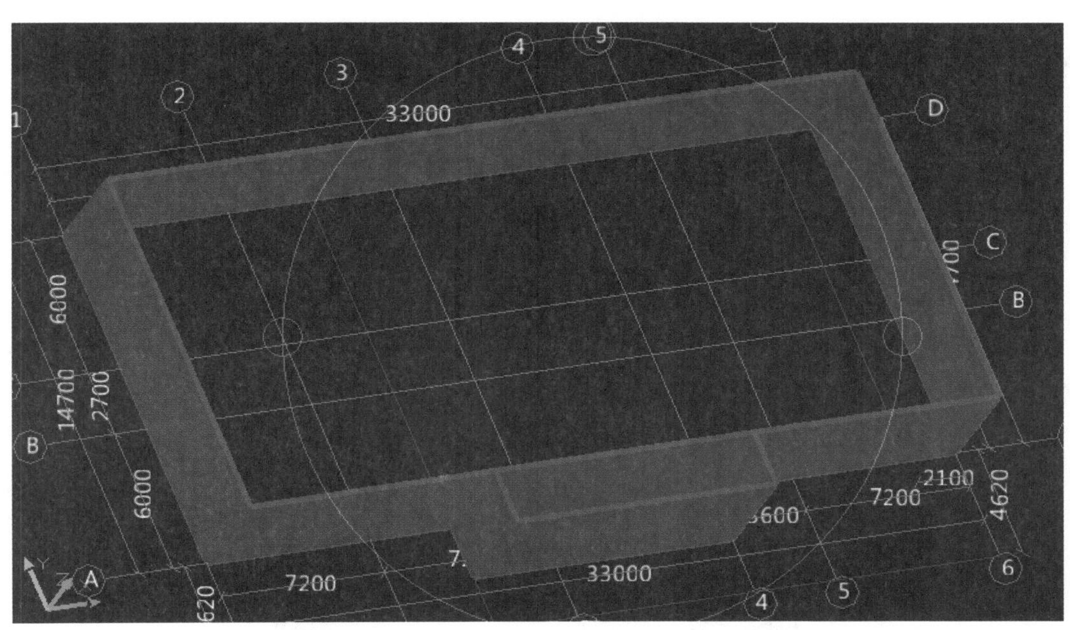

图 5 - 5

5.2 内墙

其操作方法同外墙，如图 5 - 6 所示。

图 5-6

解 读

通过分析图纸，可以看出办公楼内墙属性信息完全相同，在绘制时可选用复制功能。步骤如下：

步骤 1：左键选中需要复制的构件，鼠标右键选择“复制”，如图 5-7 所示。

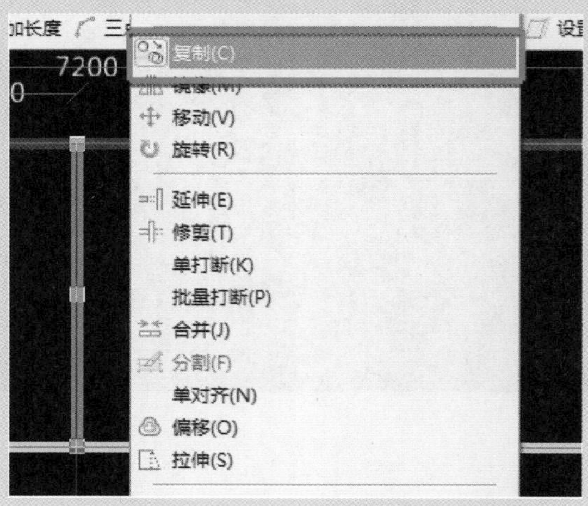

图 5-7

步骤 2：按照右下角操作栏提示，指定基准点、指定插入点即可，如图 5-8 所示。

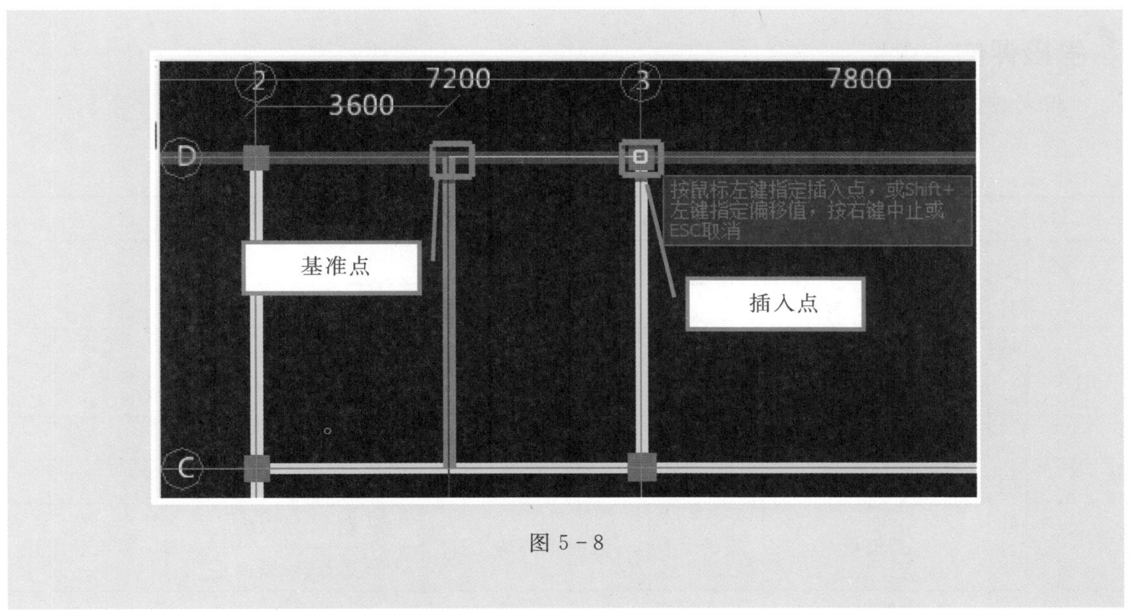

图 5－8

5.3 剪力墙

方法同外墙，如图 5－9 所示。

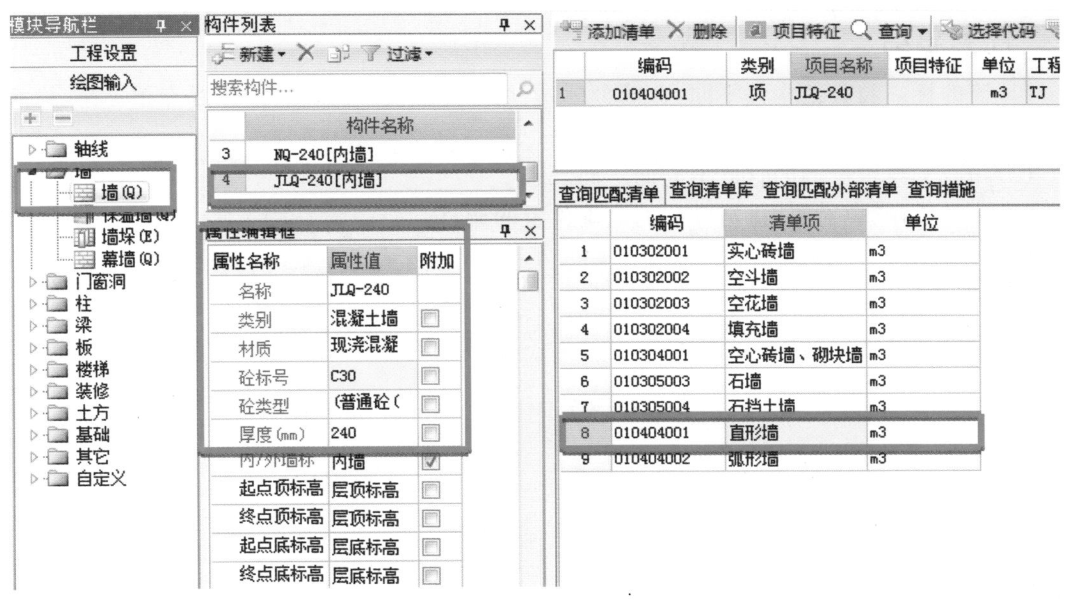

图 5－9

考核评估

将考核结果填入表 5－2 中。

表 5－2 任务考核表

<table>
<tr><th>序 号</th><th colspan="2">项 目</th><th colspan="4">内 容</th></tr>
<tr><td>1</td><td rowspan="3">外墙</td><td>构件定位</td><td colspan="4">正确 □ 不正确 □</td></tr>
<tr><td>2</td><td>属性信息编辑</td><td colspan="4">正确 □ 不正确 □</td></tr>
<tr><td rowspan="2">3</td><td rowspan="2">工程量</td><td rowspan="2">正确 □</td><td rowspan="2">误差范围内 □</td><td>误差±2%以内 □</td><td rowspan="2">不正确 □</td></tr>
<tr><td>误差±5%以内 □</td></tr>
<tr><td>1</td><td rowspan="3">内墙</td><td>构件定位</td><td colspan="4">正确 □ 不正确 □</td></tr>
<tr><td>2</td><td>属性信息编辑</td><td colspan="4">正确 □ 不正确 □</td></tr>
<tr><td rowspan="2">3</td><td rowspan="2">工程量</td><td rowspan="2">正确 □</td><td rowspan="2">误差范围内 □</td><td>误差±2%以内 □</td><td rowspan="2">不正确 □</td></tr>
<tr><td>误差±5%以内 □</td></tr>
<tr><td>1</td><td rowspan="3">幕墙</td><td>构件定位</td><td colspan="4">正确 □ 不正确 □</td></tr>
<tr><td>2</td><td>属性信息编辑</td><td colspan="4">正确 □ 不正确 □</td></tr>
<tr><td rowspan="2">3</td><td rowspan="2">工程量</td><td rowspan="2">正确 □</td><td rowspan="2">误差范围内 □</td><td>误差±2%以内 □</td><td rowspan="2">不正确 □</td></tr>
<tr><td>误差±5%以内 □</td></tr>
</table>

任务总结

(1)墙的标高与其他构件不同,有四个标高:起点底标高、终点底标高、起点顶标高、终点顶标高,调整时一定要看清楚。

(2)扣减关系根据墙的材质不同而不同。

(3)注意运用“单对齐”进行外墙的正确位置的调整。

任务拓展

学生自己练习 2～6 层中墙构件的信息定义、绘制及工程量的汇总,并在小组内进行工程量的核对。

• 第 6 单元　门窗构件工程量计算

学习任务

1. 学会门、窗构件的定义及绘制。属性定义(标高、离地高度)及绘制。
2. 熟练掌握绘图技巧。点、精确布置功能应用以及切换清单的方法。
3. 学会汇总工程量。工程量的汇总、三维效果查看及报表预览。

任务要求

按照课程学习思路,绘制并汇总计算图纸建施"一层平面图"中门、窗构件工程量。

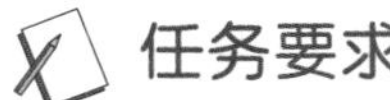

任务描述

按照图纸建施"一层平面图"中门、窗构件尺寸及具体位置进行定义并绘图。

信息准备

在教师的带领下,熟读设计总说明中"门窗明细表",查看建施"一层平面图"中门、窗构件位置,并将相关信息填入表 6-1 中。

表 6-1　信息准备内容表

序号	项目	内容
1	门类型	
2	门洞口尺寸	
3	窗类型	
4	窗洞口尺寸	

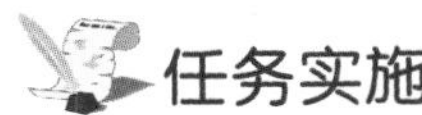

任务实施

6.1　门

1. 构件定义

(1)属性定义。在绘图输入界面依次点击"门→新建矩形门",在属性编辑框输入门的相关属性,如图 6-1 所示。

(2)添加清单。属性定义完成之后,进入"构件做法"界面,切换清单库,套取做法,如图 6－2 所示。

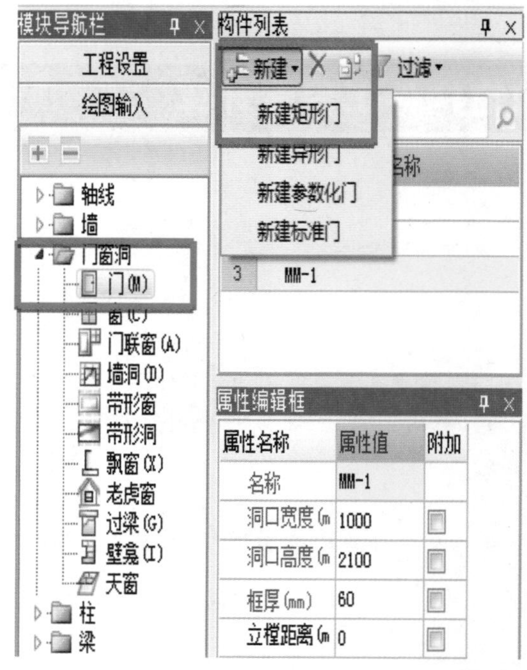

图 6－1

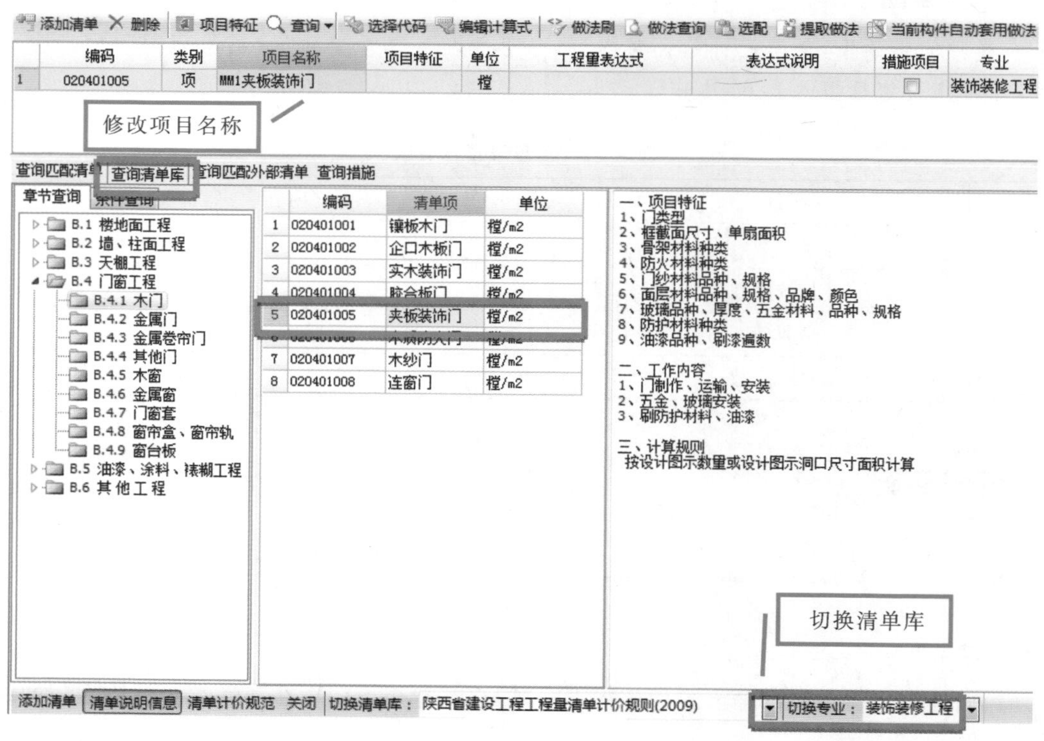

图 6－2

解 读

(1)解读图 6－1“属性编辑框”内容。

①名称：建议和图纸中构件名称保持一致。

②洞口宽度：对于矩形门，可以直接输入宽度值；对于参数化门和异性门宽度取洞口外接矩形的宽度；对于标准门，直接取标准图集中门的宽度值。

③洞口高度：对于矩形门，可以直接输入高度值；对于参数化门和异性门高度取洞口外接矩形的高度；对于标准门，直接取标准图集中门的高度值。

④框厚：输入实际的框厚尺寸，对墙面、墙裙、踢脚块料面积的计算有影响。

⑤立樘距离：门框中心线与墙中心线间的距离，默认为“0”。

⑥离地高度：门洞口底边离地面的高度。

(2)解读图 6－2。

为了方便后面汇总工程量，此处将门的名称修改为与属性定义时一致的名称。

2. 绘制构件

门的绘制方法有：点、智能布置、精确布置。

(1)“点”绘制。

步骤 1：进入绘图界面单击“点”按钮。

步骤 2：将鼠标放至需要布置的墙段，输入具体数值，如图 6－3 所示。

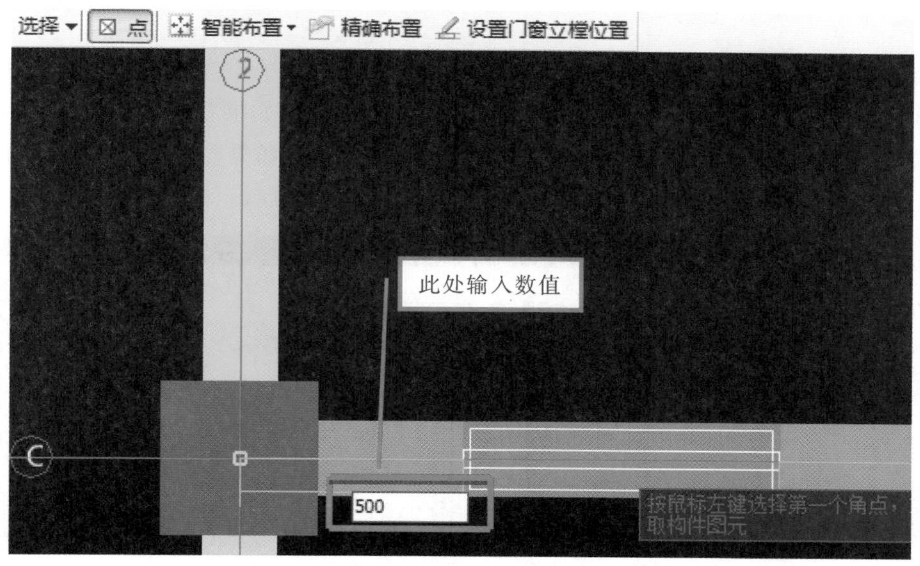

图 6－3

(2)“精确布置”绘制。

门的位置随意布置，不影响软件对门工程量的计算，如果需要精确布置门的位置，可选择“精确布置”，如图 6－4 所示。

步骤 1:进入绘图界面单击“精确布置”按钮。

步骤 2:点击需要布置的墙段,左键点击插入点。

步骤 3:在弹出的对话框中输入偏移值,单击“确定”即可。

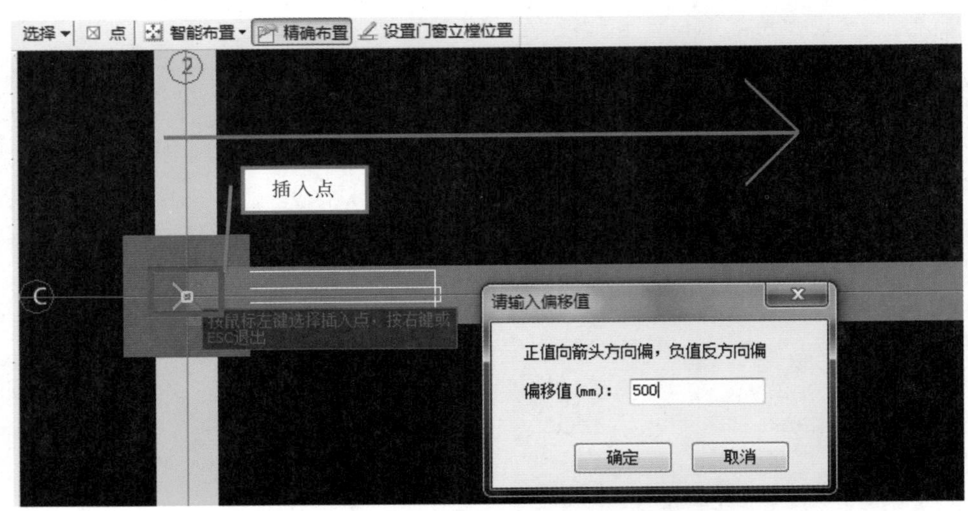

图 6-4

3. 汇总工程量

构件绘制完成之后,单击工具栏中的“汇总计算”按钮,软件会自动计算所绘制构件的工程量。

4. 查看工程量

汇总计算完成之后,单击工具栏中的“查看工程量”按钮,如果要查看某一个构件的工程量,单击需要查看的构件,软件将会显示某一个构件的工程量;如果要查看所有构件的工程量,框选所有构件,软件将会显示所有构件的工程量。如图 6-5 所示。

查看构件图元工程量

构件工程量 | 做法 | 工程量表

清单工程量　定额工程量　显示房间、组合构件量　只显示标准层单层量

	分类条件		工程量名称					
	楼层	名称	洞口面积(m2)	框外围面积(m2)	数量(樘)	洞口三面长度(m)	洞口宽度(m)	洞口高度(m)
1	首层	AHM-1	4.2	4.2	2	10.4	2	4.2
2		LM-1	35.64	35.64	1	17.4	10.8	3.3
3		LM-2	19.8	19.8	1	12.6	6	3.3
4		LM-3	9	9	2	15	3	6
5		MM-1	8.4	8.4	4	20.8	4	8.4
6		MM-2	9.45	9.45	3	17.1	4.5	6.3
7		乙FM1	3.15	3.15	1	5.7	1.5	2.1
8		乙FM2	3.15	3.15	1	5.7	1.5	2.1
9		小计	92.79	92.79	15	104.7	33.3	35.7
10	总计		92.79	92.79	15	104.7	33.3	35.7

设置分类及工程量(S)　导出到Excel　导出到已有Excel　退出

图 6-5

5. 查看构件三维

单击工具栏中的“三维”按钮，框选所有构件，可以直观感受构件的三维效果。如图 6－6 所示。

图 6－6

6.2 窗

1. 构件定义

(1)属性定义。在绘图输入界面依次点击“窗→新建矩形窗”，在属性编辑框输入窗的相关属性，如图 6－7 所示。

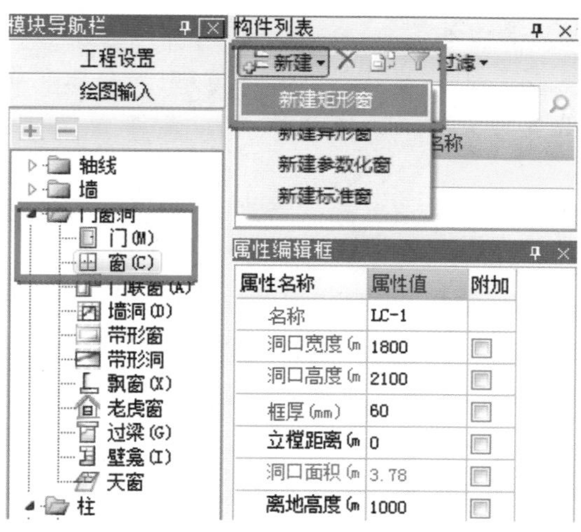

图 6－7

(2)添加清单。属性定义完成之后,进入“构件做法”界面,切换清单库,套取做法,如图6-8所示。

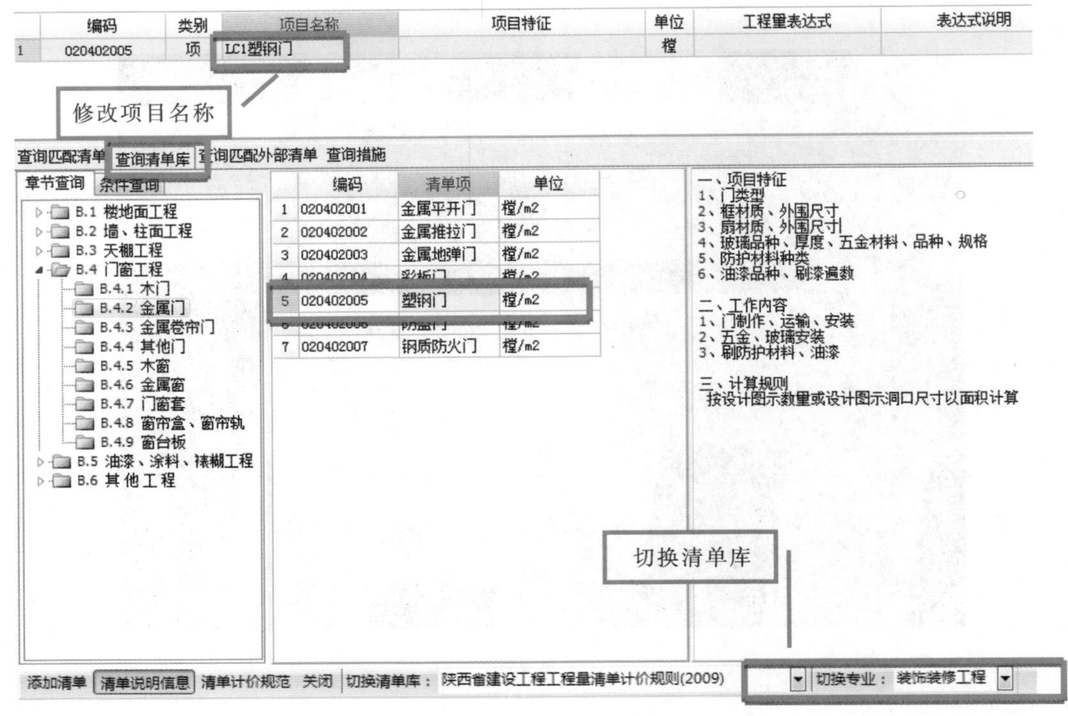

图6-8

解　读

(1)解读图6-7“属性编辑框”内容。

①名称:根据图纸输入窗名称。

②洞口宽度:对于矩形窗,可以直接输入宽度值;对于参数化窗和异性窗宽度取洞口外接矩形的宽度,也就是窗构件的最大宽度值;对于标准窗,直接取标准图集中窗的宽度值。

③洞口高度:对于矩形窗,可以直接输入高度值;对于参数化窗和异性窗高度取洞口外接矩形的高度;对于标准窗,直接取标准图集中窗的高度值。

④框厚:输入实际的框厚尺寸,对墙面、墙裙块料面积的计算有影响。

⑤立樘距离:窗框中心线与墙中心线间的距离,默认为“0”。

⑥离地高度:窗洞口底边距楼地面的高度。

(2)解读图6-8。

为了方便后面汇总工程量,此处将窗的名称修改为与属性定义时一致的名称。

2. 绘制构件

窗的绘制步骤同门的绘制步骤。

3. 汇总工程量

构件绘制完成之后，单击工具栏中的“汇总计算”按钮，软件将自动计算所绘制构件的工程量。

4. 查看工程量

汇总计算完成之后，单击工具栏中的“查看工程量”按钮，如果要查看某一个构件的工程量，单击需要查看的构件，软件将会显示某一个构件的工程量；如果要查看所有构件的工程量，框选所有构件，软件将会显示所有构件的工程量。如图 6－9 所示。

查看构件图元工程量

工程量表

清单工程量　定额工程量　显示房间、组合构件量　只显示标准层单层量

	分类条件		工程量名称					
	楼层	名称	洞口面积(m2)	框外围面积(m2)	数量(樘)	洞口三面长度(m)	洞口宽度(m)	洞口高度(m)
1	首层	LC-1	49.14	49.14	13	78	23.4	27.3
2		LC-2	17.01	17.01	3	20.7	8.1	6.3
3		小计	66.15	66.15	16	98.7	31.5	33.6
4	总计		66.15	66.15	16	98.7	31.5	33.6

图 6－9

5. 查看构件三维

单击工具栏中的“三维”按钮，框选所有构件，可以直观感受构件的三维效果。如图 6－10 所示。

图 6－10

考核评估

将考核结果填入表 6－2 中。

表 6－2　任务考核表

<table>
<tr><td>序 号</td><td>项 目</td><td colspan="4">内 容</td></tr>
<tr><td>1</td><td>构件定位</td><td colspan="4">正确 □　不正确 □</td></tr>
<tr><td>2</td><td>属性信息编辑</td><td colspan="4">正确 □　不正确 □</td></tr>
<tr><td rowspan="2">3</td><td rowspan="2">工程量</td><td rowspan="2">正确 □</td><td rowspan="2">误差范围内 □</td><td>误差±2%以内 □</td><td rowspan="2">不正确 □</td></tr>
<tr><td>误差±5%以内 □</td></tr>
</table>

任务总结

(1)初学者进行门、窗构件定义及绘制时，应该依次定义一种类型的构件，绘制一种类型的构件，以免混乱。

(2)正确进行构件属性信息编辑。

(3)名称的建立：如 MM－1 门的名称建立为“MM－1 1000×2100，夹板装饰门”，这样建立的目的，第一，有与图相一致的名称，方便绘图；第二，有门窗的尺寸，以备核对；第三，有材质，以备核对做法；第四，在属性参数和构件做法时，对应名称进行设置，做到了两次输入，正好做到了校核。

任务拓展

学生自己练习 2～6 层门、窗构件的信息定义、绘制及工程量的汇总，并在小组内进行工程量的核对。

· 第 7 单元　基础层构件工程量计算

学习任务

1. 学会基础层各构件的绘制。基础层各构件的属性定义、添加清单、绘制。
2. 熟练掌握绘图技巧。独立基础的单元属性定义、垫层的智能布置。
3. 学会汇总工程量。工程量的汇总、三维视图查看及报表预览。

任务要求

按照课程学习思路，绘制并汇总计算基础层各构件工程量。

任务描述

按照基础层各构件位置、尺寸信息进行定义并绘图。

信息准备

在教师的带领下，熟读结施“基础配筋图”，将相关信息填入表 7－1 中。

表 7－1　信息准备内容表

序号	项目	内容
1	柱	顶标高______　底标高______
2	构造柱	顶标高______　底标高______
3	梁	顶标高______
4	基础	类型______　底标高______　顶标高______

任务实施

在操作界面上，切换界面至基础层。

7.1　柱

本层柱构件底标高为基础顶，顶标高为层顶标高(0.000)。

逐一定义及绘制构件。柱构件的定义及绘制，其方法同首层柱构件。

7.2 基础梁

本层未注明的梁顶标高为－2.000m。

1. 构件定义

(1)属性定义。进入模块导航栏，依次单击“基础→基础梁→新建矩形基础梁”，在属性编辑框输入 JL1 的相关属性，如图 7－1 所示。

图 7－1

(2)添加清单。属性定义完成之后，进入“构件做法”界面，套用 JL 的“清单项目”，如图 7－2所示。

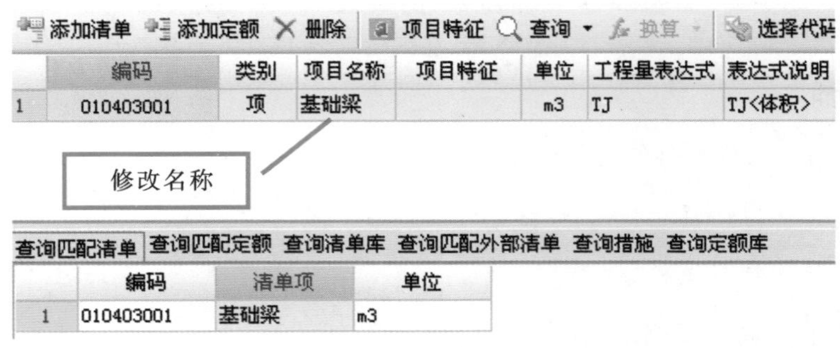

图 7－2

2. 绘制构件

绘制方法同梁构件的绘制方法。

7.3 GZ 及 AZ

本层 GZ 及 AZ 底标高均为梁顶标高。定义及绘制方法同首层柱构件。

7.4 剪力墙

本层剪力墙底标高为梁顶标高。定义及绘制方法同首层墙构件。

7.5 独立基础

1. 构件定义

(1)属性定义。

①进入模块导航栏,依次单击"基础→独立基础→新建矩形独基单元",在属性编辑框输入相关属性信息,阶梯式基础,可以通过多次定义独基单元而建成,如图 7-3 所示。

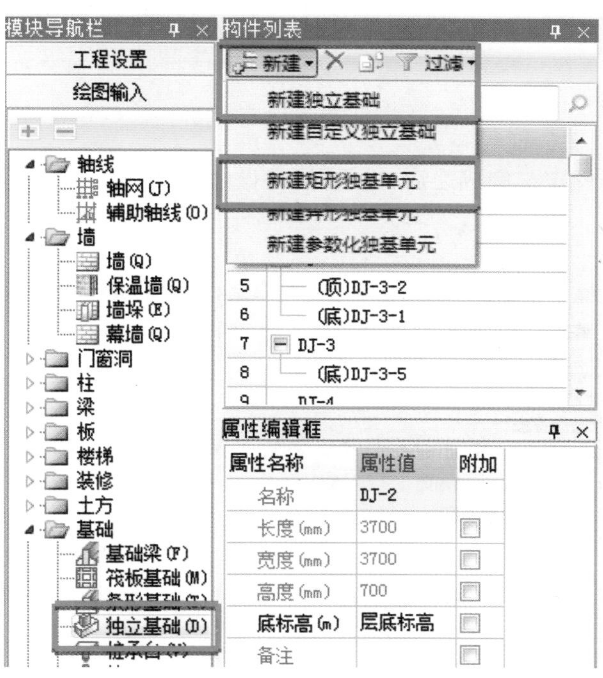

图 7-3

②三阶独立基础(DJ-05)。依次单击"新建独立基础→新建参数化独基单元",出现如图 7-4 所示对话框,输入相关属性信息即可建成。

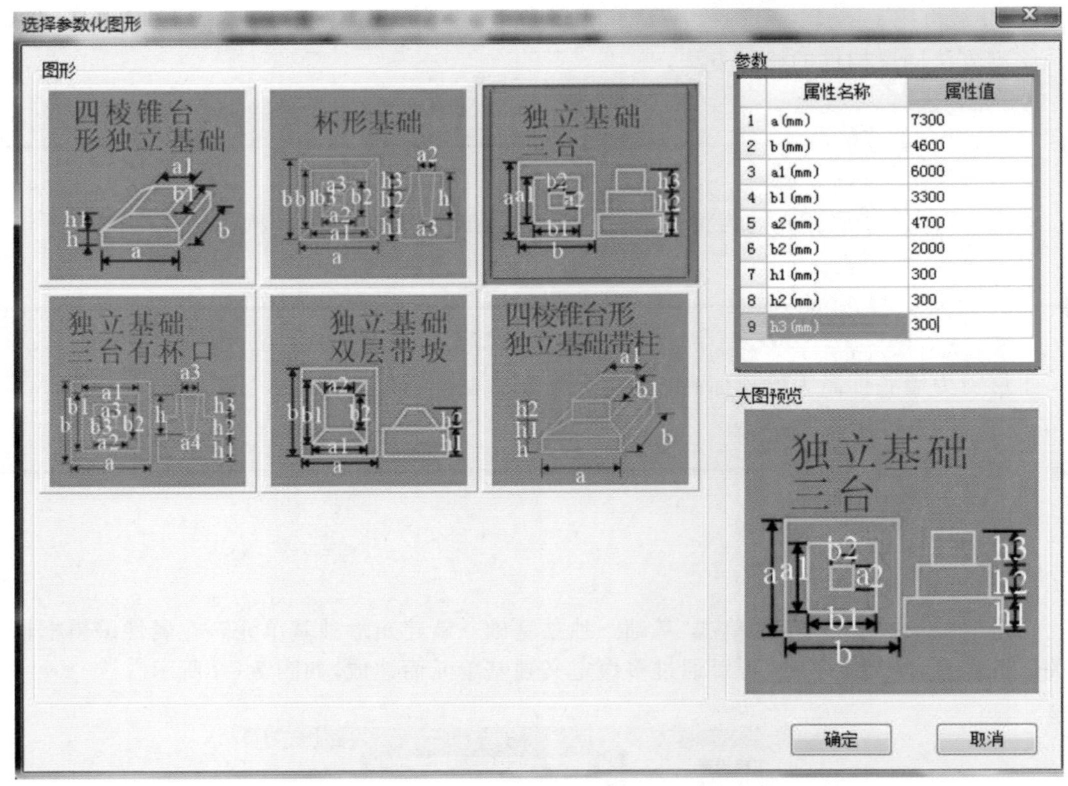

图 7－4

(2)添加清单。属性定义完成之后,进入“构件做法”界面,套用筏板基础的“清单项目”,如图 7－5 所示。

添加清单 删除 项目特征 查询 选择代码 编辑计算式 做法刷

	编码	类别	项目名称	项目特征	单位	工程量表达式
1	010401002	项	DJ-2		m3	TJ

修改名称

查询匹配清单 查询清单库 查询匹配外部清单 查询措施

	编码	清单项	单位
1	010401002	独立基础	m3

图 7－5

2. 构件绘制

点画,方法同柱的画法。

3. 汇总工程量

构件绘制完成之后,单击工具栏中的“汇总计算”按钮,软件将自动计算所绘制构件的工程量。

4. 查看工程量

汇总计算完成之后，单击工具栏中的“查看工程量”按钮，如果要查看某一个独基构件的工程量，单击需要查看的构件，软件将会显示某一个构件的工程量；如果要查看所有构件的工程量，框选所有构件，软件将会显示所有构件的工程量，如图 7－6 所示。

查看构件图元工程量　　DJ－5 工程量

构件工程量 | 做法工程量

清单工程量　定额工程量　显示房间、组合构件量　只显示标准层单层量

	分类条件		工程量名称					
	楼层	名称		1	2	3	4	5
1	基础层	DJ-5	独立基础	数量(个)				
2			DJ-5	1				
3			小计	1				
4			独基单元	体积(m3)	砖胎膜体积(m3)	底面面积(m2)	顶面面积(m2)	侧面面积(m2)
5			DJ-5-1	10.074	0	33.58	0	20.92
6			DJ-5-2	5.94	0	0	0	15.98
7			DJ-5-3	2.82	0	0	9.4	4.02
8			小计	18.834	0	33.58	9.4	40.92
9		小计	独立基础	数量(个)				
10			DJ-5	1				
11			小计	1				
12			独基单元	体积(m3)	砖胎膜体积(m3)	底面面积(m2)	顶面面积(m2)	侧面面积(m2)
13			DJ-5-1	10.074	0	33.58	0	20.92
14			DJ-5-2	5.94	0	0	0	15.98
15			DJ-5-3	2.82	0	0	9.4	4.02
16			小计	18.834	0	33.58	9.4	40.92
17			独立基础	数量(个)				
18			DJ-5	1				

设置分类及工程量(S)　导出到Excel　导出到已有Excel　退出

图 7－6

5. 查看构件三维

单击工具栏中的“三维”按钮，框选所有构件，可以直观感受构件的三维效果，如图 7－7 所示。

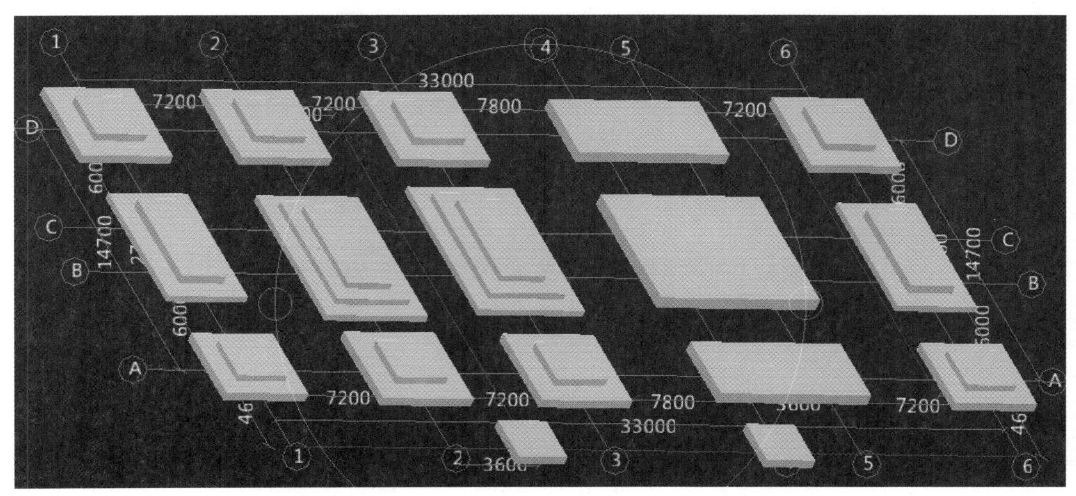

图 7－7

7.6 垫层

垫层是用于处理各类基础构件，为保护基础而敷设的结构，一般材质为混凝土、灰土等。软件根据垫层对应的不同基础构件分为点式、线性、面状三大类。

1. 构件定义

(1)属性定义。进入模块导航栏，依次单击“基础→垫层→新建面式垫层”，在属性编辑框输入垫层的相关属性，如图 7－8 所示。

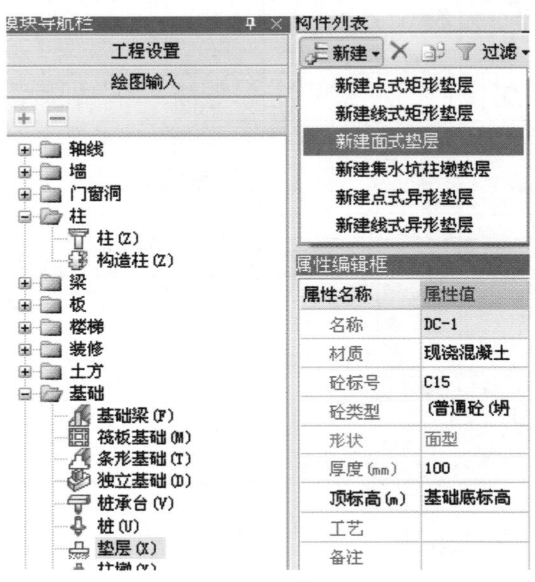

图 7－8

(2)添加清单。属性定义完成之后，进入“构件做法”界面，套用垫层的“清单项目”，如图 7－9所示。

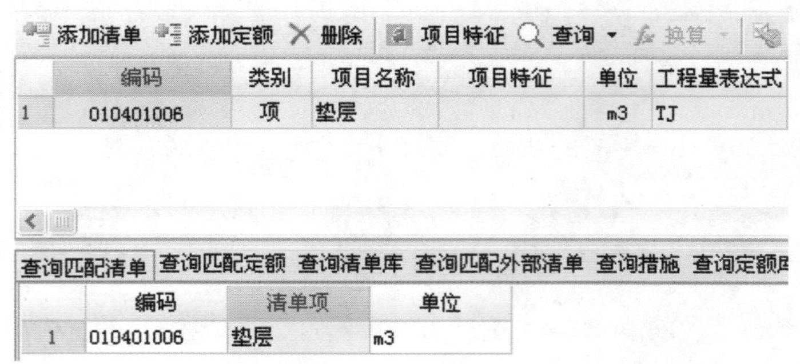

	编码	类别	项目名称	项目特征	单位	工程量表达式
1	010401006	项	垫层		m3	TJ

	编码	清单项	单位
1	010401006	垫层	m3

图 7－9

2. 构件绘制

进入绘图界面，点击“智能布置”按钮，选择“独基”。框选独立基础，填入“出边距离”，然后点击确定即可，如图 7－10 所示。

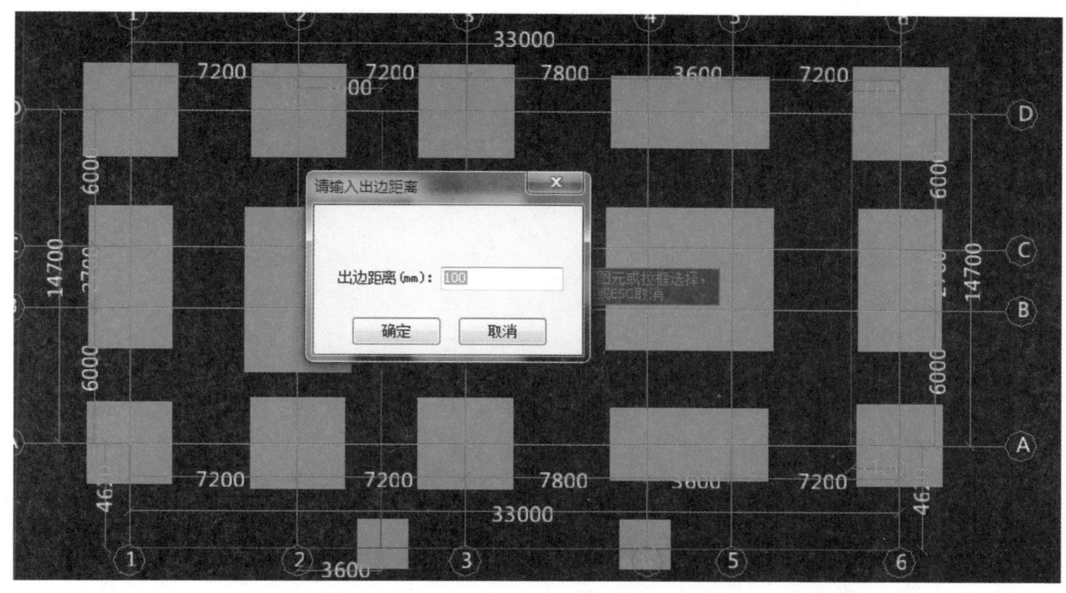

图 7-10

3. 汇总工程量

构件绘制完成之后，单击工具栏中的“汇总计算”按钮，软件将自动计算所绘制构件的工程量。

4. 查看工程量

汇总计算完成之后，单击工具栏中的“查看工程量”按钮，如果要查看某一个构件的工程量，单击需要查看的构件，软件将会显示某一个构件的工程量；如果要查看所有构件的工程量，框选所有构件，软件将会显示所有构件的工程量。如图 7-11 所示。

查看构件图元工程量

构件工程量 | 做法工程量

清单工程量 定额工程量 显示房间、组合构件量 只显

	分类条件		工程量名称
	楼层	名称	体积(m3)
1	基础层	DC-1	37.1199
2		小计	37.1199
3	总计		37.1199

图 7-11

5. 查看构件三维

单击工具栏中的“三维”按钮，框选所有构件，可以直观感受构件的三维效果，如图 7-12 所示。

图 7－12

考核评估

将考核结果填入表 7－2 中。

表 7－2　任务考核表

<table>
<tr><th>序号</th><th>项目</th><th colspan="4">内容</th></tr>
<tr><td>1</td><td>构件定位</td><td colspan="4">正确 □　不正确 □</td></tr>
<tr><td>2</td><td>属性信息编辑</td><td colspan="4">正确 □　不正确 □</td></tr>
<tr><td rowspan="2">3</td><td rowspan="2">工程量</td><td rowspan="2">正确 □</td><td rowspan="2">误差范围内 □</td><td>误差±2%以内 □</td><td rowspan="2">不正确 □</td></tr>
<tr><td>误差±5%以内 □</td></tr>
</table>

任务总结

(1)独立基础是按照单元建立的，因此其做法必须在单元上定义，否则做法工程量为 0。

(2)注意“查改标注”“旋转点”等功能的应用。

任务拓展

思考并尝试条形基础、筏板基础的定义及绘制方法。

· 第 8 单元　零星构件

本单元以外墙外保温、散水、台阶为例进行讲解零星构件的土建算量。

学习任务

1. 学会零星构件的绘制。外墙外保温、散水、台阶等零星构件的定义及绘制。
2. 熟练掌握绘图技巧。智能布置等技巧性功能运用。
3. 学会汇总楼层工程量。工程量的汇总、三维效果查看及报表预览。

任务要求

按照课程学习思路，复制并汇总计算外墙外保温、散水、台阶等零星构件工程量。

任务描述

在其他界面中进行零星构件的工程量汇总计算。

信息准备

在教师的带领下，熟读“建筑设计说明”“一层平面图”等图纸，将信息填入表 8－1 中。

表 8－1　信息准备内容表

序号	项目	内容
1	外墙外保温	材质：__________　厚度：__________
2	散水	宽度：__________
3	台阶挡墙	材质：__________　标高：__________
4	台阶	踏步个数：__________　台阶高度：__________

任务实施

8.1　外墙外保温

1. 构件定义

(1)属性定义。在绘图输入界面依次点击“其它→保温层”，在属性编辑框输入保温层的相关属性，如图 8－1 所示。

图 8-1

(2)添加清单。属性定义完成之后,进入“构件做法”界面,套用保温层的“清单项目”。从软件的清单库中查找对应的“清单项目”,如图 8-2 所示。

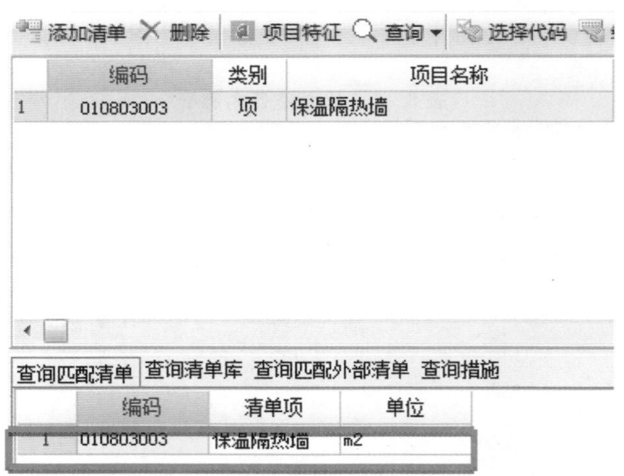

图 8-2

2. 绘制构件

在此采用智能布置。在“智能布置”中选择“外墙外边线”,软件将会自动进行智能布置,如图 8-3 所示。

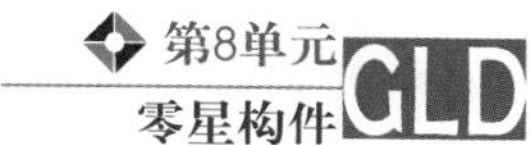

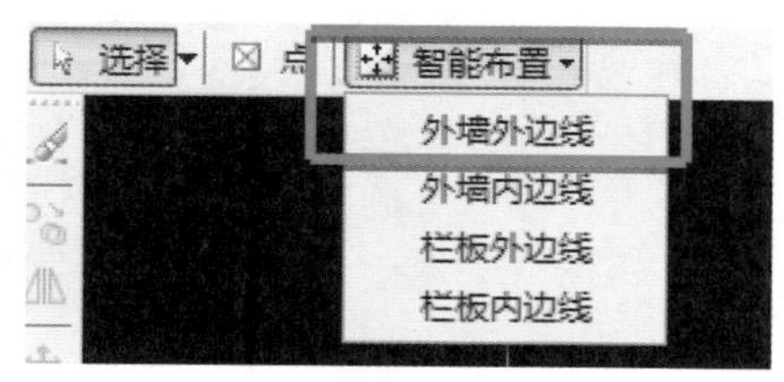

图 8－3

3．汇总工程量

构件绘制完成之后，单击工具栏中的“汇总计算”按钮，软件将自动计算所绘制构件的工程量。

4．查看工程量

汇总计算完成之后，单击工具栏中的“查看工程量”按钮，如果要查看某一面外墙体的保温层工程量，单击需要查看的那一面墙体的外保温构件，软件将会显示所选择的墙体外保温构件的工程量；如果要查看所有外墙外保温构件的工程量，框选所有构件，软件将会显示所有构件的工程量。如图 8－4 所示。

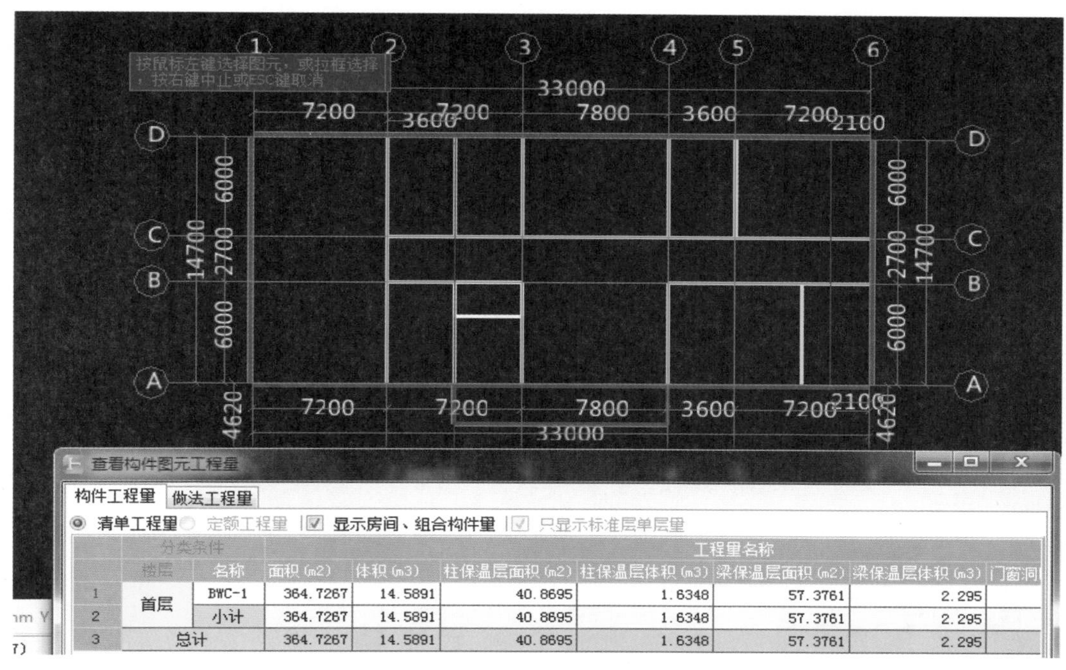

图 8－4

5．查看构件三维

单击工具栏中的“三维”按钮，框选所有构件，可以直观感受构件的三维效果。如图 8－5 所示。

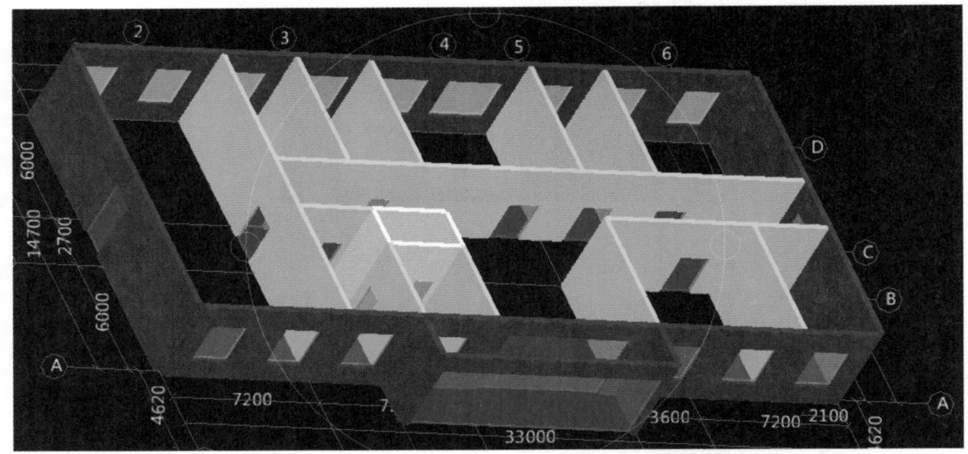

图 8 - 5

8.2 散水

1. 构件定义

(1)属性定义及做法。在绘图输入界面依次点击“其他→散水”,添加清单,如图 8 - 6 所示。

图 8 - 6

2. 绘制构件

“智能布置”按外墙外边线,输入散水宽度,如图 8 - 7 所示。

3. 汇总工程量

构件绘制完成之后,单击工具栏中的“汇总计算”按钮,软件将自动计算所绘制构件的工程量。

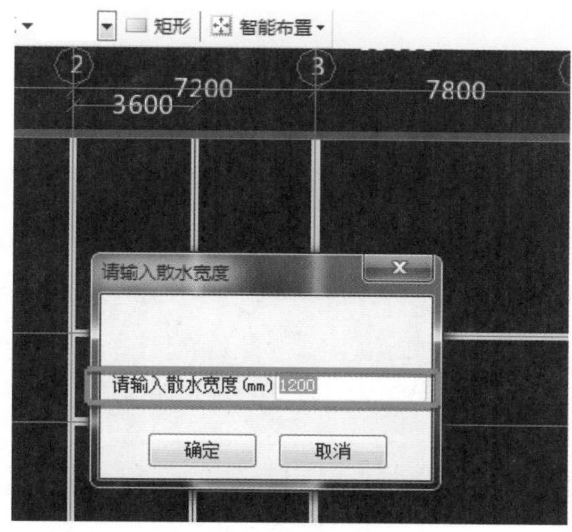

图 8－7

4. 查看工程量

汇总计算完成之后，选择所有构件，软件将会显示所有构件的工程量。如图 8－8 所示。

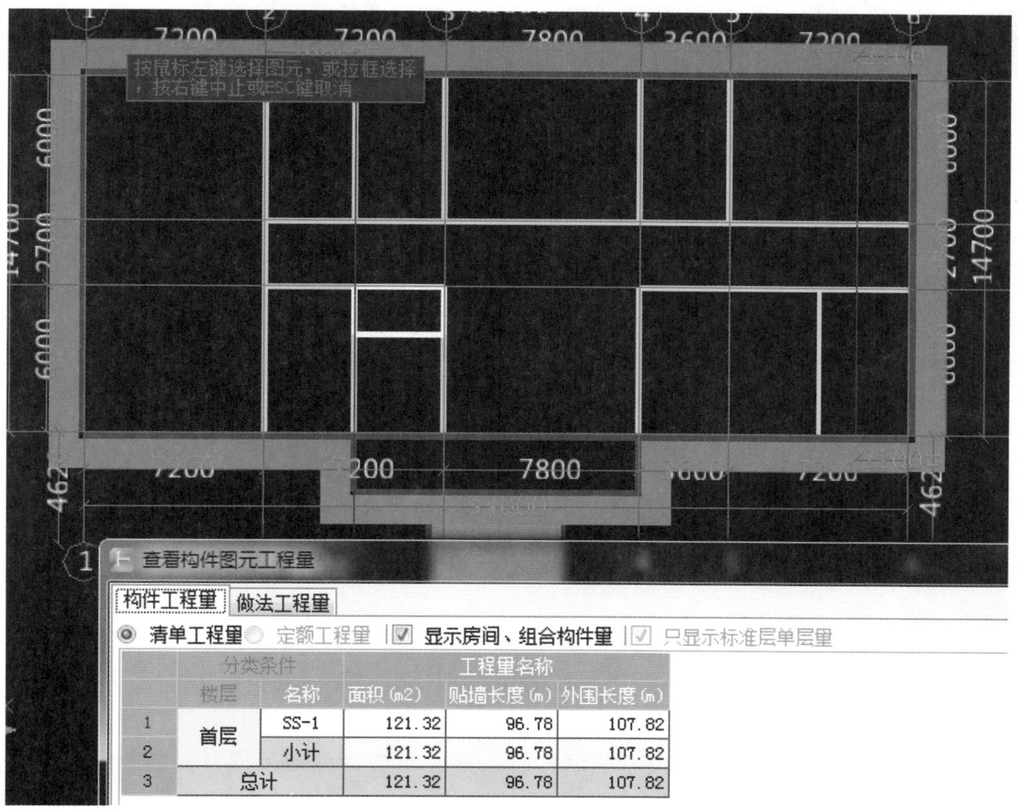

	分类条件		工程量名称		
	楼层	名称	面积(m2)	贴墙长度(m)	外围长度(m)
1	首层	SS-1	121.32	96.78	107.82
2		小计	121.32	96.78	107.82
3	总计		121.32	96.78	107.82

图 8－8

5. 查看构件三维

单击工具栏中的“三维”按钮，框选所有构件，可以直观感受构件的三维效果。如图 8 - 9 所示。

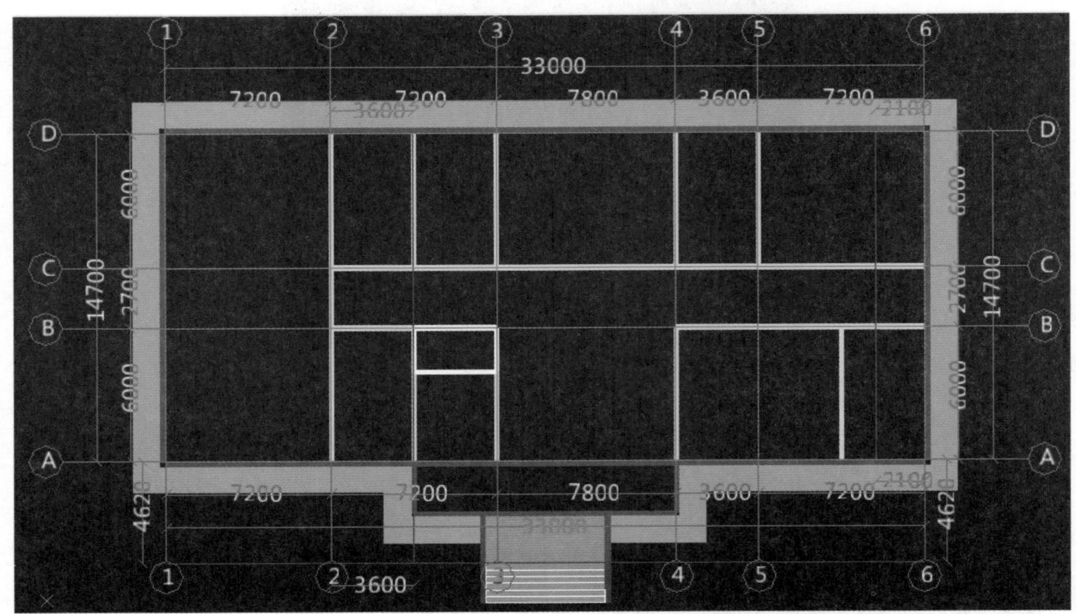

图 8 - 9

8.3 台阶挡墙

台阶挡墙在墙界面定义属性。

1. 构件定义

(1)属性定义。在绘图输入界面依次点击“墙→新建外墙”，在属性编辑框输入挡墙的相关属性，如图 8 - 10 所示。

(2)添加清单。属性定义完成之后，进入“构件做法”界面，套用外墙的“清单项目”。从软件的清单库中查找对应的“清单项目”，如图 8 - 11 所示。

2. 绘制构件

绘制构件采用“Shift+左键”直线绘制。

3. 汇总工程量

构件绘制完成之后，单击工具栏中的“汇总计算”按钮，软件将自动计算所绘制构件的工程量。

4. 查看工程量

汇总计算完成之后，选择所有构件，软件将会显示所有构件的工程量。如图 8 - 12 所示。

	构件名称
1	JLQ-240[内墙]
2	NQ-240[内墙]
3	Q-1[外墙]
4	Q-2[外墙]
5	WQ-240[外墙]
6	WQ-250[外墙]

属性编辑框

属性名称	属性值	附加
名称	Q-1	
类别	砌体墙	☐
材质	标准砖	☐
砂浆标号	(M5)	☐
砂浆类型	(混合砂浆	☐
厚度(mm)	240	☐
内/外墙标	外墙	☑
起点顶标高	1.35	☐
终点顶标高	1.35	☐
起点底标高	-1.05	☐
终点底标高	-1.05	☐
轴线距左墙	(120)	☐

	构件名称
1	JLQ-240[内墙]
2	NQ-240[内墙]
3	Q-1[外墙]
4	Q-2[外墙]
5	WQ-240[外墙]
6	WQ-250[外墙]

属性编辑框

属性名称	属性值	附加
名称	Q-2	
类别	砌体墙	☐
材质	标准砖	☐
砂浆标号	(M5)	☐
砂浆类型	(混合砂浆	☐
厚度(mm)	240	☐
内/外墙标	外墙	☑
起点顶标高	-0.45	☐
终点顶标高	1.35	☐
起点底标高	-1.05	☐
终点底标高	-1.05	☐
轴线距左墙	(120)	☐

图 8-10

	编码	类别	项目名称
1	010304001	项	空心砖墙、砌块墙

查询匹配清单 查询清单库 查询匹配外部清单 查询措施

	编码	清单项	单位
1	010302001	实心砖墙	m3
2	010302002	空斗墙	m3
3	010302003	空花墙	m3
4	010302004	填充墙	m3
5	010304001	空心砖墙、砌块墙	m3
6	010305003	石墙	m3
7	010305004	石挡土墙	m3
8	010404001	直形墙	m3
9	010404002	弧形墙	m3

图 8-11

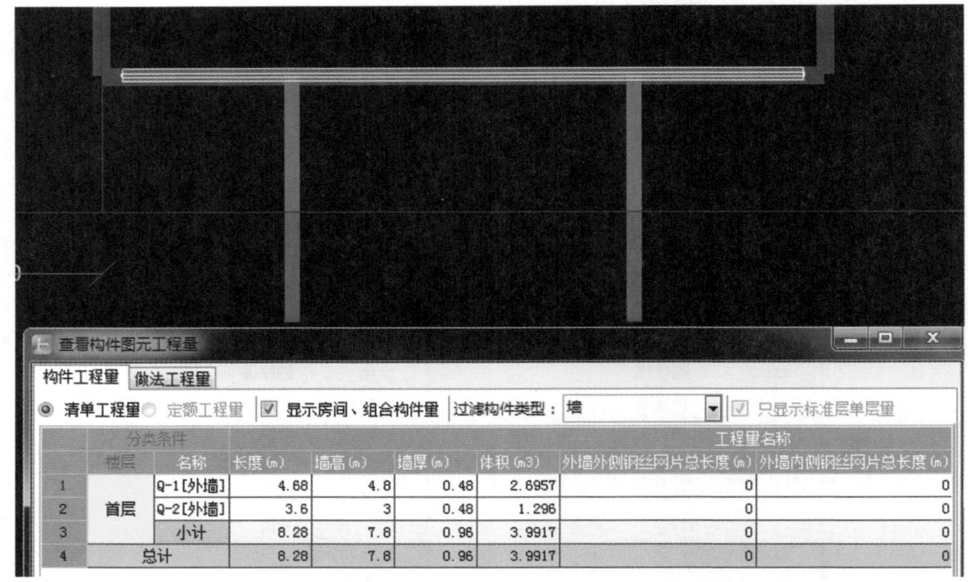

	分类条件		工程量名称					
	楼层	名称	长度(m)	墙高(m)	墙厚(m)	体积(m3)	外墙外侧钢丝网片总长度(m)	外墙内侧钢丝网片总长度(m)
1	首层	Q-1[外墙]	4.68	4.8	0.48	2.6957	0	0
2		Q-2[外墙]	3.6	3	0.48	1.296	0	0
3		小计	8.28	7.8	0.96	3.9917	0	0
4	总计		8.28	7.8	0.96	3.9917	0	0

图 8-12

5. 查看构件三维

单击工具栏中的"三维"按钮，框选所有构件，可以直观感受构件的三维效果。如图 8-13 所示。

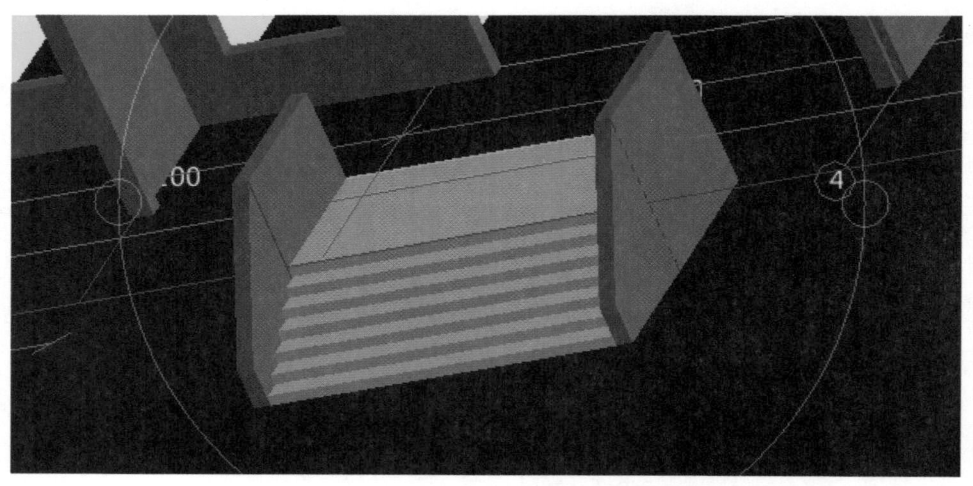

图 8-13

8.4 台阶

1. 构件定义

(1)属性定义。在绘图输入界面依次点击"其它→台阶"，在属性编辑框输入台阶的相关属性，如图 8 - 14 所示。

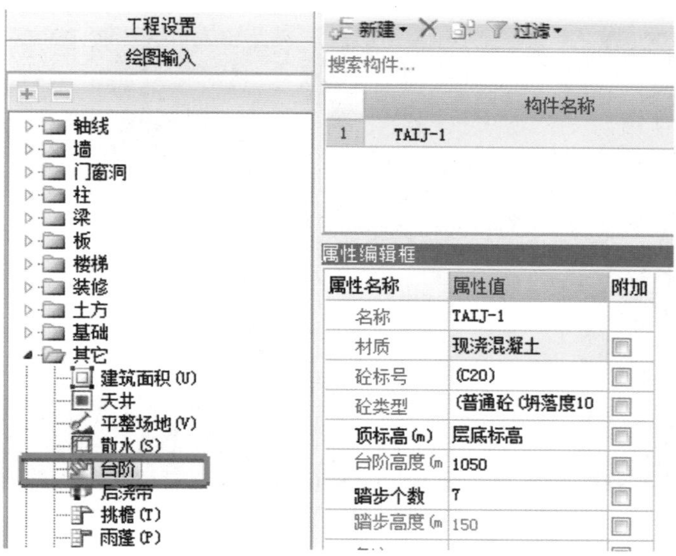

图 8 - 14

(2)添加清单。属性定义完成之后，进入“构件做法”界面，套用台阶的“清单项目”。从软件的清单库中查找对应的“清单项目”，如图 8 - 15 所示。

添加清单 删除 项目特征 查询 选择代码

	编码	类别	项目名称
1	020108001	项	石材台阶面

查询匹配清单 查询清单库 查询匹配外部清单 查询措施

	编码	清单项	单位
1	010305008	石台阶	m3
2	020108001	石材台阶面	m2
3	020108002	块料台阶面	m2
4	020108003	水泥砂浆台阶面	m2
5	020108004	现浇水磨石台阶面	m2
6	020108005	剁假石台阶面	m2
7	050202008	山坡石台阶	m2

图 8 - 15

2. 绘制构件

在此采用“Shift＋左键”直线布置。以(3,A)轴线交点为参照点依次进行直线绘制。如图 8 - 16 所示。

3. 设置台阶踏步边

构件绘制完成之后，单击工具栏中的“设置台阶踏步边”按钮，在弹出的对话框中输入踏步宽度，按鼠标左键拾取踏步边，按右键确认选择即可完成操作，如图 8－17 所示。

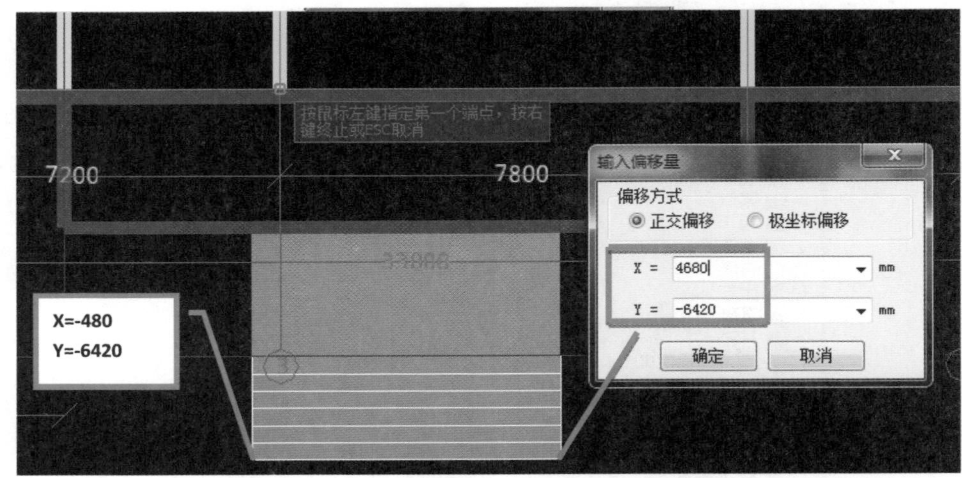

图 8－16

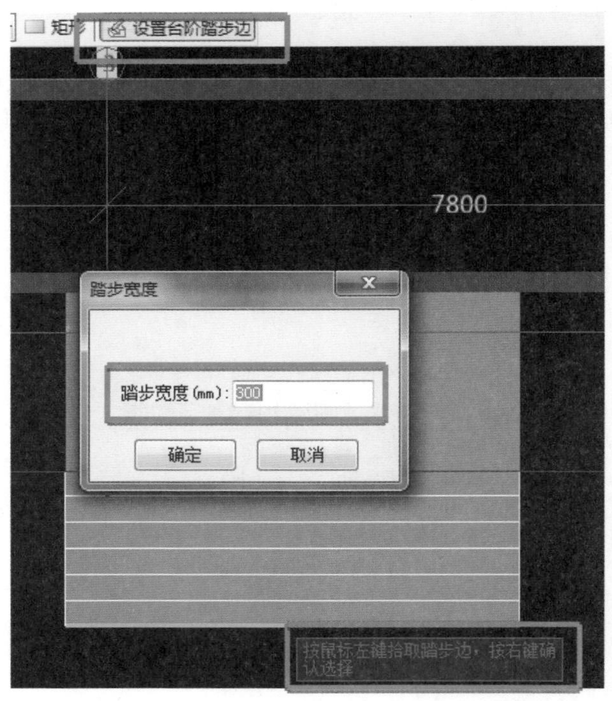

图 8－17

4. 汇总工程量

构件绘制完成之后，单击工具栏中的“汇总计算”按钮，软件将自动计算所绘制构件的工程量。

5. 查看工程量

汇总计算完成之后，单击工具栏中的“查看工程量”按钮，软件将会显示构件的工程量。如图 8－18 所示。

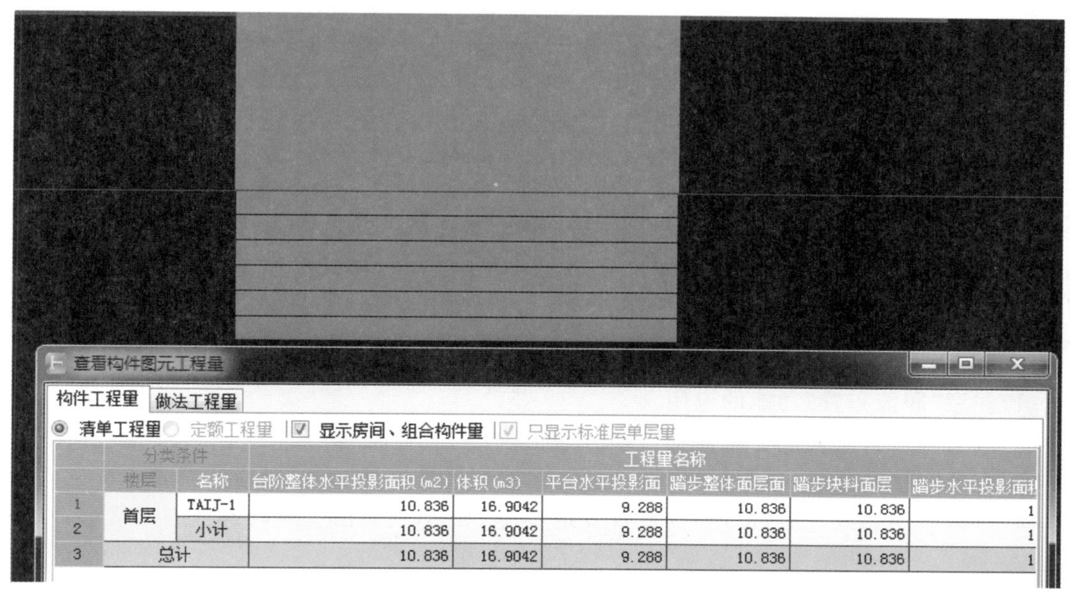

图 8－18

6. 查看构件三维

单击工具栏中的“三维”按钮，框选所有构件，可以直观感受构件的三维效果。如图 8－19 所示。

图 8－19

考核评估

将考核结果填入表 8－2 中。

表 8－2　任务考核表

<table>
<tr><td>序 号</td><td>项 目</td><td colspan="4">内 容</td></tr>
<tr><td>1</td><td>构件定位</td><td colspan="4">正确 □　不正确 □</td></tr>
<tr><td>2</td><td>属性信息编辑</td><td colspan="4">正确 □　不正确 □</td></tr>
<tr><td rowspan="2">3</td><td rowspan="2">工程量</td><td rowspan="2">正确 □</td><td rowspan="2">误差范围内 □</td><td>误差±2%以内 □</td><td rowspan="2">不正确 □</td></tr>
<tr><td>误差±5%以内 □</td></tr>
</table>

任务总结

(1)注意“职能布置”功能的应用。

(2)散水与台阶重叠部分软件会自动考虑扣减。

(3)台阶在轴线外面，绘制时可用“shift＋左键”“垂足捕捉”等功能辅助完成。

(4)台阶绘制完成之后，使用“设置台阶踏步边”功能，使台阶呈现阶梯三维形状。

任务拓展

学生自己练习零星工程(建筑面积、雨棚等)的信息定义、绘制及工程量的汇总，并在小组内进行工程量的核对。

• 第9单元　楼层复制及楼层汇总计算

通过分析图纸，可以看出2～6层各构件与首层各构件属性及位置基本相同，则不需要再次在各层重复建立并绘制构件，可以直接从首层复制构件图元后，稍作修改即可。

本单元以柱、梁、板构件图元复制为例进行讲解。

学习任务

1. 学会楼层复制。各楼层间相同构件的复制。
2. 熟练掌握楼层复制功能。公有属性、私有属性的技巧性运用。
3. 学会汇总楼层工程量。楼层工程量的汇总。

任务要求

按照课程学习思路，复制并汇总计算“7.8—19.5标高层”各构件工程量。

任务描述

通过楼层复制功能对“7.8—19.5标高层”各构件进行工程量汇总计算。

信息准备

在教师的带领下，熟读“7.8—19.5标高层”各构件对应图纸，与3.9标高层构件对比，将信息填入表9-1中。

表9-1　信息准备内容表

序号	项目	内容
1	柱	相同□　不相同□ 不相同的有哪些：______
2	梁	7.8—15.6标高：相同□　不相同□　不完全相同□ 不相同的有哪些：______
		19.5标高：　相同□　不相同□　不完全相同□ 不相同的有哪些：______
3	板	7.8—15.6标高：相同□　不相同□　不完全相同□ 不相同的有哪些：______
		19.5标高：　相同□　不相同□　不完全相同□ 不相同的有哪些：______

续表 9-1

序号	项目	内容
4	墙	相同□　不同□ 不相同的有哪些：________________
5	门、窗	相同□　不相同□ 不相同的有哪些：________________

任务实施

9.1 复制并修改各层柱构件信息

通过分析图纸，只有个别柱信息与1层柱信息不同，因此，可以先复制，再对信息不同的柱进行修改。具体步骤如下：

(1)切换楼层至第二层(目标层)。

(2)在菜单栏单击“楼层”下的“从其他楼层复制构件图元”按钮，弹出“从其他楼层复制构件图元”对话框，如图9-1所示。

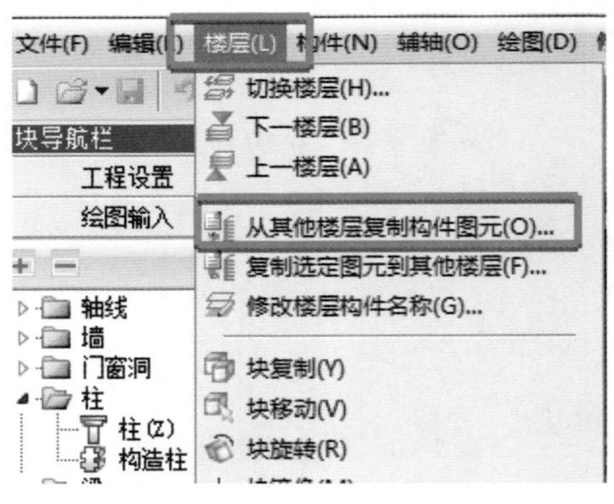

图9-1

(3)“源楼层”选择“首层”，“图元选择”中选择需要复制的相应构件名称，“目标楼层”选择需要复制构件图元的楼层，如图9-2所示。

4.15标高以上各层均无KZ7、KZ8，因此，复制构件图元时不需要选择。

(4)点击“确定”，“源楼层”所选构件图元直接被复制到当前楼层。

(5)修改构件信息。

①修改公有属性。

属性编辑框里面的蓝色字体属性为公有属性，修改之后，构件图元对应信息自动进行修改。

4.150—8.350标高需要修改公有属性的柱：KZ3、KZ3a。

8.350—14.950标高需要修改公有属性的柱：KZ3、KZ3a。

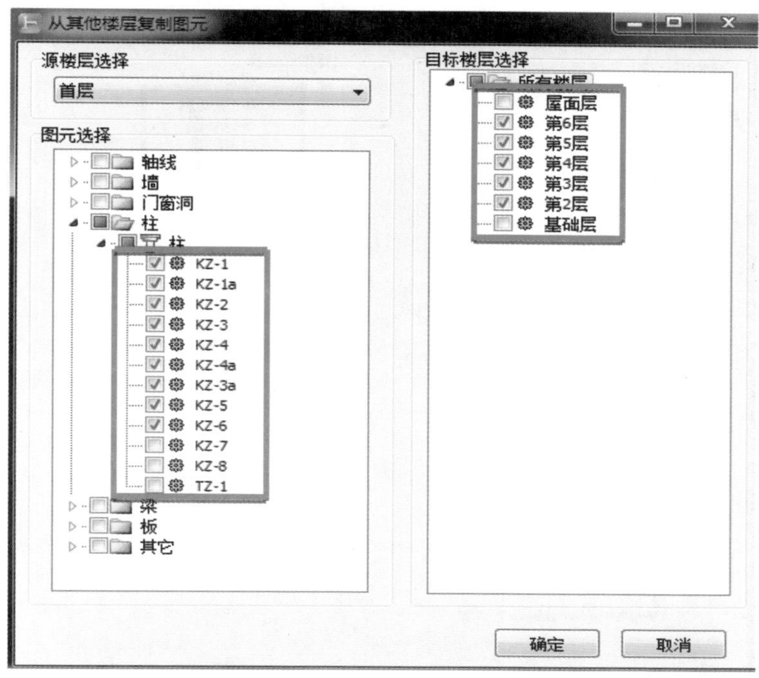

图 9－2

14.950—22.500 标高需要修改公有属性的柱：KZ1a、KZ3、KZ3a、KZ6。

②修改私有。

属性编辑框里面的黑色字体为私有属性，修改之后，需要在绘制界面重新绘制该构件图元。

各层柱没有需要修改的私有属性。

 9.2 复制并修改各层梁构件信息

复制并修改各层梁构件信息的步骤如下：

(1)切换楼层至第二层(目标层)。

(2)在菜单栏单击“楼层”下的“从其他楼层复制构件图元”按钮，弹出“从其他楼层复制构件图元”对话框，方法同柱构件图元复制方法。

(3)“源楼层”选择“首层”，“图元选择”中选择需要复制的相应构件名称，“目标楼层”选择需要复制构件图元的楼层，如图 9－3 所示。

4.15 标高以上各层均无 KL8、L98，此外，非框架梁的信息也不全相同，因此，复制构件图元时不需要选择。

(4)点击“确定”，“源楼层”所选构件图元直接被复制到当前楼层。

(5)修改构件信息。

①修改公有属性。

属性编辑框里面的蓝色字体属性为公有属性，修改之后，构件图元对应信息自动进行修改。

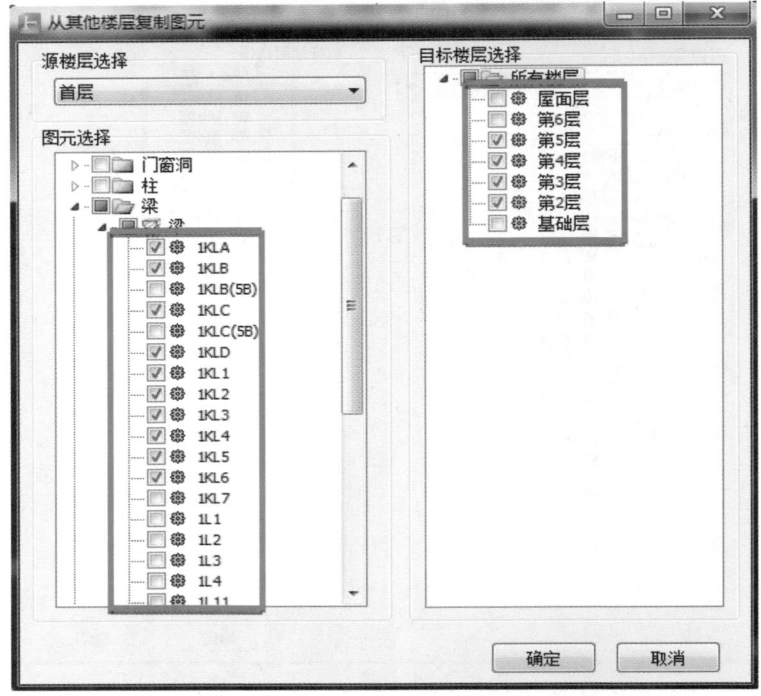

图 9-3

8.350 标高需要修改公有属性的框架梁:KL2。

11.650、14.950 标高需要修改公有属性的框架梁:KL2、KLA、KLD。

18.250 标高需要修改公有属性的框架梁:KL2、KLA、KLD。

②修改私有属性。

属性编辑框里面的黑色字体为私有属性,修改之后,需要在绘制界面重新绘制该构件图元。

2~5 层梁没有需要修改的私有属性。

③修改构件图元。

2~5 层 K2 为变截面的梁,因此,必须再定义一个变截面的 KL2,并重新绘制。

再重新绘制 2~5 层 KL3、KL4。

9.3 复制并修改各层板构件信息

复制并修改各层板构件信息的步骤如下:

(1)切换楼层至第二层(目标层)。

(2)在菜单栏单击“楼层”下的“从其他楼层复制构件图元”按钮,弹出“从其他楼层复制构件图元”对话框,方法同柱构件图元复制方法。

(3)“源楼层”选择“首层”,“图元选择”中选择需要复制的相应构件名称,“目标楼层”选择需要复制构件图元的楼层,如图 9-4 所示。

图 9－4

(4)点击“确定”,“源楼层”所选构件图元直接被复制到当前楼层。

(5)修改构件信息。

删除1层顶雨棚板对应的2～6层处的板。

9.4 楼层工程量汇总

楼层复制完成之后,即可进行工程量汇总工作。方法同构件的工程量汇总方法。

考核评估

将考核结果填入表9－2中。

表9－2 任务考核表

<table>
<tr><td>序 号</td><td>项 目</td><td colspan="4">内 容</td></tr>
<tr><td>1</td><td>构件修改</td><td colspan="4">正确 □　不正确 □</td></tr>
<tr><td rowspan="2">2</td><td rowspan="2">工程量</td><td rowspan="2">正确 □</td><td rowspan="2">误差范围内 □</td><td>误差±2%以内 □</td><td rowspan="2">不正确 □</td></tr>
<tr><td>误差±5%以内 □</td></tr>
</table>

 任务总结

(1)楼层复制可简化大量的重复工作,但对于初学者来说,操作之前必须进行详细的图纸分析,找出相同信息与不同信息,否则将会遗漏部分构件的修改,从而影响工程量计算的准确度。

(2)当同类型构件的属性信息完全相同时,可采用“批量选择”功能进行批量修改。

(3)如果修改某个构件图元,一定要重新汇总计算工程量。

(4)6 层顶的 JZL,没有可复制的构件图元 ,需要自行定义并绘制。

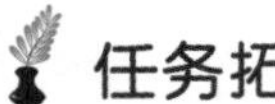 任务拓展

通过分析图纸之后,学生自己练习墙、门、窗等构件的楼层复制功能,汇总计算并在小组内进行工程量的核对。

• 第 10 单元　屋面层工程量

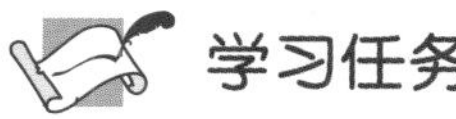

学习任务

1. 学会屋面层构件的绘制。混凝土女儿墙的属性定义、添加清单、绘制。
2. 熟练掌握绘图技巧。偏移、闭合等技巧性功能的应用。
3. 学会汇总工程量。工程量的汇总、三维视图查看及报表预览。

任务要求

按照课程学习思路，绘制并汇总计算图纸结施“标高 22.500m 结构布置图”中混凝土女儿墙构件工程量。

任务描述

按照图纸结施“标高 22.500m 结构布置图”中构件位置、尺寸信息进行定义、绘图并汇总工程量。

信息准备

在教师的带领下，熟读结施“标高 22.500m 结构布置图”、建施“屋顶平面图”，将相关信息填入表 10－1 中。

表 10－1　信息准备内容表

序号	项目	内容
1	女儿墙	厚度______　高度______　材质______

任务实施

在进行操作之前，需要将楼层切换至屋面层。

1. 定义构件

（1）属性定义。在绘图输入界面依次点击“墙→新建→新建外墙”，在属性编辑框中输入相关参数，方法同单元 5 墙体一致，如图10－1所示。

（2）添加清单。属性定义完成之后，进入“构件做法”界面，套用墙的“清单项目”，如图10－1所示。

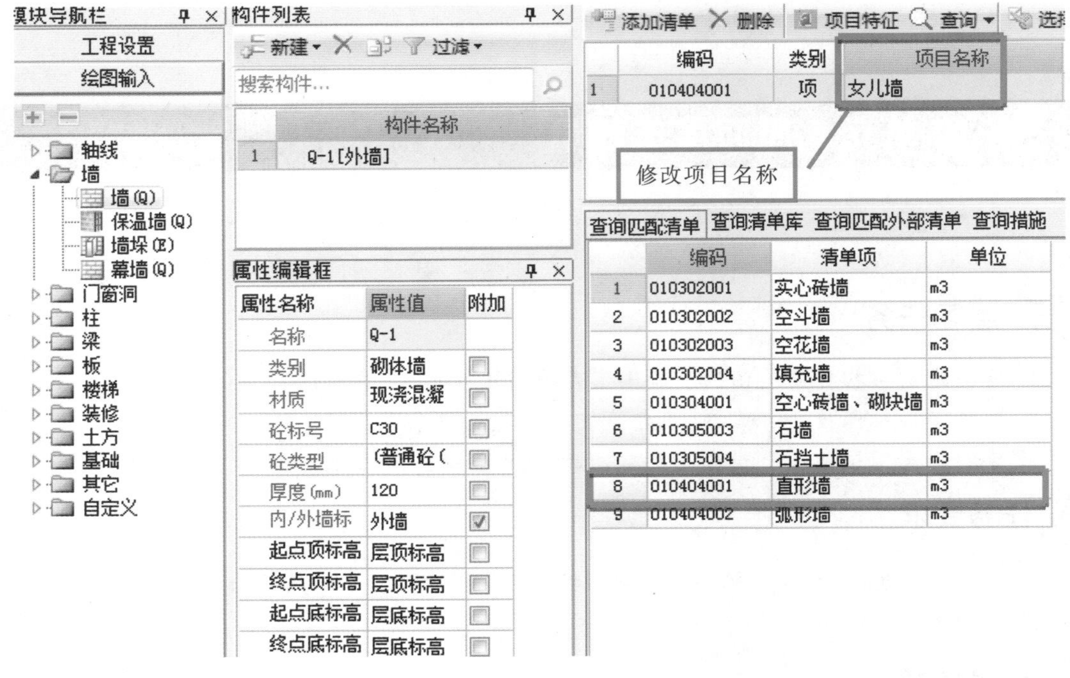

图 10－1

2. 构件绘制

墙体是线性构件，与梁的绘制方法相同。进入绘图界面，点击“直线”按钮，依次单击(1,D)、(1,A)、(6,A)、(6,D)、(1,D)交点，单击右键结束，即可完成操作，如图 10－2 所示。

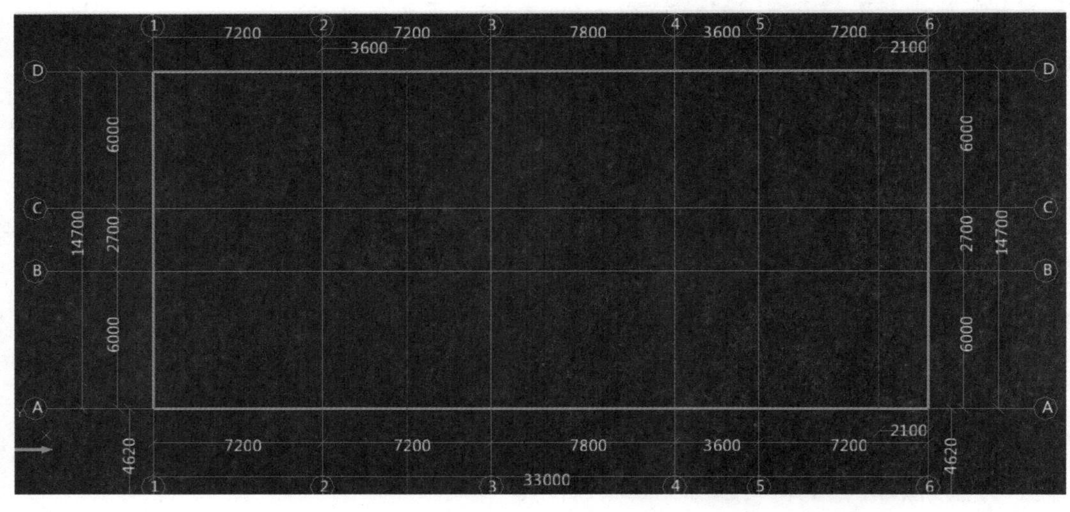

图 10－2

3. 偏移构件

鼠标左键选中一面墙，点击红色识别点，引至构件外侧，在数值编辑框里面输入偏移距离

"130",右键确认即可。如图 10 - 3 所示。

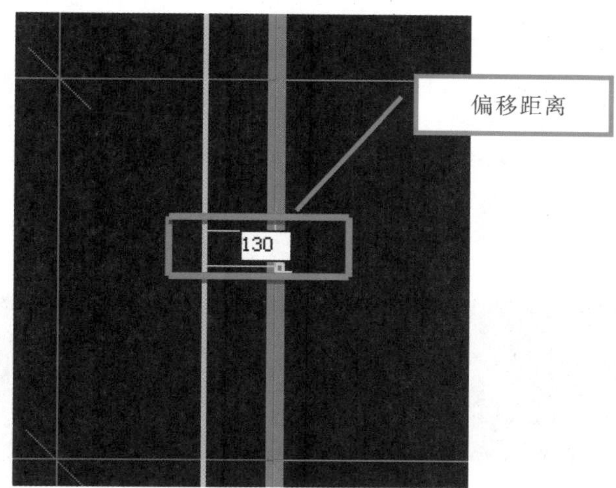

图 10 - 3

4. 闭合

框选所有图元,鼠标右键,选择"闭合"功能,右键确认,即可完成操作,使线性构件的中心线与中心线相交,如图 10 - 4、图 10 - 5 所示。

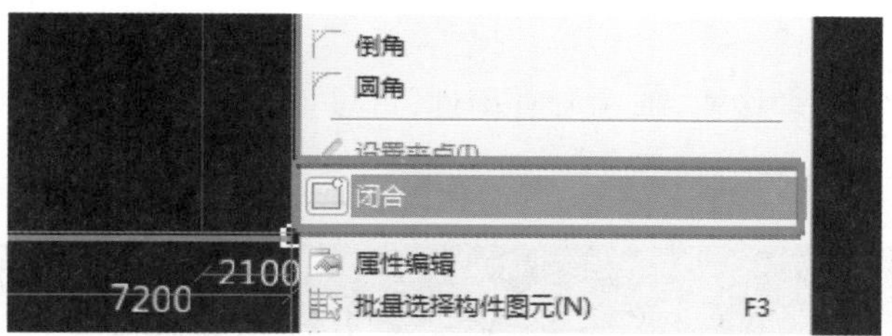

图 10 - 4

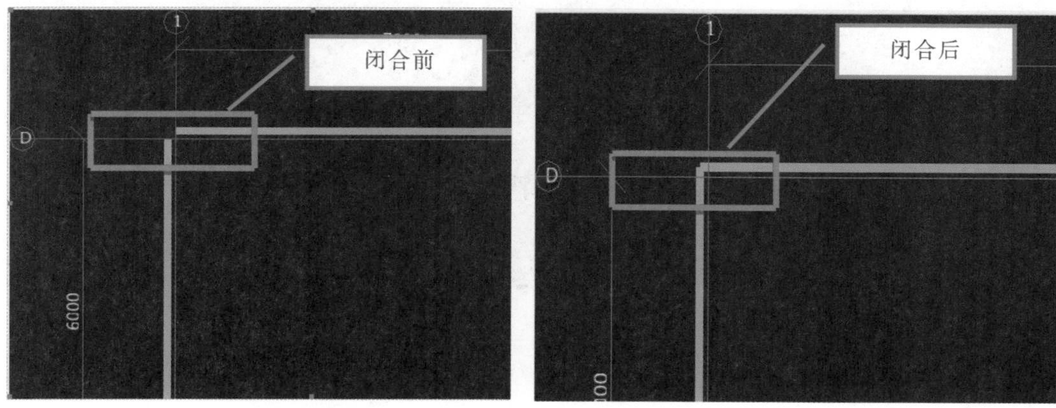

图 10 - 5

5. 汇总工程量

构件绘制完成之后，单击工具栏中的“汇总计算”按钮，软件将自动计算所绘制构件的工程量。

6. 查看工程量

汇总计算完成之后，单击工具栏中的“查看工程量”按钮，如果要查看某一面墙构件的工程量，单击需要查看的图元，软件将会显示某一面墙构件的工程量；如果要查看屋面层所有女儿墙构件的工程量，框选所有图元，软件将会显示整个屋面层女儿墙的工程量。如图 10－6 所示。

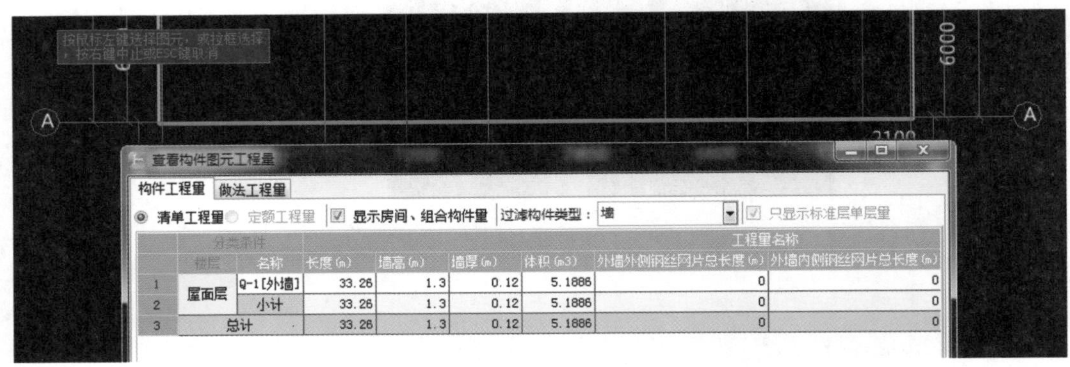

	分类条件		工程量名称					
	楼层	名称	长度(m)	墙高(m)	墙厚(m)	体积(m3)	外墙外侧钢丝网片总长度(m)	外墙内侧钢丝网片总长度(m)
1	屋面层	Q-1[外墙]	33.26	1.3	0.12	5.1886	0	0
2		小计	33.26	1.3	0.12	5.1886	0	0
3	总计		33.26	1.3	0.12	5.1886	0	0

图 10－6

7. 查看构件三维

单击工具栏中的“三维”按钮，框选所有构件，可以直观感受构件的三维效果。如图 10－7 所示。

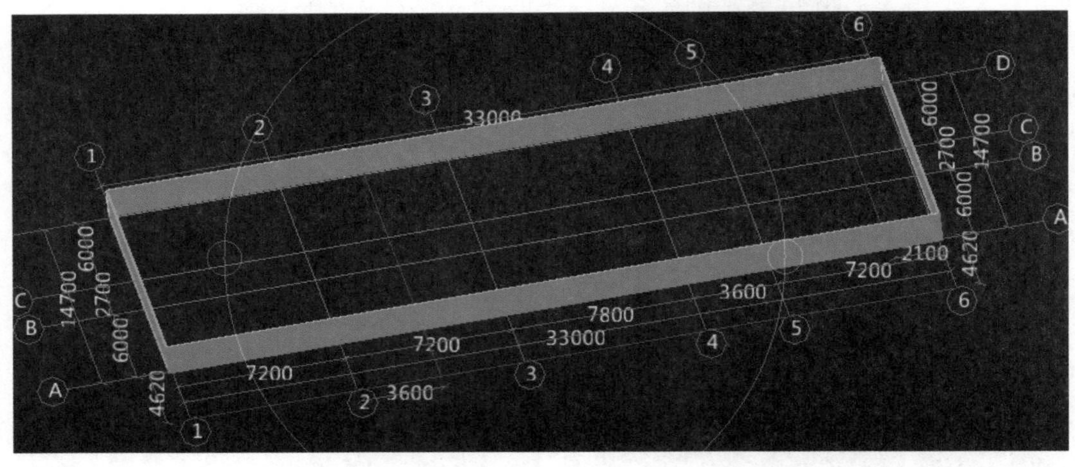

图 10－7

考核评估

将考核结果填入表10－2中。

表10－2 任务考核表

<table>
<tr><th>序 号</th><th>项 目</th><th colspan="4">内 容</th></tr>
<tr><td colspan="6">女儿墙构件</td></tr>
<tr><td>1</td><td>构件定位</td><td colspan="4">正确 □ 不正确 □</td></tr>
<tr><td>2</td><td>属性信息编辑</td><td colspan="4">正确 □ 不正确 □</td></tr>
<tr><td rowspan="3">3</td><td rowspan="3">工程量</td><td rowspan="3">正确 □</td><td rowspan="3">误差范围内 □</td><td>误差±2%以内 □</td><td rowspan="3">不正确 □</td></tr>
<tr><td>误差±5%以内 □</td></tr>
<tr><td>误差±5%以内 □</td></tr>
</table>

任务总结

（1）初学者绘制女儿墙时，根据图纸进行正确位置的确定。

（2）注意构件绘制中各功能的正确运用，以提高操作效率。

任务拓展

学生自己探索并学习砖女儿墙及压顶等屋面层构件的定义及绘制方法，并在小组内进行讨论。

第二篇

钢筋算量篇

• 第 11 单元　新建工程及导图

学习任务

1. 学会新建工程。根据图纸信息进行工程基本信息的建立。

2. 熟练掌握导图方法。借用土建算量的已有成果，进行导图，完成钢筋算量的楼层及轴网建立工作。

任务要求

按照课程学习思路，进行钢筋算量绘图准备工作。

任务描述

按照图纸信息进行新建工程信息设置及部分导图工作。

信息准备

在教师的带领下，熟读“办公楼”工程图纸，将相关信息填入表 11－1 中。

表 11－1　信息准备内容表

序号	项目	内容
1	结构类型	
2	檐高	
3	设防烈度	
4	抗震等级	
5	混凝土结构设计参照规范	

任务实施

11.1　新建工程

第一步：启动软件。双击“广联达钢筋算量软件”图标，进入欢迎向导界面，如图 11－1 所示。

第二步：新建工程。点击“新建向导”，进行“工程名称”相关内容填写，如图 11－2 所示。

第三步：确认计算规则。点击“下一步”，弹出如图 11－3 所示对话框，确认计算规则选用是否正确，点击确定。

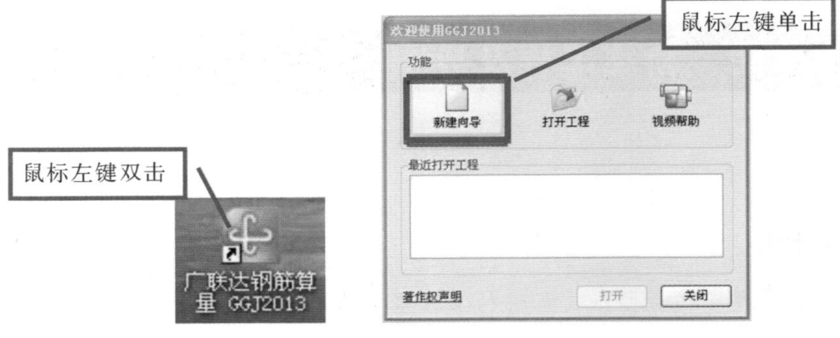

图 11－1

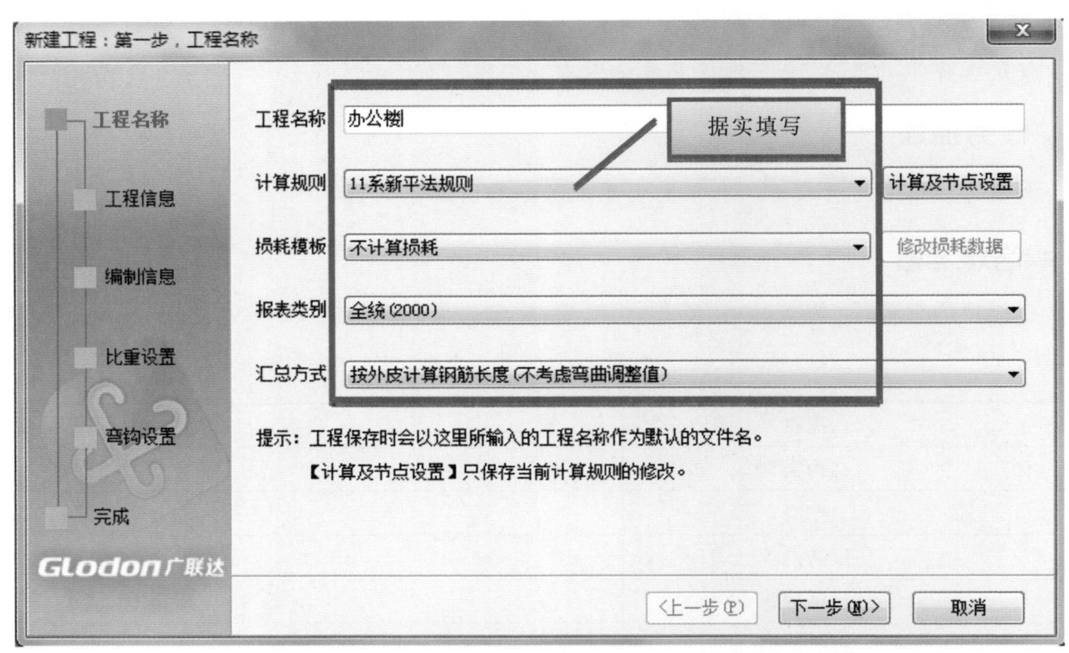

图 11－2

第四步：工程信息设置。点击“下一步”，进入“工程信息”界面，如图 11－4 所示。

第五步：编制信息设置。点击“下一步”进入“编制信息”界面，如图 11－5 所示。

第六步：比重设置。点击“下一步”进入“比重设置”界面，如图 11－6 所示。

第七步：弯钩设置。点击“下一步”进入“弯钩设置”界面，如图 11－7 所示。

第八步：完成。点击“下一步”进入“完成”界面，如图 11－8 所示。

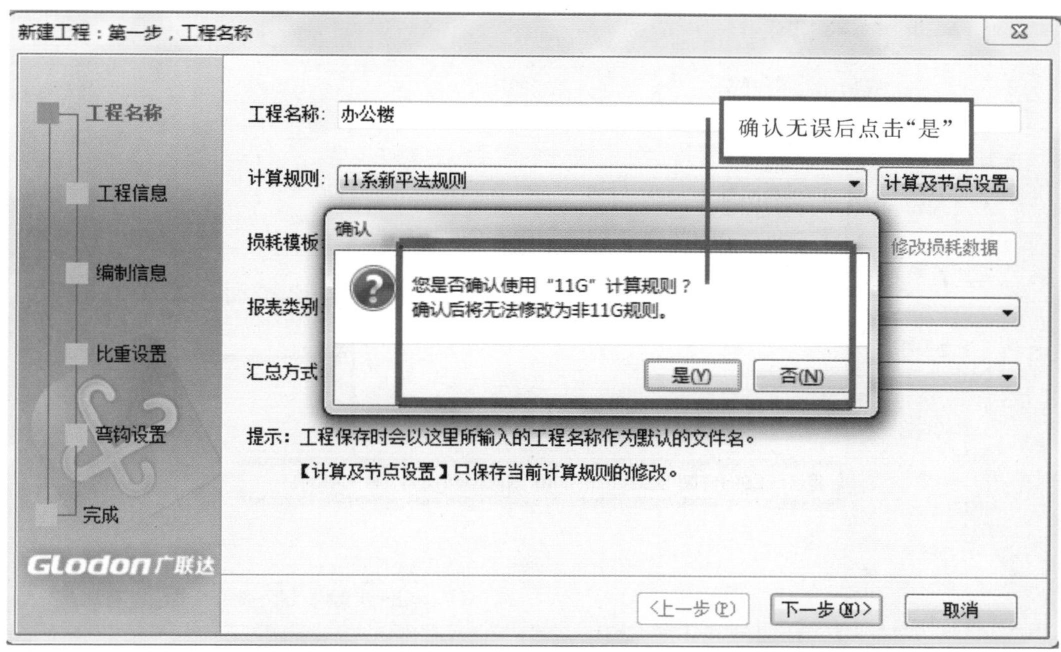

图 11－3

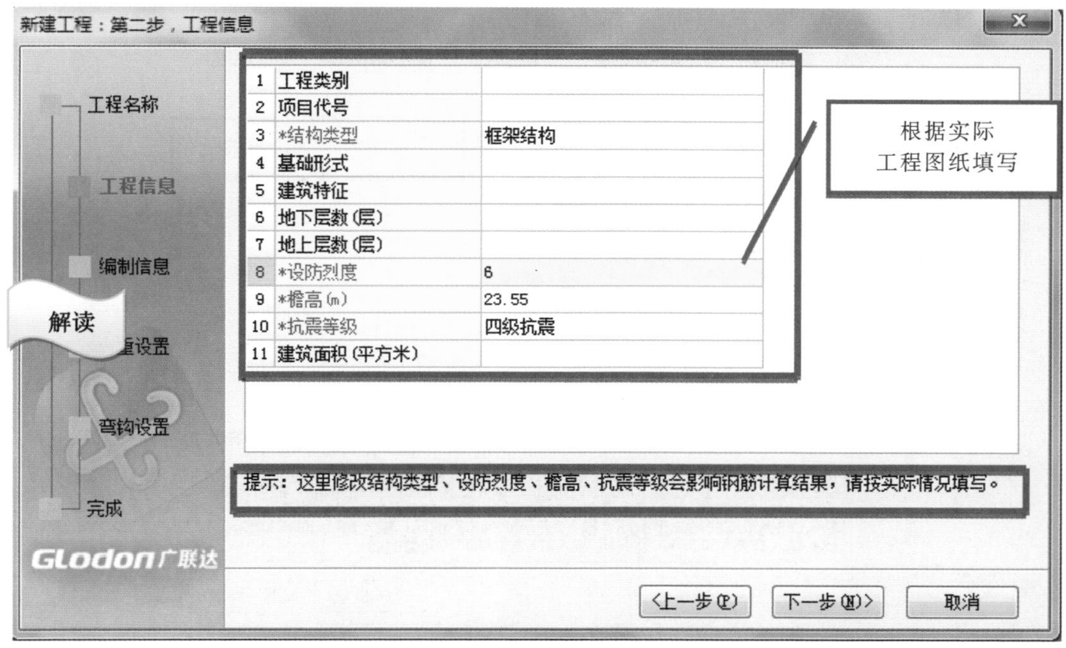

1	工程类别	
2	项目代号	
3	*结构类型	框架结构
4	基础形式	
5	建筑特征	
6	地下层数(层)	
7	地上层数(层)	
8	*设防烈度	6
9	*檐高(m)	23.55
10	*抗震等级	四级抗震
11	建筑面积(平方米)	

图 11－4

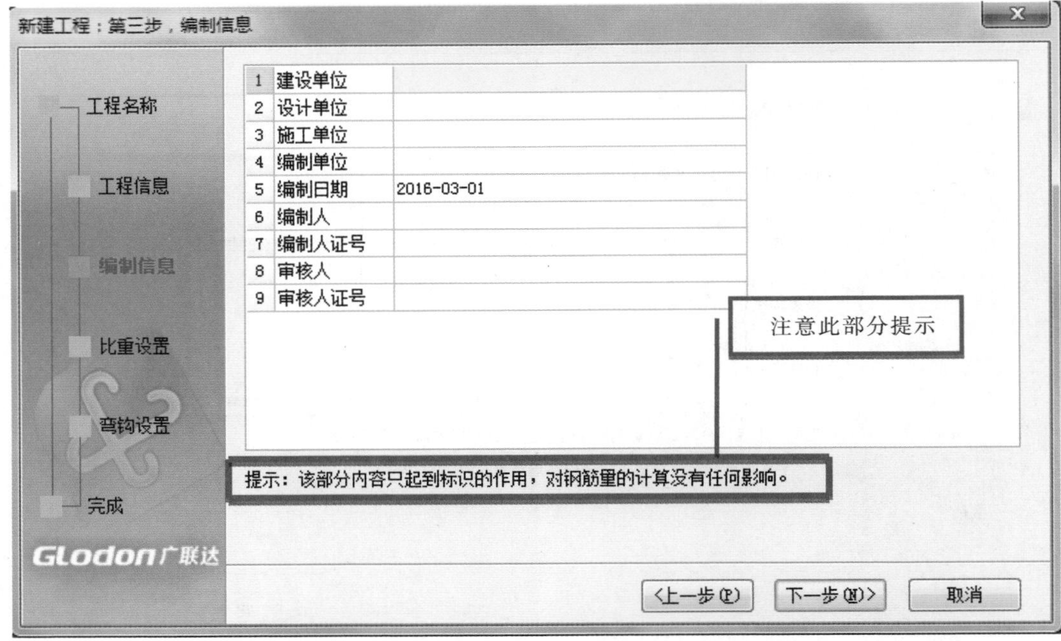
新建工程：第三步，编制信息
工程名称
工程信息
编制信息
比重设置
弯钩设置
完成
1 建设单位
2 设计单位
3 施工单位
4 编制单位
5 编制日期 2016-03-01
6 编制人
7 编制人证号
8 审核人
9 审核人证号
注意此部分提示
提示：该部分内容只起到标识的作用，对钢筋量的计算没有任何影响。
Glodon广联达
<上一步(P)
下一步(N)>
取消

图 11－5

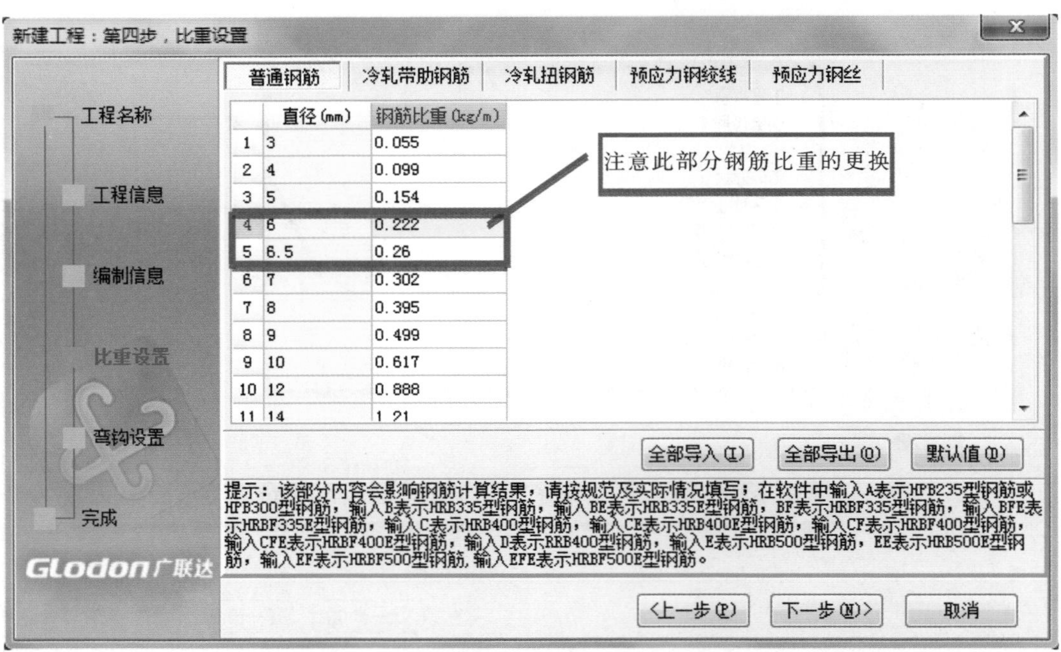
新建工程：第四步，比重设置
普通钢筋
冷轧带肋钢筋
冷轧扭钢筋
预应力钢绞线
预应力钢丝
工程名称
工程信息
编制信息
比重设置
弯钩设置
完成
直径(mm) 钢筋比重(kg/m)
1 3 0.055
2 4 0.099
3 5 0.154
4 6 0.222
5 6.5 0.26
6 7 0.302
7 8 0.395
8 9 0.499
9 10 0.617
10 12 0.888
11 14 1.21
注意此部分钢筋比重的更换
全部导入(I)
全部导出(O)
默认值(D)
提示：该部分内容会影响钢筋计算结果，请按规范及实际情况填写；在软件中输入A表示HPB235型钢筋或HPB300型钢筋，输入B表示HRB335型钢筋，输入BE表示HRB335E型钢筋，BF表示HRBF335型钢筋，输入BFE表示HRBF335E型钢筋，输入C表示HRB400型钢筋，输入CE表示HRB400E型钢筋，输入CF表示HRBF400型钢筋，输入CFE表示HRBF400E型钢筋，输入D表示RRB400型钢筋，输入E表示HRB500型钢筋，EE表示HRB500E型钢筋，输入EF表示HRBF500型钢筋，输入EFE表示HRBF500E型钢筋。
Glodon广联达
<上一步(P)
下一步(N)>
取消

图 11－6

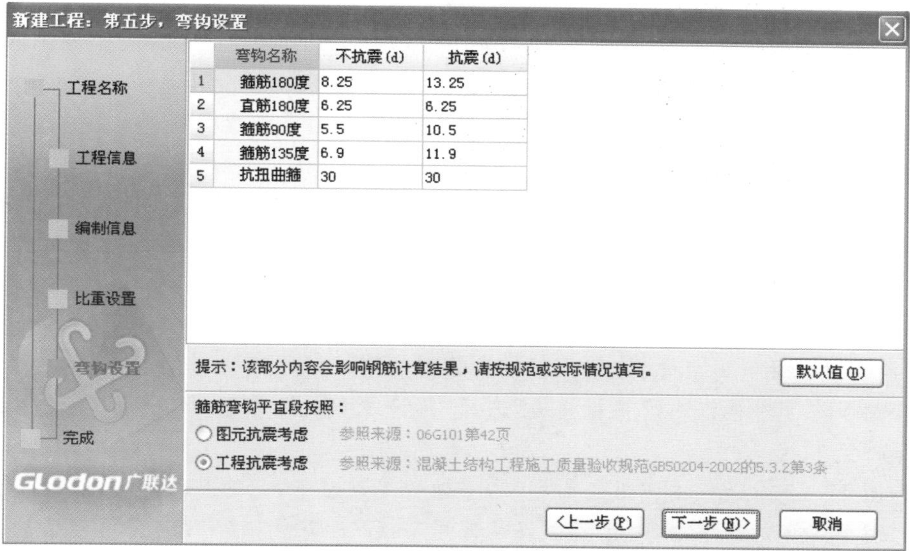
新建工程：第五步，弯钩设置
工程名称
工程信息
编制信息
比重设置
弯钩设置
完成
弯钩名称
不抗震(d)
抗震(d)
1 箍筋180度 8.25 13.25
2 直筋180度 6.25 6.25
3 箍筋90度 5.5 10.5
4 箍筋135度 6.9 11.9
5 抗扭曲箍 30 30
提示：该部分内容会影响钢筋计算结果，请按规范或实际情况填写。
默认值(D)
箍筋弯钩平直段按照：
图元抗震考虑 参照来源：06G101第42页
工程抗震考虑 参照来源：混凝土结构工程施工质量验收规范GB50204-2002的5.3.2第3条
Glodon广联达
<上一步(P)
下一步(N)>
取消

图 11－7

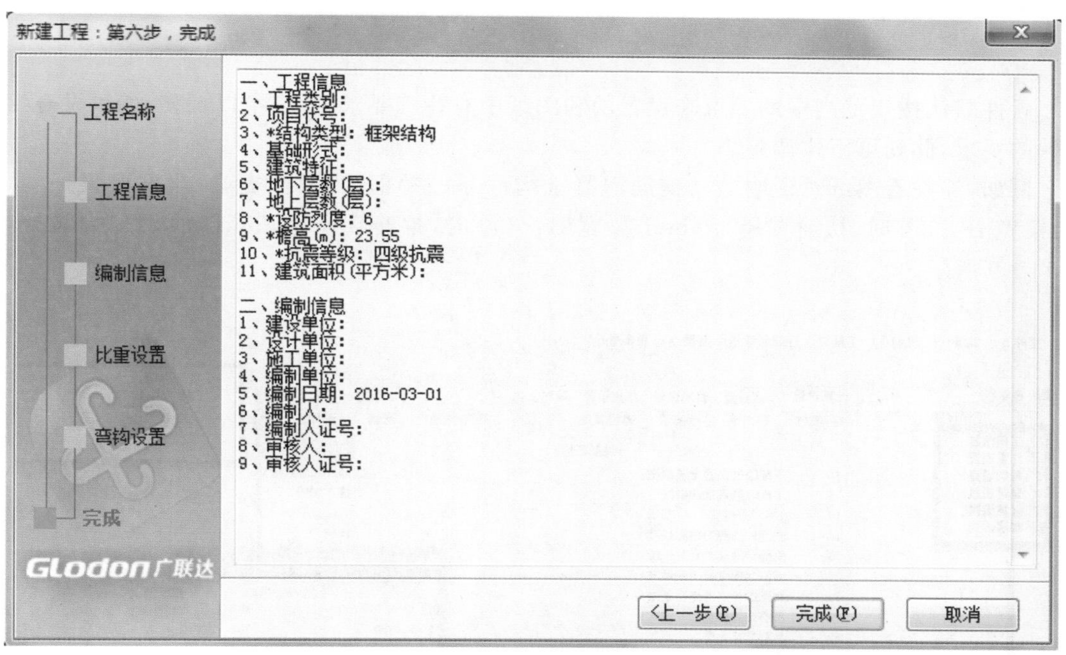
新建工程：第六步，完成
工程名称
工程信息
编制信息
比重设置
弯钩设置
完成
一、工程信息
1、工程类别：
2、项目代号：
3、*结构类型：框架结构
4、基础形式：
5、建筑特征：
6、地下层数(层)：
7、地上层数(层)：
8、*设防烈度：6
9、*檐高(m)：23.55
10、*抗震等级：四级抗震
11、建筑面积(平方米)：
二、编制信息
1、建设单位：
2、设计单位：
3、施工单位：
4、编制单位：
5、编制日期：2016-03-01
6、编制人：
7、编制人证号：
8、审核人：
9、审核人证号：
Glodon广联达
<上一步(P)
完成(F)
取消

图 11－8

解　读

(1)注意檐高的正确输入。平屋顶檐高是指从室外地平到檐口的高度。

(2)注意提示部分的内容。

(3)图 11－2 对话框中,“计算规则”根据结构设计说明选择 11G101 系列。新平法规则 11G101 已逐步取代 03G101 和 00G101,但在实际工作中,应根据结构总说明上的有关内容选择相应规范。

(4)图 11－2 对话框中,汇总方式有两种:通常情况下预算、结算可选择“按外皮计算钢筋长度”,施工放样时可选择“按中轴线计算钢筋”作为钢筋下料长度参考值。

(5)图 11－2 对话框中,“损耗模板”选择“不计算损耗”,即预算时暂时不考虑钢筋加工时的损耗。

(6)图 11－2 对话框中,“报表类别”和当地的定额有关,此处默认为全统(2000)。

(7)图 11－3 对话框中,提示是否确认使用“11G”计算规则,点击“是”,确认后将无法返回进行二次修改。

(8)通常情况下不用调整比重设置,但在实际工程中,用直径为 6.5 的钢筋代替直径为 6 的钢筋,因此,我们需要在比重设置的位置将直径 6 的比重换成直径 6.5 的比重。

(9)关于损耗设置、计算设置。

软件默认按规范当中的要求来设置的和图纸中有特殊要求的,应给以调整,如果没有给出特殊的要求,此处可不作调整。

例如,经查看图纸总说明“六、钢筋混凝土构件→(二)框架梁、框支梁、非框架梁→(9)附注:梁宽 B＜350 时,拉筋直径为 6mm;梁宽 B≥350 时,拉筋直径为 8mm”,此时需要调整,如图 11－9 所示。

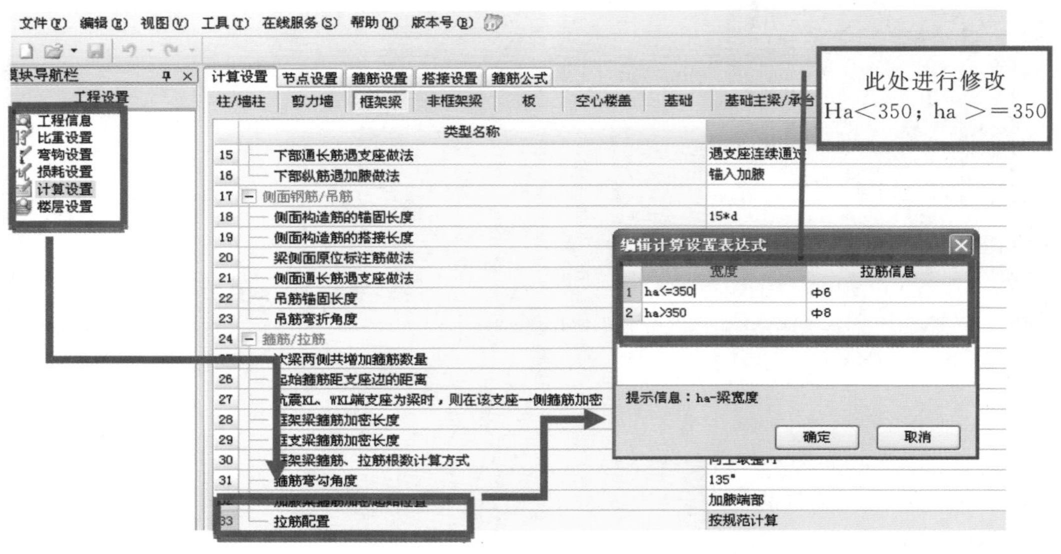

图 11－9

11.2 导图

完成工程信息设置之后，就可以进行楼层设置及轴网建立工作，方法同土建算量中的操作方法。然而为了减少重复工作，提高工作效率，钢筋软件可以直接获取图形软件中已经建立的信息及绘制的构件，即导图。

第一步：打开 GGJ2013 软件，新建工程，执行“导入图形工程”功能，如图 11－10 所示。

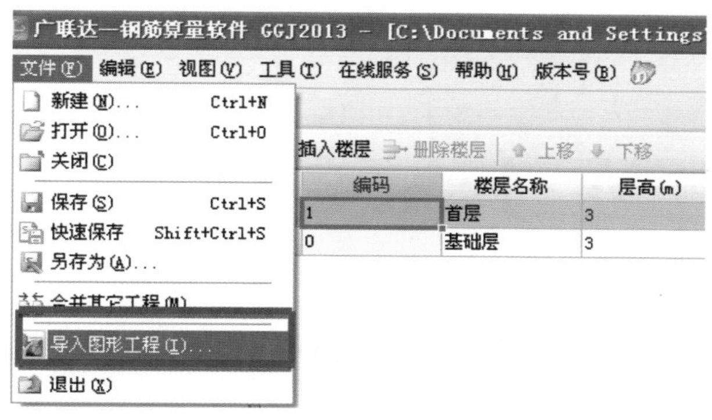

图 11－10

第二步：选择 GCL 工程文件。当前工程与导入工程楼层编码、楼层层高必须一致；当层高不一致时，给出提示信息，如图 11－11 所示。

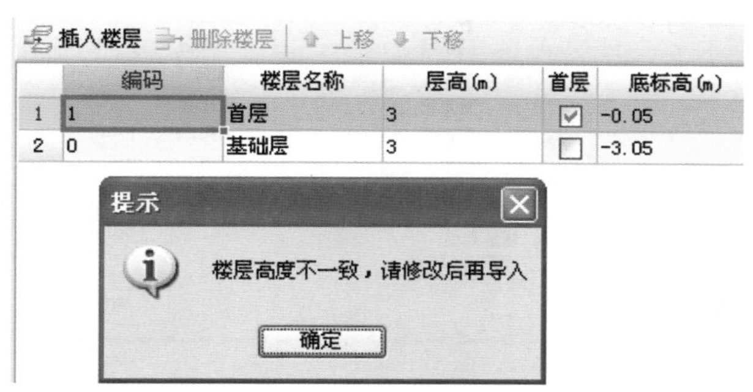

图 11－11

第三步：点击确定后，会弹出修改层高的对话框，如图 11－12 所示。选择“按照图形层高导入”，则会弹出“导入 GCL 文件”对话框，如图 11－13 所示。

第四步：选择要导入的楼层以及要导入的构件。

第五步：点击确定，则所选择的楼层和构件按照相应的原则导入到 GGJ2013 软件中，弹出如图 11－14 所示对话框，点击确定即可。

第六步：信息修改。钢筋算量选用结构标高，因此需要对楼层的信息进行修改，如图 11－15 所示。

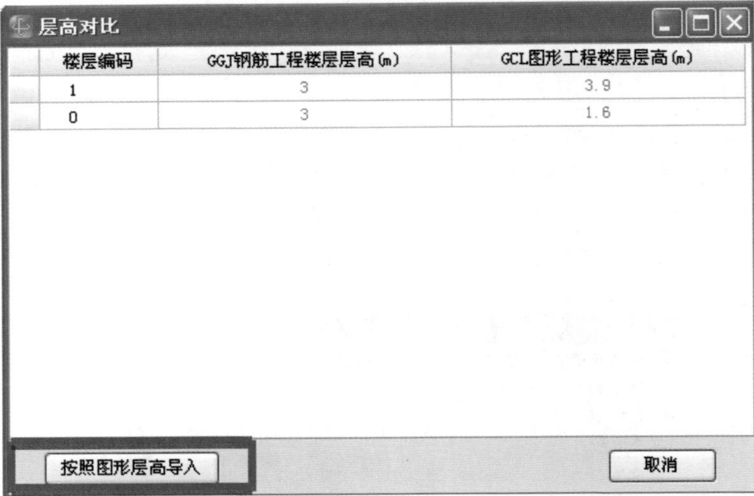

图 11－12

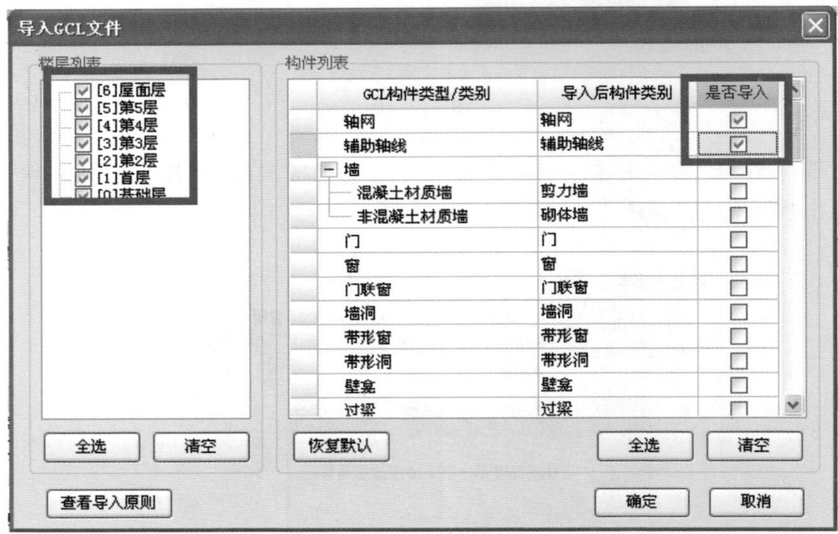

图 11－13

图 11－14

插入楼层 删除楼层 上移 下移

	编码	楼层名称	层高(m)	首层	底标高(m)	相同层数	板厚(mm)
1	7	屋面层	1.3	☐	22.5	1	120
2	6	第6层	4.25	☐	18.25	1	120
3	5	第5层	3.3	☐	14.95	1	120
4	4	第4层	3.3	☐	11.65	1	120
5	3	第3层	3.3	☐	8.35	1	120
6	2	第2层	4.2	☐	4.15	1	120
7	1	首层	4.2	☑	-0.05	1	120
8	0	基础层	2.8	☐	-2.85	1	120

图 11-15

解 读

(1)本次导图只进行楼层及轴网导图。

(2)合法性检查,按照软件的提示检查即可。点击确定,软件就自动检查了;若不自动检查,在工具里面,点击合法性检查。

考核评估

将考核结果填入表 11-2 中。

表 11-2 任务考核表

序号	项目	内容
1	檐高	正确 ☐ 不正确 ☐
2	计算规则	正确 ☐ 不正确 ☐
3	导图	正确 ☐ 不正确 ☐

任务总结

1. 新建工程

(1)规则的选用:考虑是选用 11G101 系列还是非 11G101 系列。

(2)檐高的确定影响工程量,必须正确填写。

2. 导图

导图可以提高工作效率,不必要全部导入,选择需要的构件(信息)进行导入即可。

任务拓展

直接采用新建楼层及轴网方法,完成本办公楼工程的信息设置。

• 第 12 单元　柱构件钢筋算量

学习任务

1. 学会柱构件的绘制。柱配筋信息的属性定义及构件绘制。

2. 熟练掌握绘图及属性编辑技巧。查改标注、旋转点等技巧性功能的应用以及柱表的应用。

3. 学会汇总工程量。工程量的汇总、钢筋三维查看及钢筋编辑。

任务要求

按照课程学习思路，绘制并汇总计算结施“基础顶—4.15 米柱平法配筋图”中柱构件钢筋工程量。

任务描述

按照结施“基础顶—4.15 米柱平法配筋图”柱构件位置、尺寸及配筋信息进行定义并绘图。

信息准备

在教师的带领下，熟读结施“基础顶—4.15 米柱平法配筋图”工程图纸，以 KZ－1 为例完成柱钢筋信息的识读，将相关信息填入表 12－1 中。

表 12－1　信息准备内容表

序号	项目	内容
1	标高	底标高__________　顶标高__________
2	角筋	
3	b 边一侧中部筋	
4	h 边一侧中部筋	
5	箍筋	

任务实施

1. 定义构件

(1)通过“构件管理”定义。

在绘图输入界面依次点击“柱→框柱→新建→新建矩形柱”，输入相关参数之后，点击绘图进入绘图界面。采用“复制”方法依次定义其他类型的柱构件的定义，如图 12－1 所示。

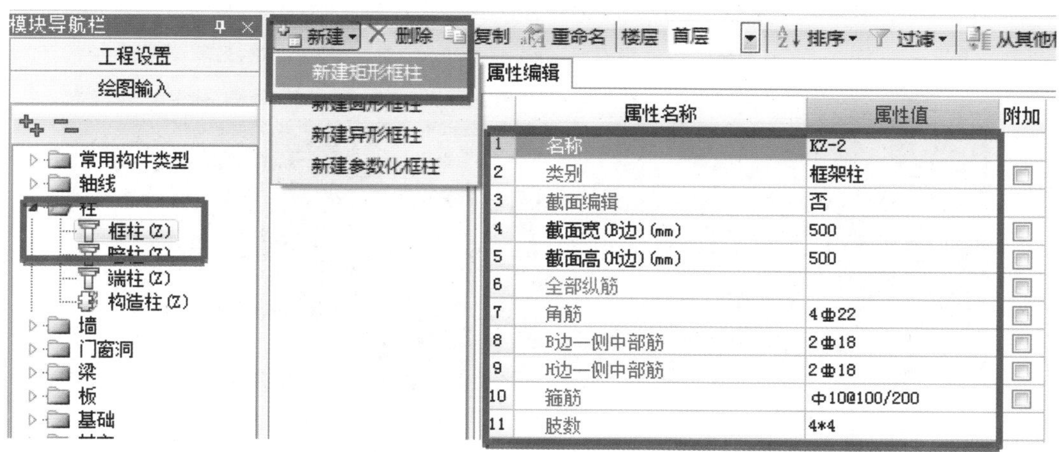

图 12－1

(2)通过“柱表→新建柱”定义。

①在工具栏选择“柱表→新建柱→新建柱层”，进行柱构件信息定义。

②单击“生成构件”，软件自动在每个楼层建立构件，而无需像“方法(1)”那样逐一建立构件。具体如图 12－2 所示。

柱号/标高(m)	楼层编号	b*h(mm)(圆柱直	b1(mm)	b2(mm)	h1(mm)	h2(mm)	全部纵筋	角筋	b边一侧中部			箍筋
KZ-1												
-2~4.15	0，1	500*500	250	250	250	250	12⌀20				(4*4)	⌀8@100/200
4.15~8.35	2	500*500	250	250	250	250		4⌀18	2⌀18	2⌀18	(4*4)	⌀8@100/200
8.35~14.95	3，4	500*500	250	250	250	250		4⌀18	2⌀18	2⌀18	(4*4)	⌀8@100/200
14.95~22.5	5，6	500*500	250	250	250	250		4⌀18	2⌀18	2⌀18	(4*4)	⌀8@100/200

图 12－2

2. 绘制构件

方法同土建算量中柱构件的绘制方法。

3. 汇总工程量

构件绘制完成之后，单击工具栏中的“汇总计算”按钮，软件将自动计算所绘制构件的钢筋工程量。

4. 查看工程量

汇总计算完成之后，单击工具栏中的“查看工程量”按钮，如果要查看某一个构件的钢筋工程量，单击需要查看的构件，软件将会显示某一个构件的钢筋工程量；如果要查看所有构件的钢筋工程量，框选所有构件，软件将会显示所有构件的钢筋工程量。如图 12－3 所示。

5. 查看钢筋三维

单击工具栏中的“钢筋三维”按钮，单击某一个构件，可以直观感受构件内部的钢筋配置信息。如图 12－4 所示。

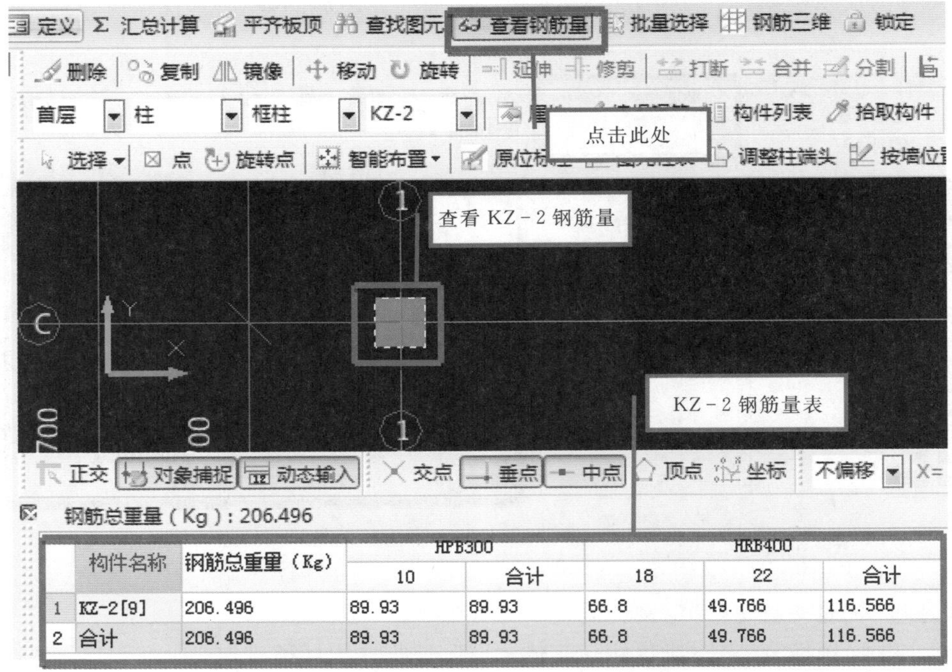
定义
汇总计算
平齐板顶
查找图元
查看钢筋量
批量选择
钢筋三维
锁定
删除
复制
镜像
移动
旋转
打断
合并
分割
首层
柱
框柱
KZ-2
构件列表
拾取构件
点击此处
选择
点
旋转点
智能布置
调整柱端头
查看 KZ－2 钢筋量
KZ－2 钢筋量表
正交
对象捕捉
动态输入
交点
垂点
中点
顶点
坐标
不偏移
钢筋总重量（Kg）：206.496
构件名称
钢筋总重量（Kg）
HPB300
HRB400
10
合计
18
22
合计
1 KZ-2[9] 206.496 89.93 89.93 66.8 49.766 116.566
2 合计 206.496 89.93 89.93 66.8 49.766 116.566

图 12－3

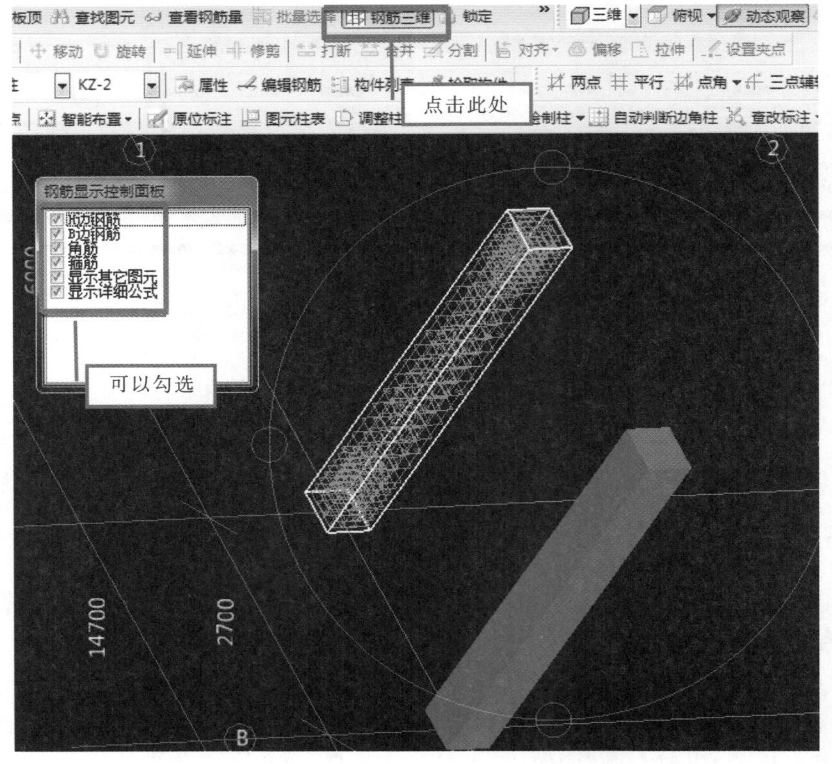
查找图元
查看钢筋量
钢筋三维
锁定
三维
俯视
动态观察
移动
旋转
延伸
修剪
打断
分割
对齐
偏移
拉伸
设置夹点
KZ-2
属性
编辑钢筋
两点
平行
点角
点击此处
智能布置
原位标注
图元柱表
自动判断边角柱
查改标注
钢筋显示控制面板
B边钢筋
角筋
箍筋
显示其它图元
显示详细公式
可以勾选
14700
2700

图 12－4

解 读

(1)钢筋在软件中输入时的符号如表 12－2 所示。

表 12－2　钢筋级别对应在软件中的输入符号

级别	一级	二级	三级	四级
输入符号	A	B	C	D

(2)钢筋在软件中的输入。

①KZ－2 输入方法如图 12－5 所示。

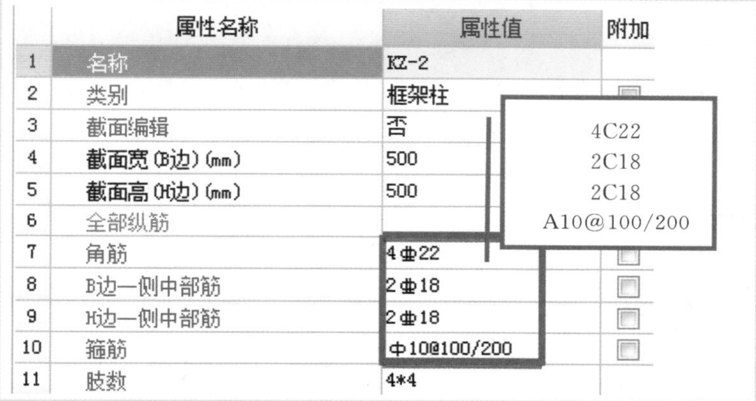

	属性名称	属性值	附加
1	名称	KZ-2	
2	类别	框架柱	
3	截面编辑	否	
4	截面宽(B边)(mm)	500	
5	截面高(H边)(mm)	500	
6	全部纵筋		
7	角筋	4⏀22	
8	B边一侧中部筋	2⏀18	
9	H边一侧中部筋	2⏀18	
10	箍筋	ф10@100/200	
11	肢数	4*4	

4C22
2C18
2C18
A10@100/200

图 12－5

②KZ－1 的输入方法如图 12－6 所示。

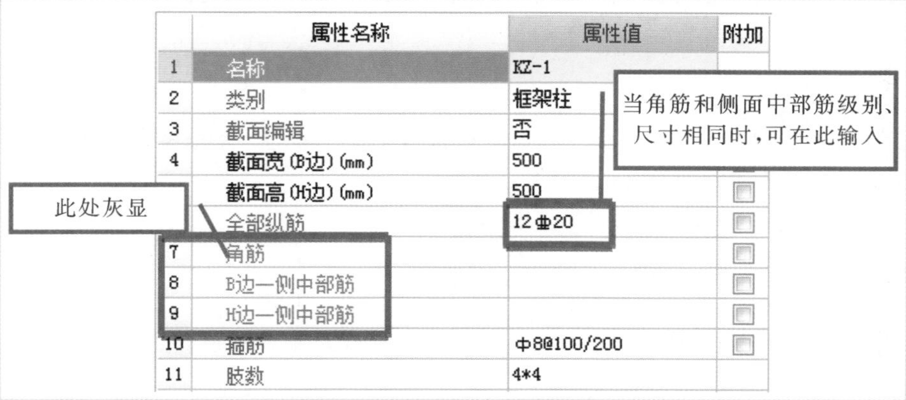

	属性名称	属性值	附加
1	名称	KZ-1	
2	类别	框架柱	
3	截面编辑	否	
4	截面宽(B边)(mm)	500	
5	截面高(H边)(mm)	500	
6	全部纵筋	12⏀20	
7	角筋		
8	B边一侧中部筋		
9	H边一侧中部筋		
10	箍筋	ф8@100/200	
11	肢数	4*4	

当角筋和侧面中部筋级别、尺寸相同时，可在此输入

此处灰显

图 12－6

(3)当采用柱表输入钢筋信息时，柱的定位尺寸可以先默认为对所在轴线居中，绘图之后可以通过“查改标注”进行定位尺寸修改。如图 12－7 所示。

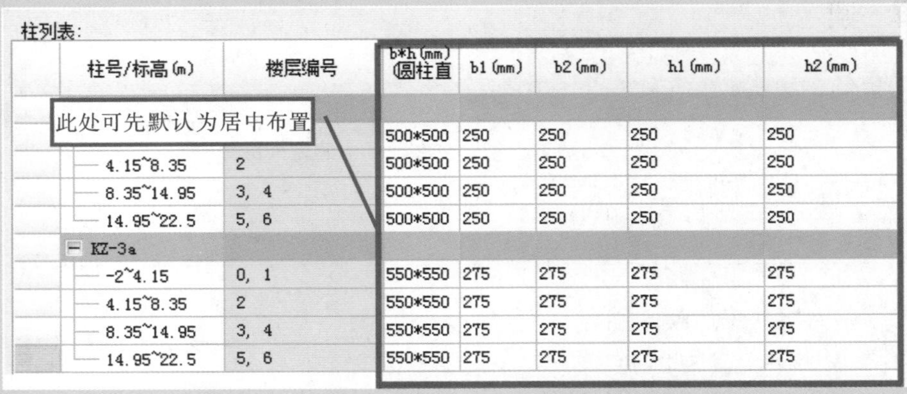

柱列表:

柱号/标高(m)	楼层编号	b*h(mm)(圆柱直	b1(mm)	b2(mm)	h1(mm)	h2(mm)
此处可先默认为居中布置		500*500	250	250	250	250
4.15~8.35	2	500*500	250	250	250	250
8.35~14.95	3, 4	500*500	250	250	250	250
14.95~22.5	5, 6	500*500	250	250	250	250
KZ-3a						
-2~4.15	0, 1	550*550	275	275	275	275
4.15~8.35	2	550*550	275	275	275	275
8.35~14.95	3, 4	550*550	275	275	275	275
14.95~22.5	5, 6	550*550	275	275	275	275

图 12-7

考核评估

将考核结果填入表 12-3 中。

表 12-3 任务考核表

序 号	项 目	内 容			
1	构件定位	正确 □ 不正确 □			
2	属性信息编辑	正确 □ 不正确 □			
3	工程量	正确 □	误差范围内 □	误差±2%以内 □ 误差±5%以内 □	不正确 □

任务总结

(1)初学者进行柱构件定义及绘制时,应该依次定义一根柱,绘制一根柱,以免混乱。

(2)正确进行构件钢筋属性信息编辑。

(3)注意柱表的正确运用,以提高操作效率。

任务拓展

学生自己练习 2~6 层柱构件的钢筋信息定义、绘制及工程量的汇总,并在小组内进行工程量的核对。

第 13 单元　梁构件钢筋算量

学习任务

1. 学会梁构件的定义及绘制。属性定义(集中标注)、绘制及原位标注。
2. 熟练掌握绘图技巧。单对齐、平法表格等技巧性功能的应用。
3. 学会汇总工程量。工程量的汇总、钢筋三维查看及钢筋编辑。

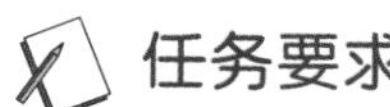

任务要求

按照课程学习思路，绘制并汇总计算结施“标高 4.15 米梁平法配筋图”梁构件钢筋工程量。

任务描述

按照结施“标高 4.15 米梁平法配筋图”梁构件位置、尺寸及配筋信息进行定义并绘图。

信息准备

在教师的带领下，熟读结施“标高 4.15 米梁平法配筋图”工程图纸，以 1KLB 为例完成柱钢筋信息的识读，将相关信息填入表 13－1 中。

表 13－1　信息准备内容表

序号	项目	内容
1	标高	
2	跨数	
3	上部通长筋	
4	下部通常筋	
5	箍筋	
6	侧面构造(受扭)筋	

任务实施

1. 定义构件

在绘图输入界面依次点击“梁→梁→新建→新建矩形梁”，输入相关参数之后，点击绘图进入绘图界面。采用“复制”方法依次定义其他类型的梁构件，如图 13－1 所示。

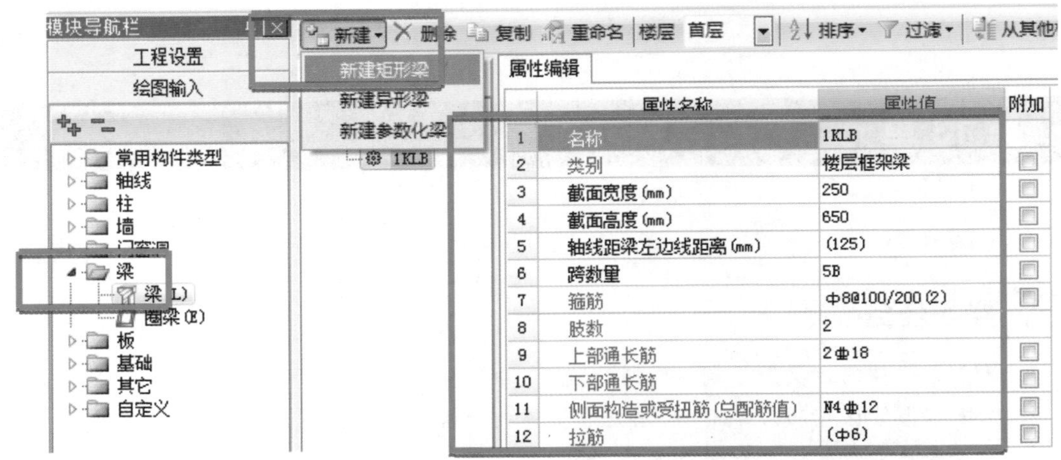

图 13－1

2. 绘制构件

(1)绘制。绘制方法同土建算量中梁构件的绘制方法。

(2)合并。由于两端悬挑部分是单独绘制,因此需要和直线部分进行合并,同时选中一端悬挑部分构件和直线部分构件,鼠标右键选择合并,如图 13－2 所示。

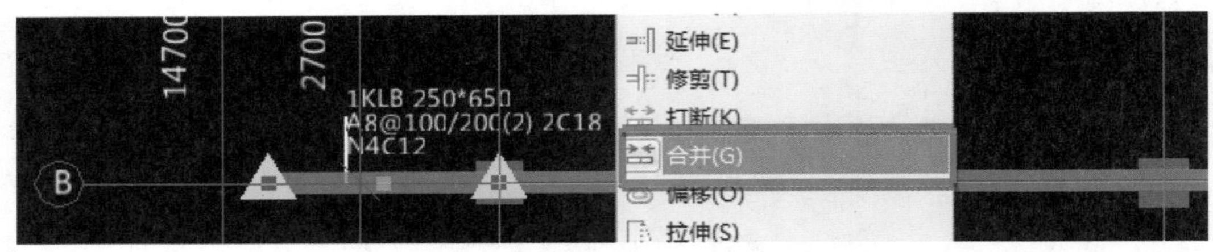

图 13－2

3. 原位标注

在定义梁构件时,构件属性中输入了梁的集中标注信息,绘制出来的构件显示粉色。接下来进行梁的原位标注信息的输入。

(1)通过“原位标注”进行标注。

①选中要配置钢筋信息的梁,单击工具栏中的“原位标注”按钮,选择“原位标注”。

②在梁图元上弹出的窗口中直接输入对应的钢筋信息,单击回车键即可。输入的信息同时可在绘图区域下面的“平法表格”中相应位置显示出来。如图 13－3 所示。

③悬挑部分变截面的处理,在原位标注中下部筋的下拉菜单中进行修改,如图 13－4 所示。

(2)通过“平法表格”进行标注。

①单击工具栏中的“原位标注”→“梁平法表格”按钮。

②单击需要配置钢筋信息的梁,直接在“平法表格”中相应的位置直接输入钢筋信息即可,同时在梁图元上对应的位置会显示对应的钢筋信息,方便进行检查,如图 13－5 所示。

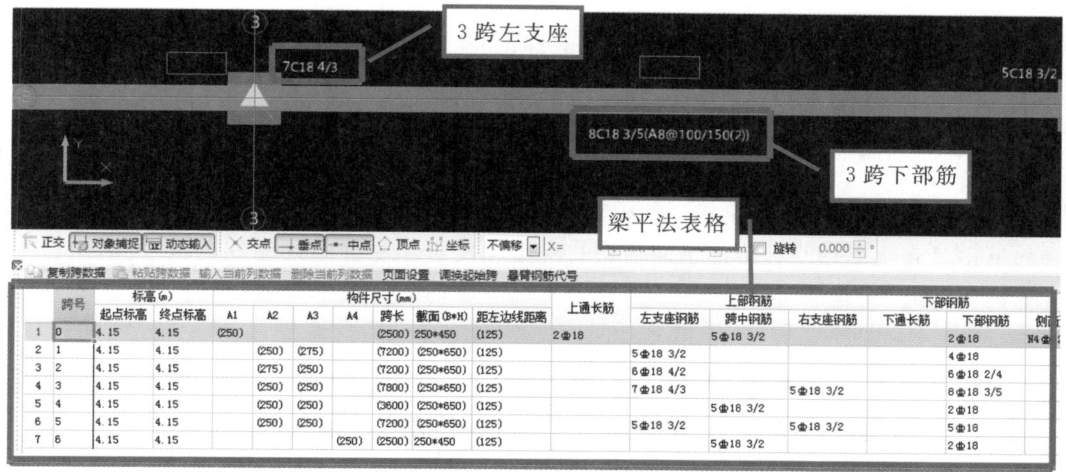

图 13－3

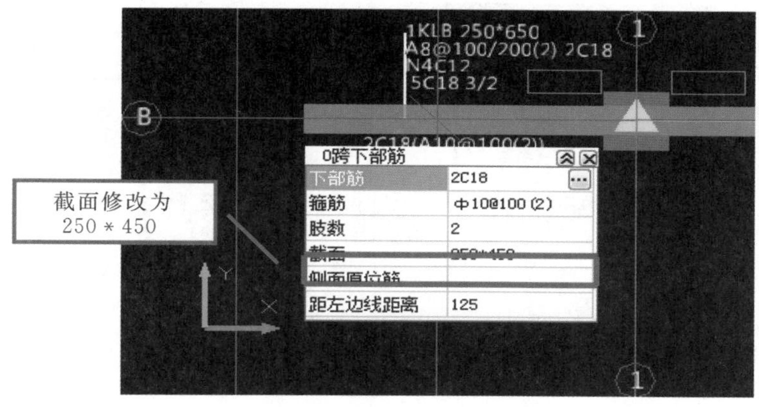

图 13－4

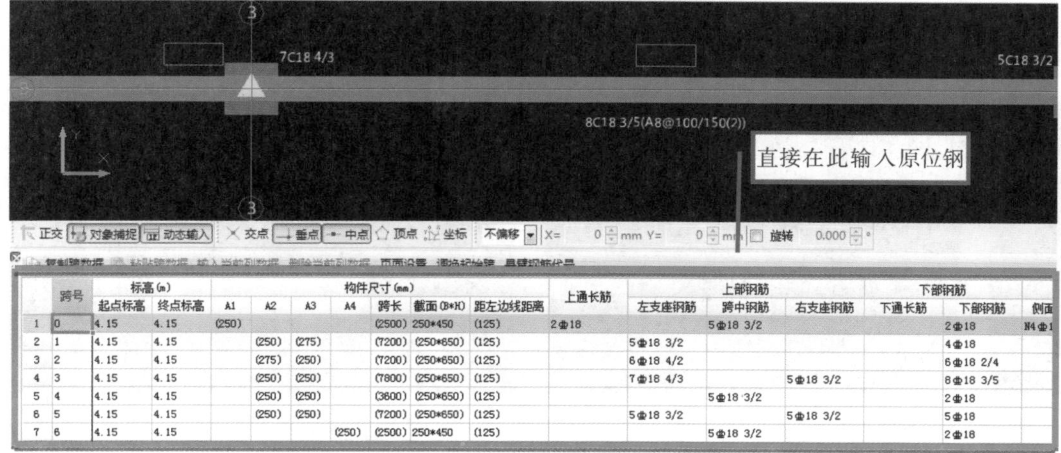

图 13－5

4. 构件位置修改

单对齐操作，方法同土建算量中梁构件单对齐。

5. 附加箍筋、吊筋的设置

(1)自动生成吊筋。

①点击“自动生成吊筋”按钮，输入相关信息，点击确定，如图 13－6、13－7 所示。

选中需要设置附加箍筋(吊筋)的构件，进行操作即可。例如 L1、L2 与 L7 的操作。

如果主梁和次梁相交处附加箍筋信息与次梁和次梁相交处附加箍筋信息不同，可以分两次进行操作即可。

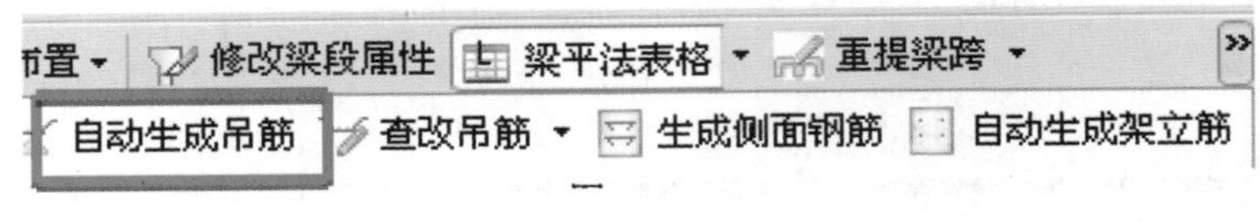

图 13－6

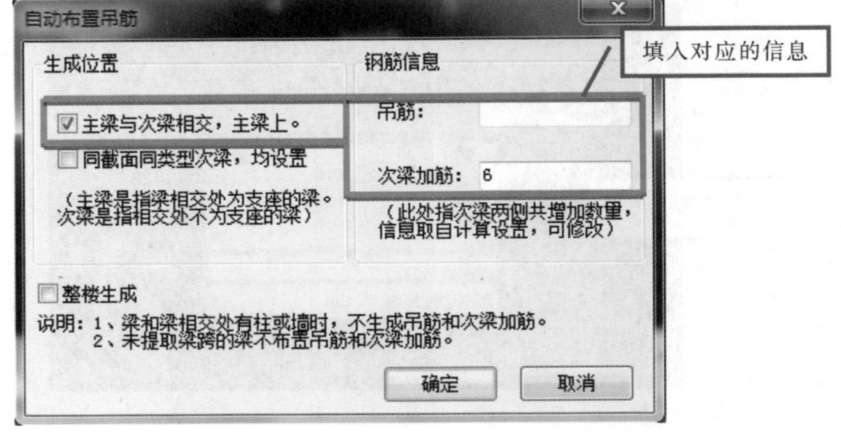

图 13－7

②选中需要设置附加箍筋的梁，鼠标右键确认即可，如图 13－8 所示。

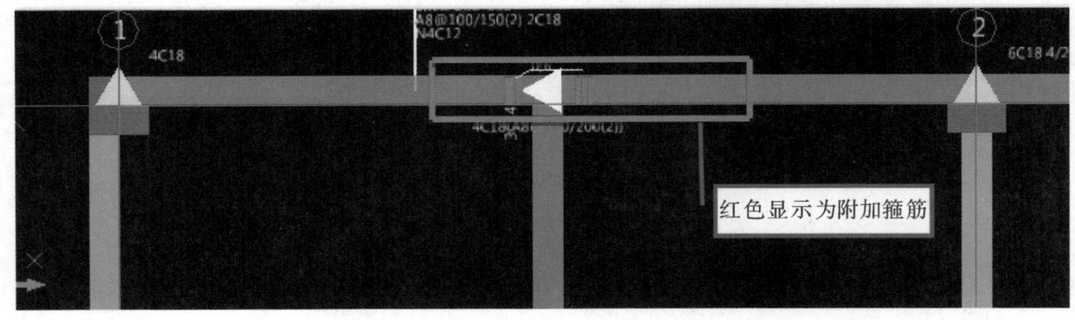

图 13－8

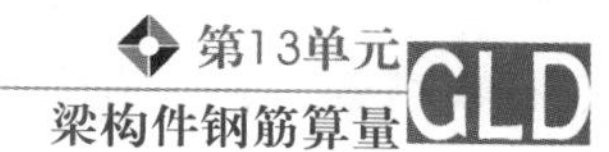

(2)平法表格输入。

在对梁构件进行原位标注时,平法表格中有一栏"次梁加筋(即附加箍筋)",输入次梁宽度,软件会自动识别,然后在"次梁加筋"一栏里面输入附加箍筋数量即可,如图 13-9 所示。

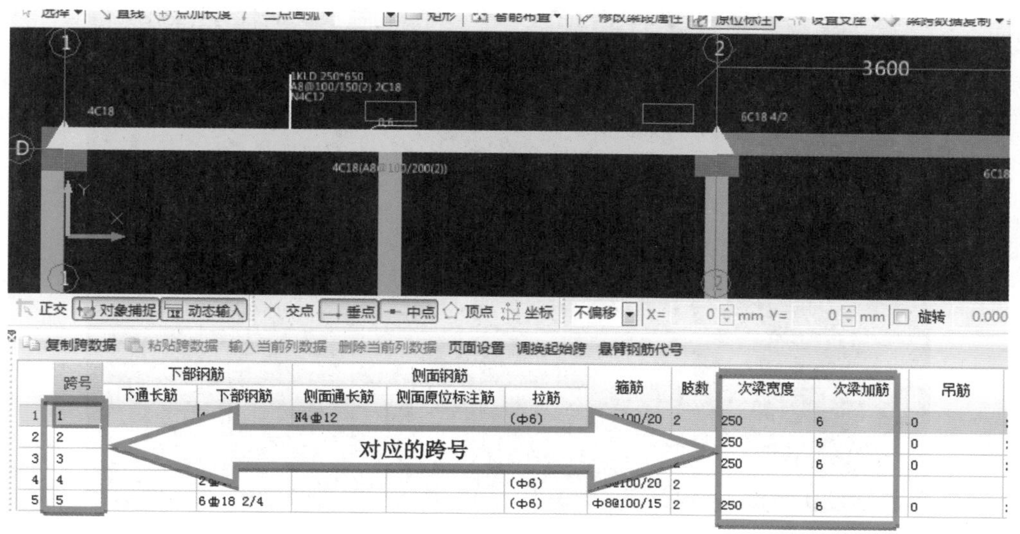

图 13-9

6. 汇总钢筋工程量

构件绘制完成之后,单击工具栏中的"汇总计算"按钮,软件将自动计算所绘制构件的钢筋工程量。

7. 查看钢筋量

汇总计算完成之后,单击工具栏中的"查看钢筋量"按钮,如果要查看某一根梁构件的钢筋工程量,单击需要查看的梁构件图元,软件将会显示某一根梁的钢筋工程量;如果要查看所有梁构件的钢筋工程量,框选所有梁构件图元,软件将会显示所有梁构件的钢筋工程量。如图 13-10 所示。

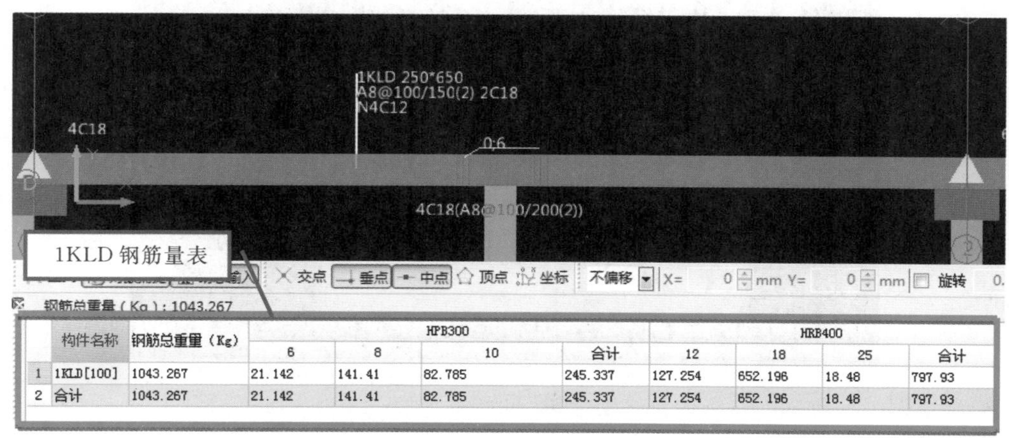

	构件名称	钢筋总重量(Kg)	HPB300				HRB400			
			6	8	10	合计	12	18	25	合计
1	1KLD[100]	1043.267	21.142	141.41	82.785	245.337	127.254	652.196	18.48	797.93
2	合计	1043.267	21.142	141.41	82.785	245.337	127.254	652.196	18.48	797.93

图 13-10

8. 查看钢筋三维

单击工具栏中的“钢筋三维”按钮，单击某一个构件，可以直观感受构件内部的钢筋配置信息。如图 13 - 11 所示。

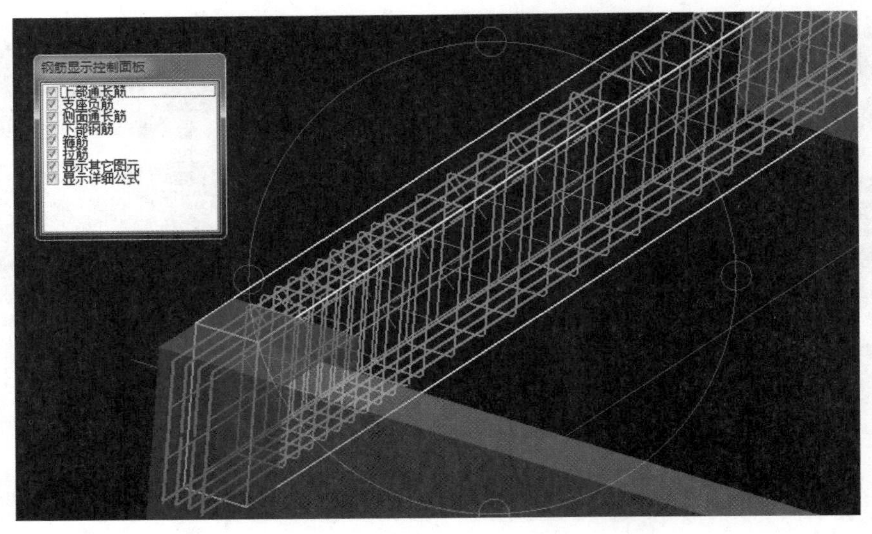

图 13 - 11

解　读

(1)重提梁跨——对梁的支座进行重新识别，删除支座、设置支座。

单击“重提梁跨”按钮可进行以下操作：

①删除支座：单击删除支座，选中需要删除支座的梁，选中需要删除的支座，单击鼠标右键确认，出现如图 13 - 12 所示对话框，点击是即可。

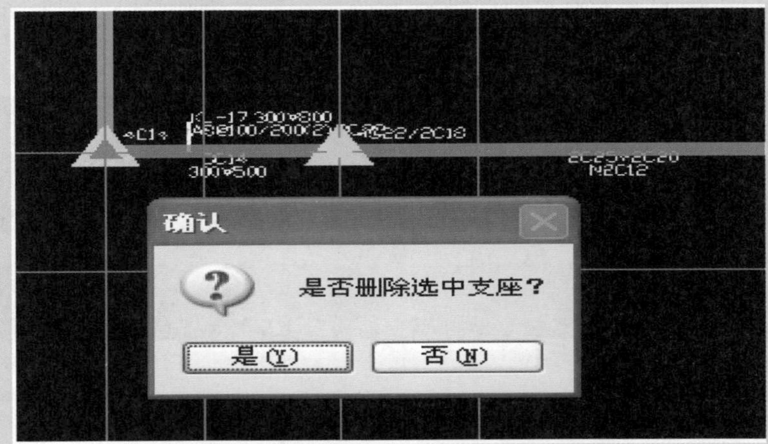

图 13 - 12

②重提梁跨：在定义梁构件集中标注信息时，如果没有输入梁跨数，点击“重提梁跨”，选中需要提取跨数的梁构件即可。

(2)应用到同名称梁——当图纸中有同名称的梁时(如1L6)，可以选择此功能。

单击“应用到同名称梁”按钮，选中已经完成原位标注的1L6，选择应用范围，出现如图13－13所示对话框，点击确定，出现如图13－14所示对话框，即可完成操作。

图13－13

图13－14

(3)屏幕旋转——纵梁原位标注时，可以选择此功能，方便信息输入。

点击“屏幕旋转”按钮，选择需要旋转的角度即可，如图13－15所示。

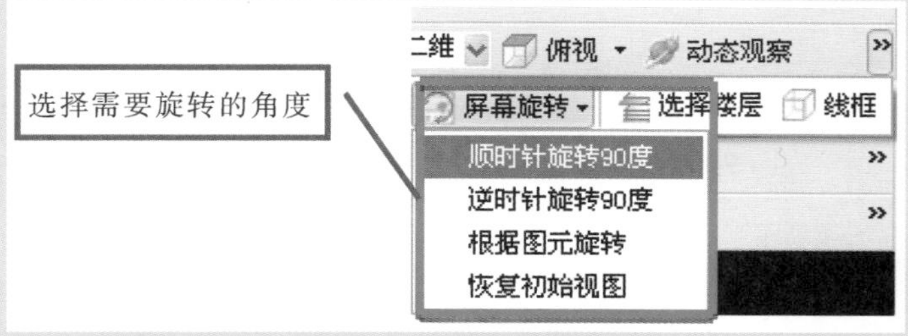

图13－15

(4)当采用"矩形"绘制梁构件时,此时的矩形边长所对应的梁构件必须是同一类型的构件。

(5)当梁构件没有原位标注时(1L1),点击原位标注,选中梁构件,右键确认即可。

(6)在定义1L5、1L11时,注意标高的修改,如图13-16所示。

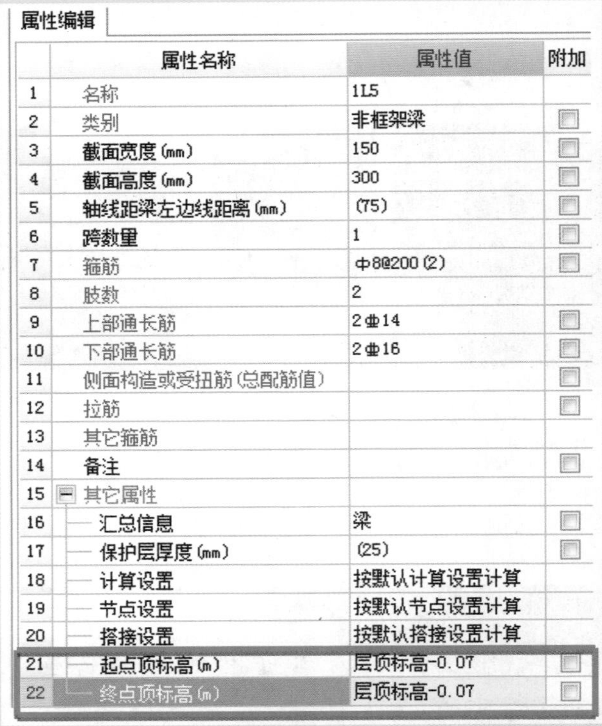

属性编辑

	属性名称	属性值	附加
1	名称	1L5	
2	类别	非框架梁	☐
3	截面宽度(mm)	150	☐
4	截面高度(mm)	300	☐
5	轴线距梁左边线距离(mm)	(75)	☐
6	跨数量	1	☐
7	箍筋	Φ8@200(2)	☐
8	肢数	2	
9	上部通长筋	2Φ14	☐
10	下部通长筋	2Φ16	☐
11	侧面构造或受扭筋(总配筋值)		☐
12	拉筋		☐
13	其它箍筋		
14	备注		☐
15	⊟ 其它属性		
16	— 汇总信息	梁	☐
17	— 保护层厚度(mm)	(25)	☐
18	— 计算设置	按默认计算设置计算	
19	— 节点设置	按默认节点设置计算	
20	— 搭接设置	按默认搭接设置计算	
21	— 起点顶标高(m)	层顶标高-0.07	☐
22	— 终点顶标高(m)	层顶标高-0.07	☐

图13-16

(7)使用自动生成吊筋功能,可根据工程实际情况,设置主次梁、同截面同类型次梁的吊筋和附加箍筋的输入。如果没有吊筋,则不输入;如果附加箍筋与梁箍筋相同,则只需输入两侧总根数即可;如果附加箍筋与梁箍筋不相同,则输入格式如:6A8。

考核评估

将考核结果填入表13-2中。

表13-2 任务考核表

<table>
<tr><th>序号</th><th>项目</th><th colspan="4">内容</th></tr>
<tr><td>1</td><td>构件定位</td><td colspan="4">正确 ☐　不正确 ☐</td></tr>
<tr><td>2</td><td>集中标注信息编辑</td><td colspan="4">正确 ☐　不正确 ☐</td></tr>
<tr><td>3</td><td>原位标注信息编辑</td><td colspan="4">正确 ☐　不正确 ☐</td></tr>
<tr><td rowspan="2">4</td><td rowspan="2">工程量</td><td rowspan="2">正确 ☐</td><td rowspan="2">误差范围内 ☐</td><td>误差±2%以内 ☐</td><td rowspan="2">不正确 ☐</td></tr>
<tr><td>误差±5%以内 ☐</td></tr>
</table>

任务总结

(1)初学者进行梁构件定义及绘制时,应该依次定义一根梁,绘制一根梁,再逐一进行每一根梁的原位标注,以免混乱。

(2)正确进行构件钢筋属性信息编辑。

(3)注意原位标注时平法表格的正确运用,以提高操作效率。

(4)在绘制 1L5、1L8、1L10、1L11 时可以借助辅助轴线、运用偏移功能进行正确定位。

任务拓展

学生自己练习 2～6 层梁构件的钢筋信息定义、绘制及工程量的汇总,并在小组内进行工程量的核对。

• 第 14 单元　板构件钢筋算量

学习任务

1. 学会板构件的定义及绘制。板受力筋、负筋的信息定义及构件绘制。
2. 熟练掌握绘图技巧。单板、多板、自定义范围、自动配筋、复制等功能的应用。
3. 学会汇总工程量。工程量的汇总、钢筋三维查看及钢筋编辑。

任务要求

按照课程学习思路，计算结施“标高 4.15 米板配筋图”板构件钢筋工程量。

任务描述

按照结施“标高 4.15 米板配筋图”板构件位置、尺寸及配筋信息进行定义并绘图。

信息准备

在教师的带领下，熟读“标高 4.15 米板配筋图”工程图纸，完成柱钢筋信息的识读，将相关信息填入表 14－1 中。

表 14－1　信息准备内容表

序号	项目	内容
1	受力筋	双网双向□　单网双向□　单网单向□
		钢筋信息__________
2	负筋	钢筋信息类型(　)种

任务实施

1. 定义构件

在绘图输入界面依次点击“板→现浇板→定义→新建→新建现浇板”，输入相关参数之后，点击绘图进入绘图界面。如图 14－1 所示。

2. 绘制构件

绘制构件的方法同土建算量中板构件的绘制方法。

3. 定义及布置受力筋

(1)定义受力筋。

在绘图输入界面依次点击“板→板受力筋→新建→板受力筋”，输入相关参数之后，点击绘图进入绘图界面。如图 14－2 所示。

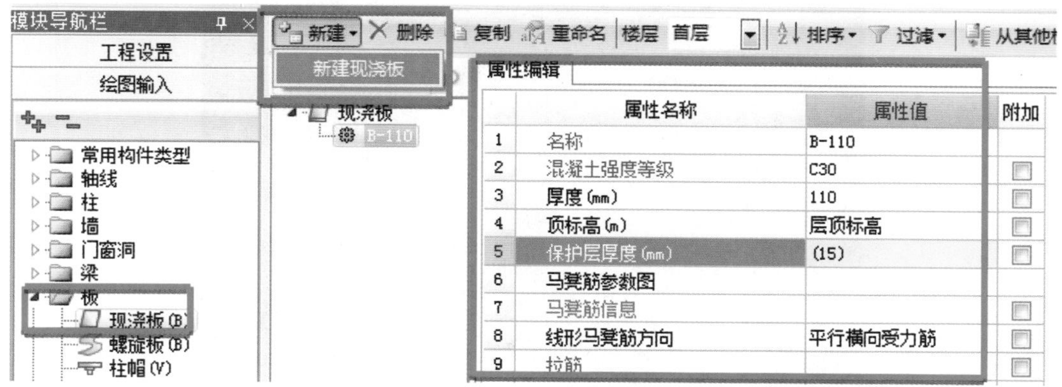

图 14－1

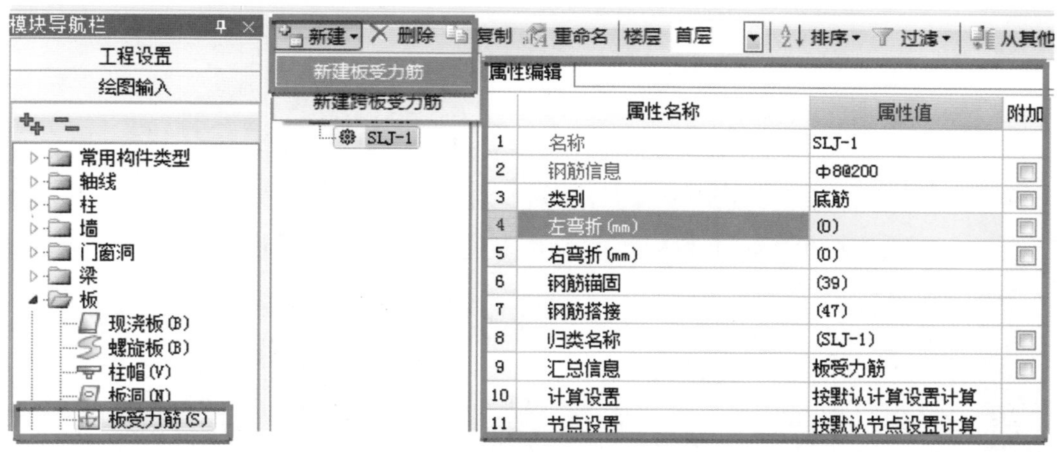

图 14－2

(2)布置受力筋。

①单板布置。选择需要布置的受力筋，在绘图界面，选择“单板”绘制按钮，选择“水平”(或者“垂直”)绘制按钮。单击需要布筋的板，即可布置板受力筋，如图 14－3 所示。

②多板布置。选择需要布置的受力筋，在绘图界面，选择“多板”绘制按钮，选择“水平”按钮。单击需要布筋的板，右键确认，再点击左键即可，如图 14－4 所示。

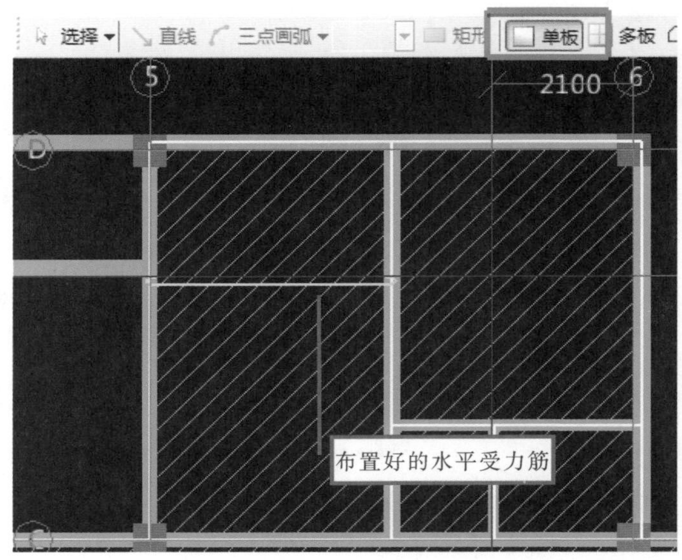
选择
直线
三点画弧
矩形
单板
多板
2100
5
6
D
布置好的水平受力筋

图 14－3

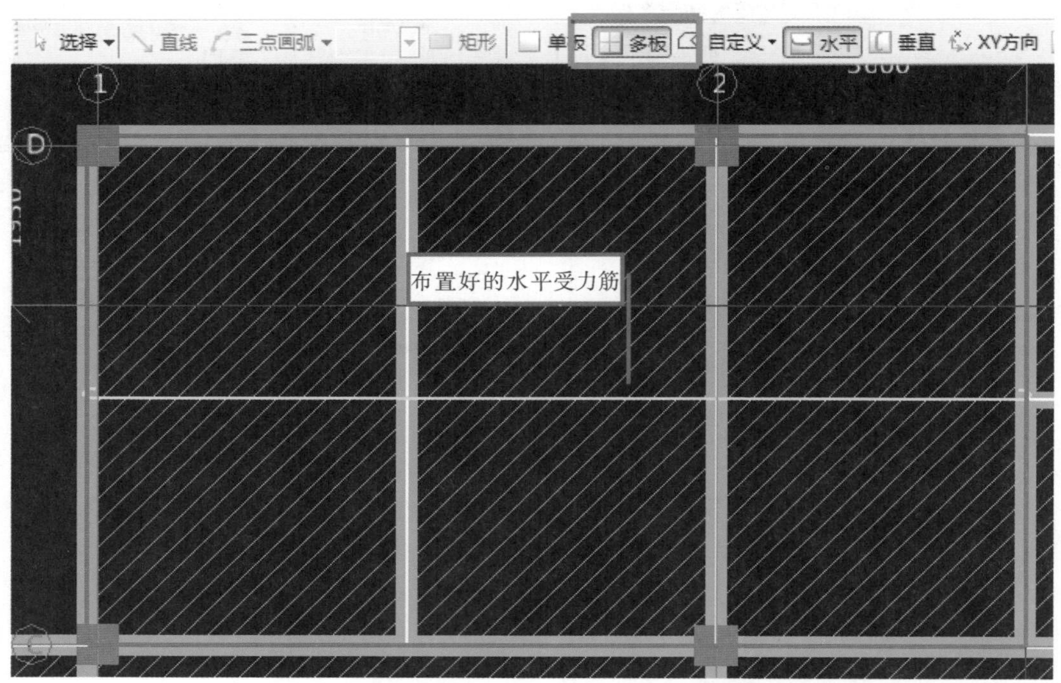
选择
直线
三点画弧
矩形
单板
多板
自定义
水平
垂直
XY方向
1
2
D
布置好的水平受力筋

图 14－4

解　读

(1)双网双向布筋——当板的受力筋为双层双向时,可以采用“XY方向”功能布置受力筋。具体操作步骤如下:

步骤1:选择需要布置的板受力筋。

步骤2:单击工具栏中的“单板”按钮,单击“XY方向”按钮。

步骤3:左键选中需要布筋的单板。

步骤4:选择相应的配筋信息即可,如图14-5所示。

图14-5

(2)自动配筋——当所有的板配筋信息相同或者同一板厚的板配筋信息相同时,可选择此功能。具体操作步骤如下:

步骤1:单击工具栏“自动配筋”按钮,弹出自动配筋设置对话框,输入钢筋网信息,点击确定,如图14-6所示。

步骤2:左键单击需要布筋的板,右键确认,出现如图14-7所示对话框,点击确定即可。

步骤3:点击右键,重复自动配筋,即可完成板的受力筋的布置,如图14-8所示。

(3)复制钢筋——板的大小不同,但是配筋信息相同时,可采用此功能。具体操作步骤如下:

步骤1:单击工具栏中的“复制钢筋”按钮,在绘图区选择当前已经布置的钢筋(选中的钢筋显示为蓝色,即需要复制的钢筋),鼠标右键确认。

步骤2:鼠标挪动至需要配筋的板(出现蓝色范围)。

步骤3:单击左键即可,如图14-9所示。

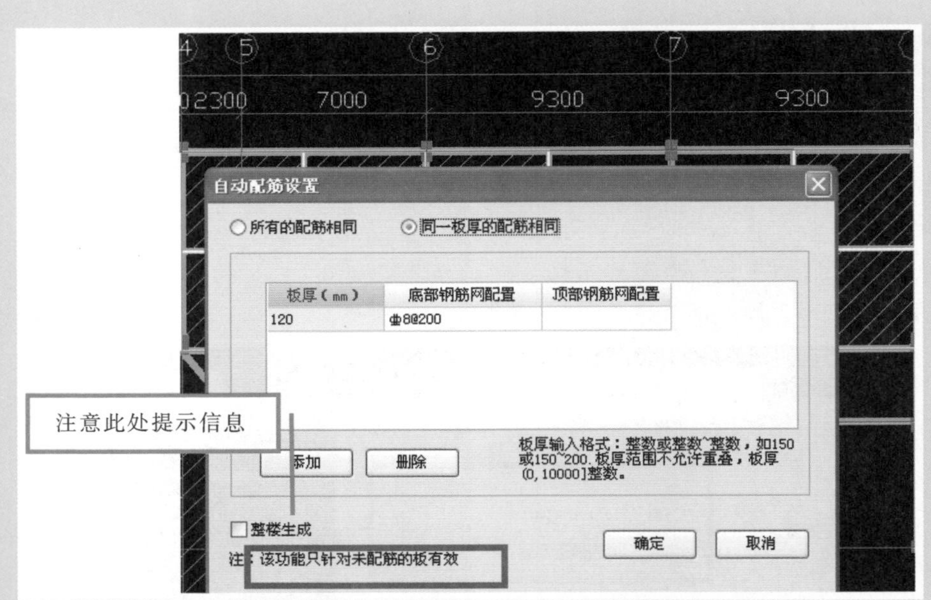
自动配筋设置
所有的配筋相同
同一板厚的配筋相同
板厚（mm）
底部钢筋网配置
顶部钢筋网配置
120
ф8@200
注意此处提示信息
添加
删除
板厚输入格式：整数或整数~整数，如150或150~200.板厚范围不允许重叠，板厚(0,10000]整数。
整楼生成
确定
取消
注：该功能只针对未配筋的板有效

图 14－6

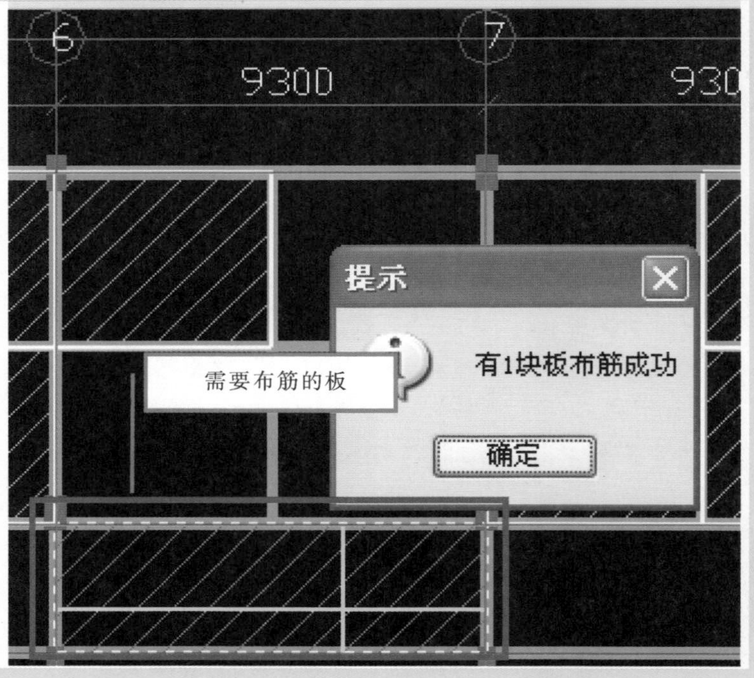
9300
提示
有1块板布筋成功
需要布筋的板
确定

图 14－7

图 14-8

图 14-9

(4)应用同名称板——同名称的板,需要快速布置钢筋信息,可采用此功能。具体操作步骤如下:

步骤1:单击工具栏中的“应用同名称板”按钮。

步骤2:在绘图区域选择已经布置好钢筋的板,选中的区域显示为蓝色,见图14-10左下角。

步骤3:右键确认,软件弹出“提示”界面,单击“确定”即可,如图14-10所示。

(5)板受力筋的修改——当受力筋的信息输入错误时,可采用此功能在绘图区域直接修改。具体操作步骤如下:

步骤1:在绘图区域选择已经布置好的受力筋,出现受力筋的数字信息。

步骤2:单击数字信息,即可进行修改,如图14-11所示。

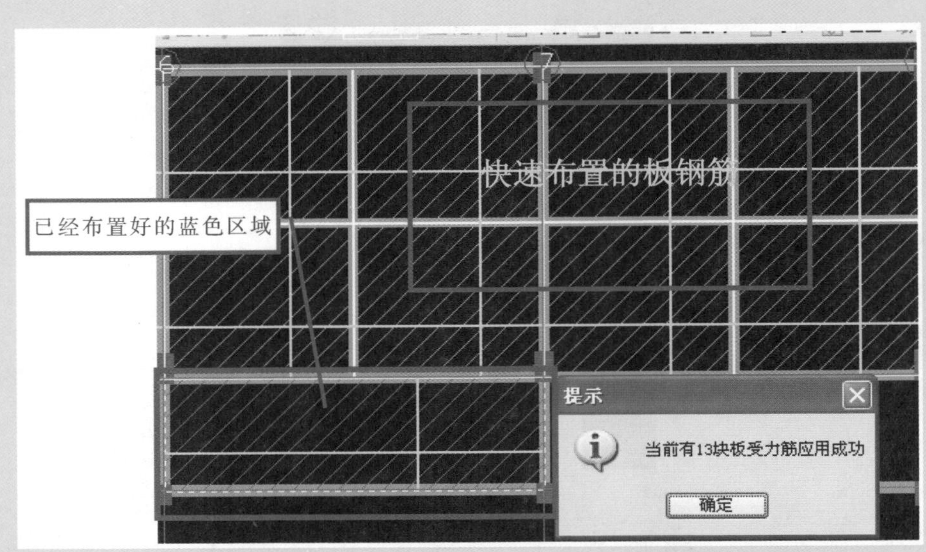

图 14-10

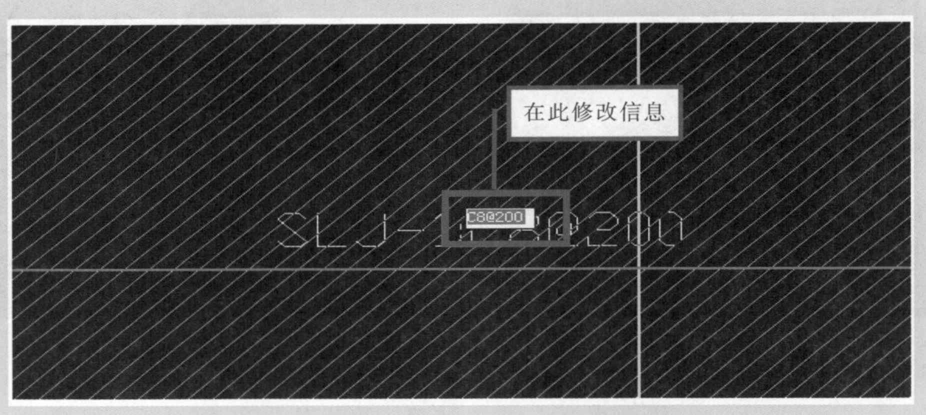

图 14-11

4. 定义及布置负筋

(1)定义负筋。

在绘图输入界面依次点击“板→板负筋→新建→板负筋”，输入相关参数之后，点击绘图进入绘图界面。如图 14-12 所示。

(2)布置负筋。

①按梁布置。选择需要布置的板负筋，单击工具栏中的“按梁布置”(也可选择“按墙布置”或者“按板边布置”)按钮，左键选中需要布筋的梁，右键确定负筋左标注的方向，即可布置负筋，如图 14-13 所示。

②画线布置。选择需要布置的负筋，单击工具栏中的“画线布置”按钮，左键依次指定第一个和第二个端点，确定负筋的布筋范围，左键确定左标注的方向即可布置负筋，如图 14-14 所示。

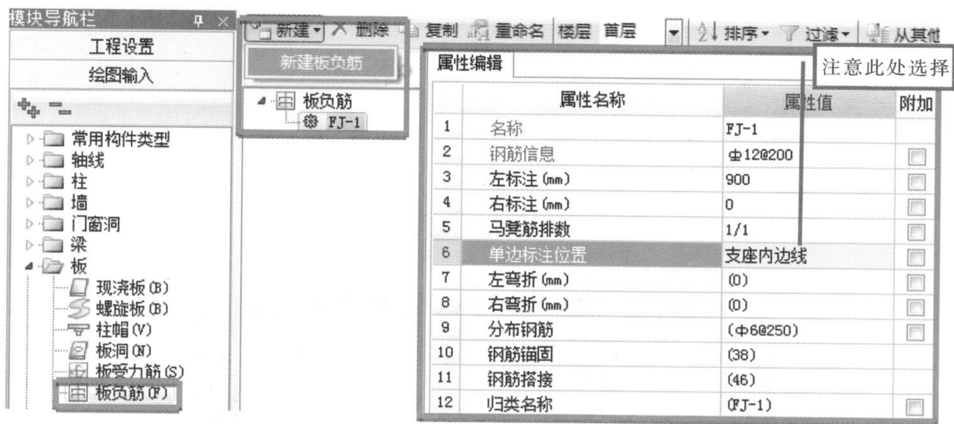

图 14－12

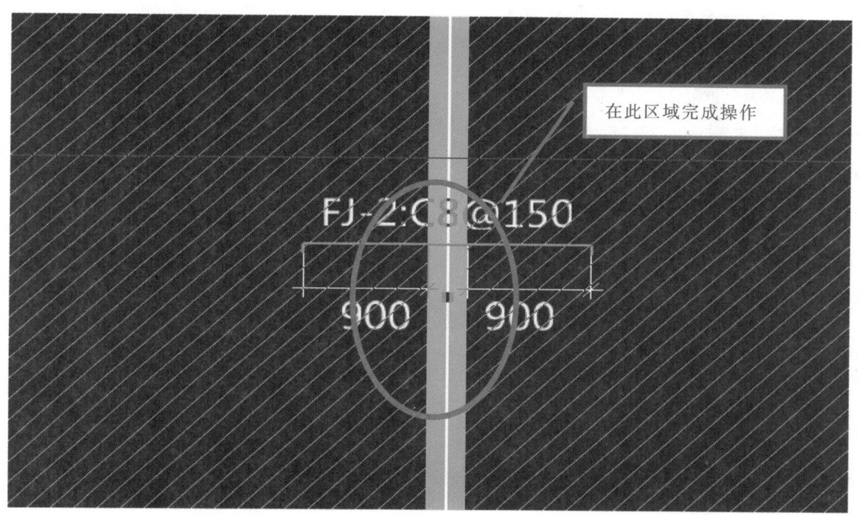

图 14－13

图 14－14

解 读

(1)自动生成负筋——快速生成负筋,可采用此功能。具体操作步骤如下:

步骤 1:单击工具栏中的“自动生成负筋”按钮,弹出如图 14-15 所示对话框。

步骤 2:选择布置范围,可多选。

步骤 3:在绘图区域左键选择要自动生成负筋的板,右键确定即可。

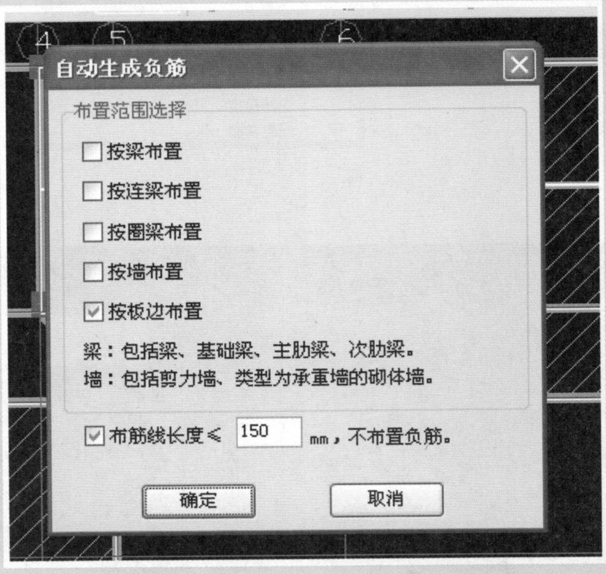

图 14-15

(2)交换左右标注——当板负筋的左右标注与图纸标注相反时,可采用此功能调整。在工具栏中单击“交换左右标注”按钮,选择需要交换标注的板负筋,即可进行操作,如图 14-16 所示。

图 14-16

(3)查看布筋范围——需要查看负筋在板内的布置范围，可以采用此功能。单击“查看布筋”按钮，移动鼠标，当鼠标指向某个负筋图元时，该图元所布置的范围显示为蓝色。蓝色区域即为布筋范围，如图 14－17 所示。

图 14－17

(4)查改标注——需要查改界面上板钢筋的标注信息，可以采用此功能。具体操作步骤如下：

步骤 1：单击工具栏中的“查改标注”按钮，绘图界面显示钢筋信息。

步骤 2：单击需要修改的标注，输入正确的标注信息即可，如图 14－18 所示。

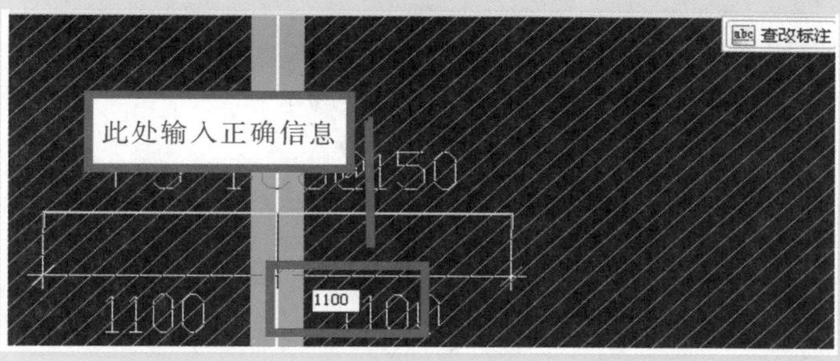

图 14－18

5. 定义及布置跨板受力筋

(1)定义跨板受力筋。在绘图输入界面依次点击“板→板受力筋→新建→跨板受力筋”，输入相关参数之后，点击绘图进入绘图界面。如图 14－19 所示。

(2)布置跨板受力筋。方法同板负筋。

6. 汇总钢筋工程量

构件绘制完成之后，单击工具栏中的“汇总计算”按钮，软件将自动计算所绘制构件的钢筋工程量。

7. 查看钢筋量

汇总计算完成之后，单击工具栏中的“查看钢筋量”按钮，如果要查看单板的钢筋工程量，单击需要查看单板构件布置的受力筋，软件将会显示所选中的单板构件的钢筋工程量；如果要查看所有板构件的钢筋工程量，框选所有构件，软件将会显示所有板构件的钢筋工程量。如图 14－20 所示。

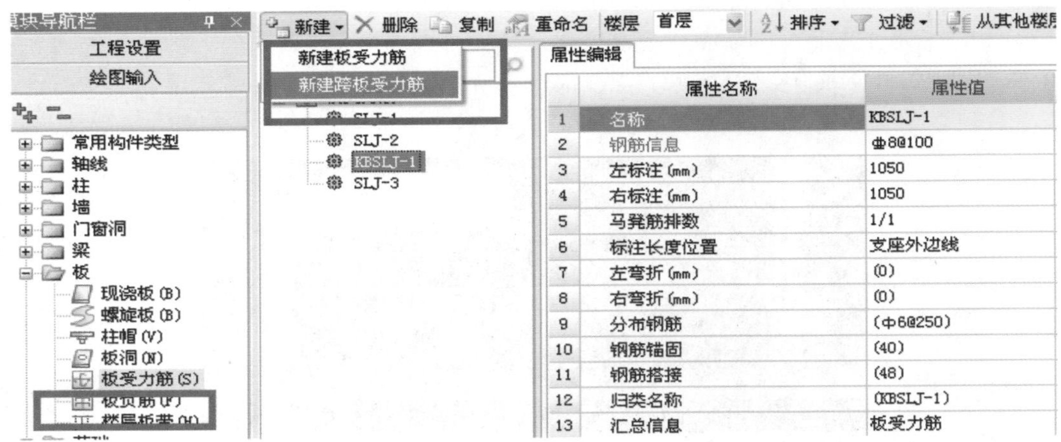

图 14－19

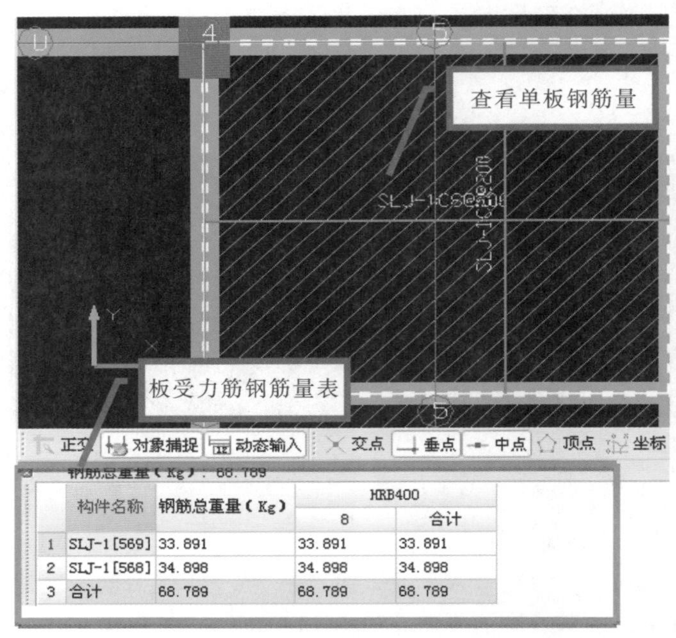

图 14－20

8. 查看钢筋三维

单击工具栏中的“查看钢筋三维”按钮，单击单板中的某一个受力筋(负筋)，可以直观感受构件内部的钢筋配置信息。如图 14－21(板受力筋钢筋三维)、图 14－22(板负筋钢筋三维)所示。

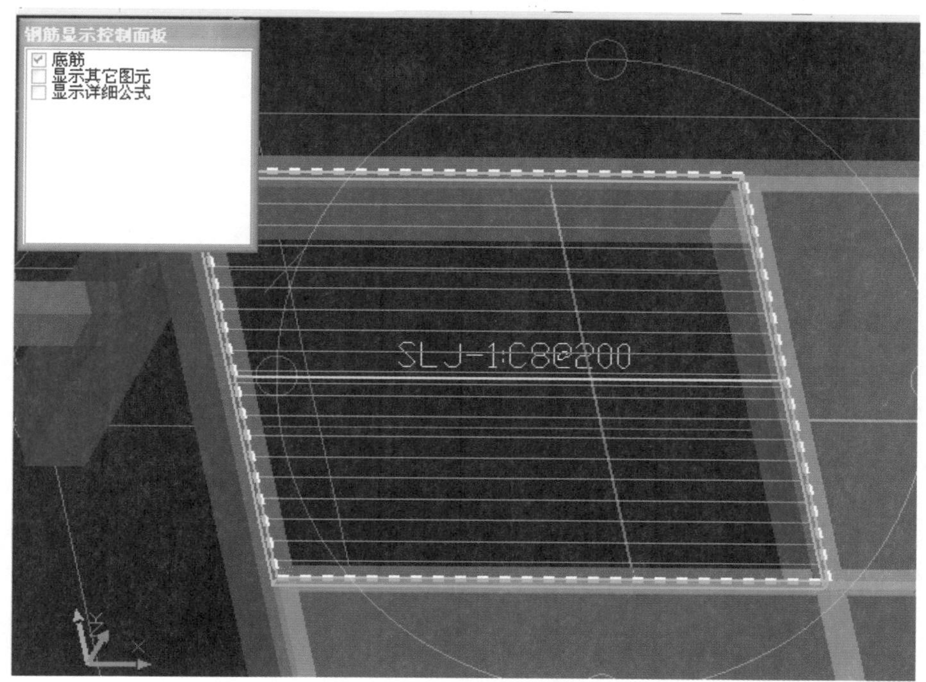
钢筋显示控制面板
底筋
显示其它图元
显示详细公式
SLJ-1:C8@200

图 14－21

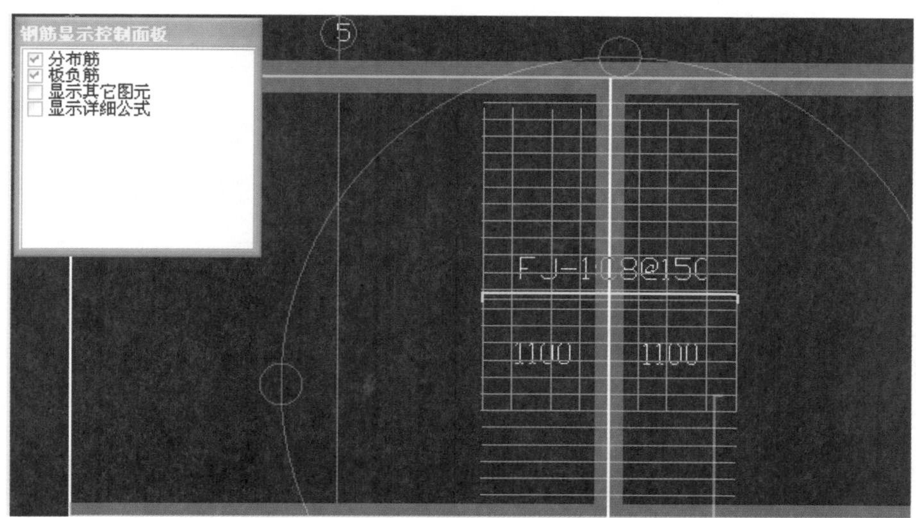
钢筋显示控制面板
分布筋
板负筋
显示其它图元
显示详细公式
5
1100
1100

图 14－22

解读

在此主要解读定义板受力筋时,信息的确定。

(1)左、右弯折。

软件默认为(0),表示长度会根据计算设置的内容进行计算,如果设计说明中有特殊说明,则可以在此输入具体的设计说明里面的数值。

(2)钢筋锚固、钢筋搭接。

软件自动读取楼层设置中搭接设置的具体数值,当前构件如果有特殊要求,则可以根据具体情况修改。

(3)归类名称。

该钢筋量需要归属到哪个构件下,直接输入构件的名称即可,软件默认为当前构件的名称。

(4)汇总信息。

软件默认为构件的类别名称。报表预览时,部分报表可以以该信息进行钢筋的分类汇总。

考核评估

将考核结果填入表 14-2 中。

表 14-2 任务考核表

<table>
<tr><th>序号</th><th>项目</th><th colspan="4">内容</th></tr>
<tr><td>1</td><td>构件定位</td><td colspan="4">正确 □ 不正确 □</td></tr>
<tr><td>2</td><td>受力筋布置</td><td colspan="4">正确 □ 不正确 □</td></tr>
<tr><td>3</td><td>负筋布置</td><td colspan="4">正确 □ 不正确 □</td></tr>
<tr><td rowspan="2">4</td><td rowspan="2">工程量</td><td rowspan="2">正确 □</td><td rowspan="2">误差范围内 □</td><td>误差±2%以内 □</td><td rowspan="2">不正确 □</td></tr>
<tr><td>误差±5%以内 □</td></tr>
</table>

任务总结

(1)初学者进行板构件负筋布置时,应注意查看布筋范围,以免漏掉布筋范围或多布筋。

(2)正确选择各种布筋功能。

任务拓展

学生自己练习 2～6 层板构件的钢筋信息定义、绘制及工程量的汇总,并在小组内进行工程量的核对。

• 第 15 单元　基础层构件钢筋算量

学习任务

1. 学会基础层各构件的绘制。柱、基础梁、独立基础构件配筋信息的属性定义及构件绘制。

2. 熟练掌握绘图技巧。复制楼层构件、独立基础建立单元等功能应用。

3. 学会汇总工程量。工程量的汇总、钢筋三维查看及钢筋编辑。

任务要求

按照课程学习思路，绘制并汇总计算基础层各构件钢筋工程量。

任务描述

按照基础层各构件位置、尺寸及配筋信息进行定义并绘图。

信息准备

在教师的带领下，熟读结施"基础配筋图"工程图纸，将相关信息填入表 15－1 中。

表 15－1　信息准备内容表

序号	项目	内容
1	柱	顶标高__________　底标高__________
2	构造柱	顶标高__________　底标高__________
3	梁	顶标高__________　配筋信息__________
4	基础	底标高__________　配筋信息__________

任务实施

在进行以下操作时，需切换界面至基础层。

15.1　柱

本层柱构件底标高为基础顶标高，顶标高为层顶标高。

1. 逐一定义及绘制构件

柱构件的定义及绘制方法同首层柱构件。

2. 从其他楼层复制构件图元

第一步：单击工具栏“楼层”下拉菜单，选择“从其他楼层复制构件图元”，如图 15－1 所示。

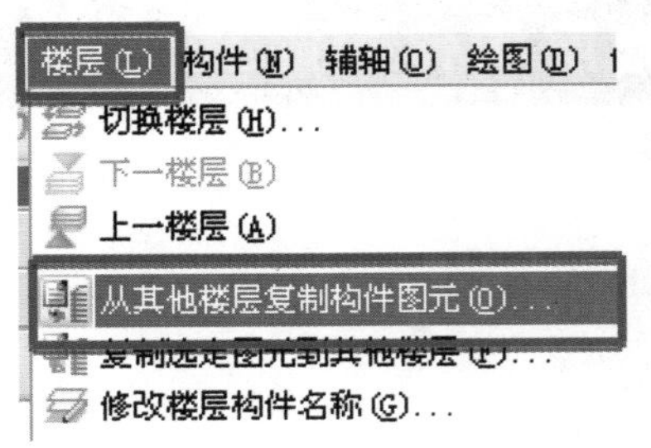

图 15－1

第二步：“源楼层”选择“首层”，“图元”选择首层的 KZ，目标楼层选择“基础层”，如图15－2 所示。

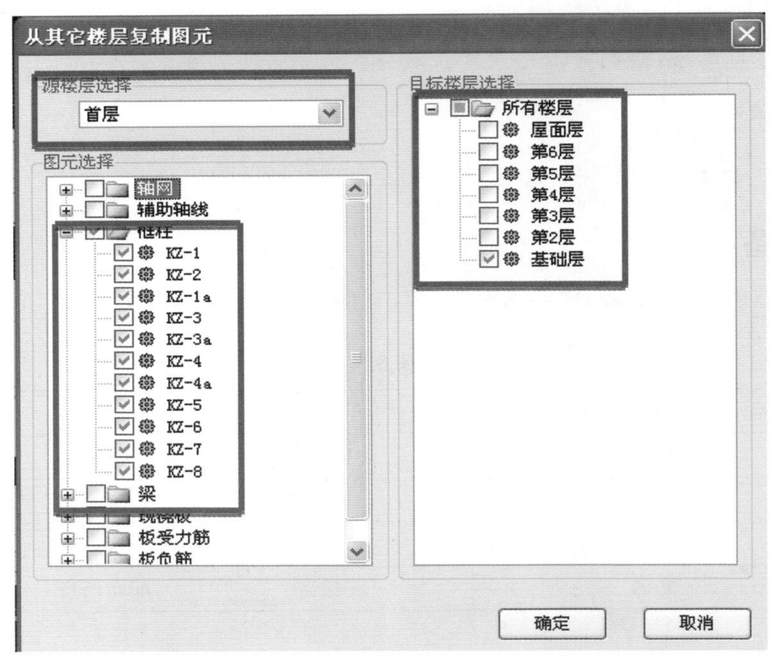

图 15－2

3. 汇总钢筋量

构件绘制完成之后，单击工具栏中的“汇总计算”按钮，软件将自动计算所绘制构件的钢筋工程量。

4. 查看钢筋量

汇总计算完成之后，单击工具栏中的“查看工程量”按钮，如果要查看某一根 KZ 的钢筋工程量，单击需要查看的 KZ 图元，软件将会显示所选 KZ 的钢筋工程量；如果要查看所有 KZ 的钢筋工程量，框选所有 KZ，软件将会显示所有构件的钢筋工程量。如图 15－3 所示。

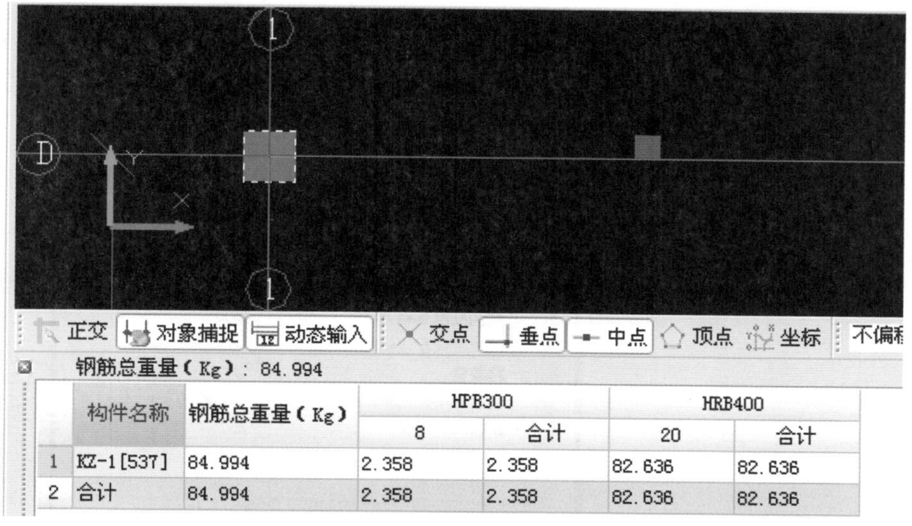

	构件名称	钢筋总重量（Kg）	HPB300		HRB400	
			8	合计	20	合计
1	KZ-1[537]	84.994	2.358	2.358	82.636	82.636
2	合计	84.994	2.358	2.358	82.636	82.636

图 15-3

解　读

柱构件绘制完成，汇总工程量后，不能查看钢筋量，需待基础梁构件、筏板基础构件绘制完成之后，方可查看钢筋量。

15.2　基础梁

1. 定义构件

在绘图输入界面依次点击“基础→基础梁→定义→新建→新建矩形基础梁”，输入集中标注相关参数之后，点击绘图进入绘图界面。如图 15-4 所示。

2. 绘制构件

方法同第 3 单元梁构件的绘制方法。

3. 原位标注

在定义梁构件时，构件属性中输入了梁的集中标注信息，绘制出来的构件显示粉色。接下来进行梁的原位标注信息的输入。方法同第 3 单元楼层框架梁的原位标注。

4. 构件位置修改

单对齐操作、闭合操作，方法同土建算量中梁构件的操作方法。

5. 汇总钢筋量

构件绘制完成之后，单击工具栏中的“汇总计算”按钮，软件将自动计算所绘制构件的钢筋工程量。

6. 查看钢筋量

汇总计算完成之后，单击工具栏中的“查看工程量”按钮，如果要查看某一根基础梁的钢筋工程量，单击需要查看的基础梁图元，软件将会显示所选基础梁的钢筋工程量；如果要查看所有基础梁的钢筋工程量，框选所有基础梁，软件将会显示所有构件的钢筋工程量。如图 15－5 所示。

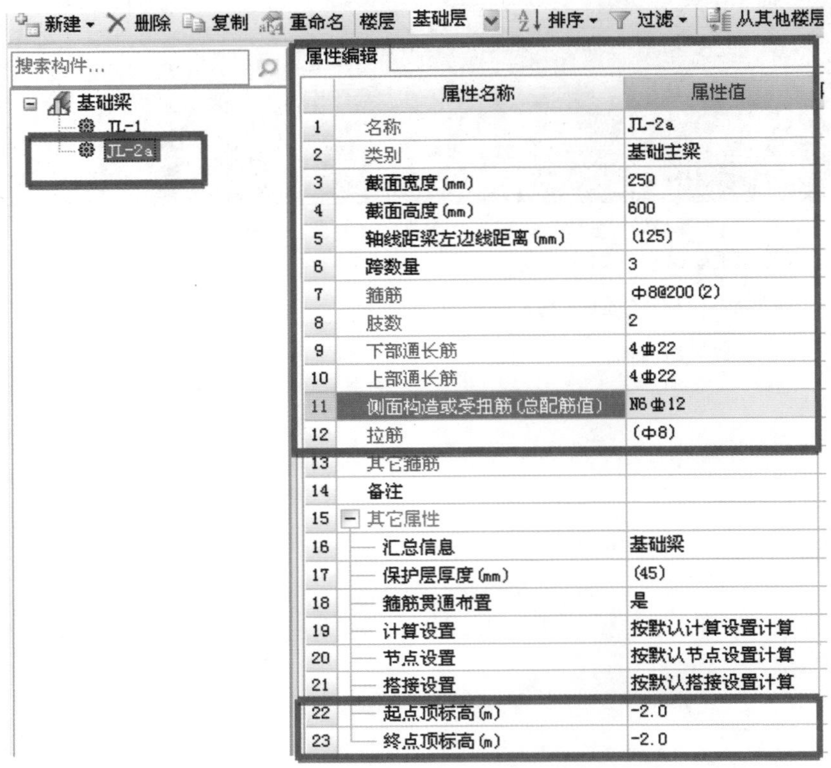

	属性名称	属性值
1	名称	JL-2a
2	类别	基础主梁
3	截面宽度(mm)	250
4	截面高度(mm)	600
5	轴线距梁左边线距离(mm)	(125)
6	跨数量	3
7	箍筋	ф8@200(2)
8	肢数	2
9	下部通长筋	4ф22
10	上部通长筋	4ф22
11	侧面构造或受扭筋(总配筋值)	N6ф12
12	拉筋	(ф8)
13	其它箍筋	
14	备注	
15	其它属性	
16	汇总信息	基础梁
17	保护层厚度(mm)	(45)
18	箍筋贯通布置	是
19	计算设置	按默认计算设置计算
20	节点设置	按默认节点设置计算
21	搭接设置	按默认搭接设置计算
22	起点顶标高(m)	-2.0
23	终点顶标高(m)	-2.0

图 15－4

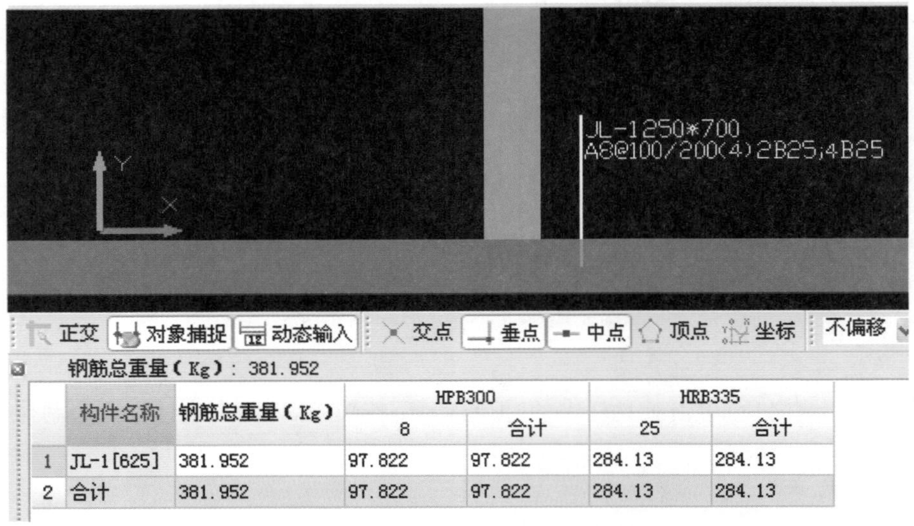

	构件名称	钢筋总重量(Kg)	HPB300		HRB335	
			8	合计	25	合计
1	JL-1[625]	381.952	97.822	97.822	284.13	284.13
2	合计	381.952	97.822	97.822	284.13	284.13

图 15－5

解　读

(1)注意属性信息中的"其它属性"中标高的修改,如图 15－6 所示。

15	− 其它属性	
16	汇总信息	基础梁
17	保护层厚度(mm)	(45)
18	箍筋贯通布置	是
19	计算设置	按默认计算设置计算
20	节点设置	按默认节点设置计算
21	搭接设置	按默认搭接设置计算
22	起点顶标高(m)	-2.0
23	终点顶标高(m)	-2.0

图 15－6

(2)基础梁构件在软件中不能查看钢筋三维。

15.3　GZ 及 AZ

本层 GZ 及 AZ 底标高均为梁顶标高。

1. GZ

第一步:定义构件。在绘图输入界面依次点击"柱→构造柱→定义→新建→新建矩形构造柱",然后输入 GZ1 的尺寸信息及钢筋信息。如图 15－7 所示。

第二步:绘制构件。方法同第 2 单元柱构件的绘制方法。

第三步:构件位置修改——单对齐操作,方法同土建算量中梁构件的操作方法。

第四步:汇总钢筋量。构件绘制完成之后,单击工具栏中的"汇总计算"按钮,软件将自动计算所绘制构件的钢筋工程量。

第五步:查看钢筋量。汇总计算完成之后,单击工具栏中的"查看工程量"按钮,如果要查看某一根 GZ 的钢筋工程量,单击需要查看的 GZ 图元,软件将会显示所选 GZ 的钢筋工程量;如果要查看所有 GZ 的钢筋工程量,框选所有 GZ,软件将会显示所有构件的钢筋工程量。如图 15－8 所示。

2. AZ

第一步:定义构件。在绘图输入界面依次点击"柱→暗柱→定义→新建→新建矩形暗柱",然后输入 AZ 的尺寸信息及钢筋信息。如图 15－9 所示。

第二步:绘制构件。方法同第 2 单元柱构件的绘制方法。

第三步:构件位置修改——单对齐操作,方法同土建算量中梁构件的操作方法。

第四步:汇总钢筋量。构件绘制完成之后,单击工具栏中的"汇总计算"按钮,软件将自动计算所绘制构件的钢筋工程量。

第五步:查看钢筋量。汇总计算完成之后,单击工具栏中的"查看工程量"按钮,如果要查看某一根 AZ 的钢筋工程量,单击需要查看的 AZ 图元,软件将会显示所选 AZ 的钢筋工程量;如果要查看所有 AZ 的钢筋工程量,框选所有 AZ,软件将会显示所有构件的钢筋工程量。如

图 15－10 所示。

属性编辑

	属性名称	属性值
1	名称	GZ-1
2	类别	构造柱
3	截面编辑	否
4	截面宽(B边)(mm)	240
5	截面高(H边)(mm)	240
6	全部纵筋	4⏀12
7	角筋	
8	B边一侧中部筋	
9	H边一侧中部筋	
10	箍筋	⏀8@200
11	肢数	2*2
12	其它箍筋	
13	备注	
14	− 其它属性	
15	汇总信息	构造柱
16	保护层厚度(mm)	(25)
17	上加密范围(mm)	
18	下加密范围(mm)	
19	插筋构造	设置插筋
20	插筋信息	
21	计算设置	按默认计算设置计算
22	节点设置	按默认节点设置计算
23	搭接设置	按默认搭接设置计算
24	顶标高(m)	层顶标高
25	底标高(m)	-2

图 15－7

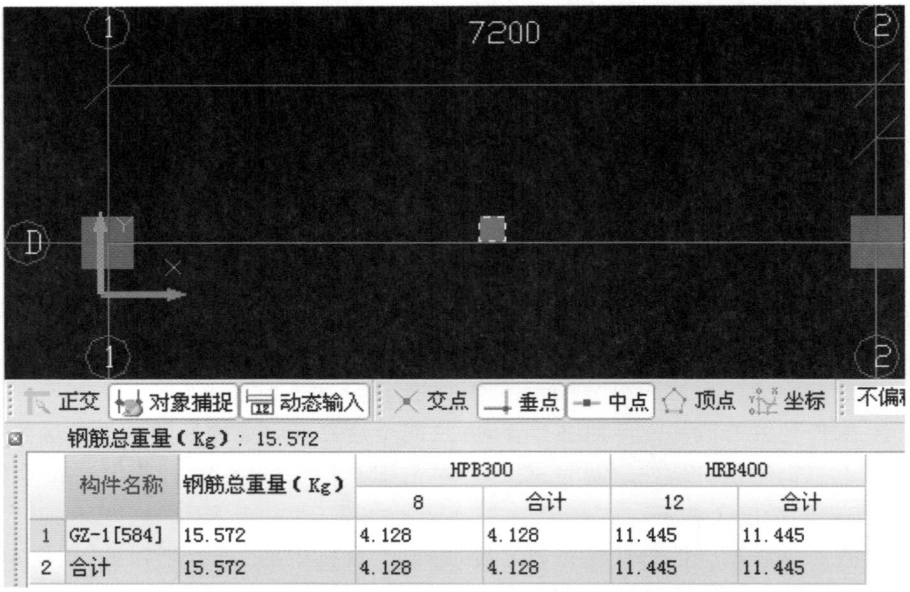

	构件名称	钢筋总重量（Kg）	HPB300		HRB400	
			8	合计	12	合计
1	GZ-1[584]	15.572	4.128	4.128	11.445	11.445
2	合计	15.572	4.128	4.128	11.445	11.445

图 15－8

属性编辑

	属性名称	属性值
1	名称	AZ-1
2	类别	暗柱
3	截面编辑	否
4	截面宽(B边)(mm)	240
5	截面高(H边)(mm)	240
6	全部纵筋	4⌀14
7	角筋	
8	B边一侧中部筋	
9	H边一侧中部筋	
10	箍筋	ф8@150
11	肢数	2*2
12	柱类型	(中柱)
13	其它箍筋	
14	备注	
15	+ 芯柱	
20	− 其它属性	
21	节点区箍筋	
22	汇总信息	暗柱/端柱
23	保护层厚度(mm)	(25)
24	上加密范围(mm)	
25	下加密范围(mm)	
26	插筋构造	设置插筋
27	插筋信息	
28	计算设置	按默认计算设置计算
29	节点设置	按默认节点设置计算
30	搭接设置	按默认搭接设置计算
31	顶标高(m)	层顶标高
32	底标高(m)	-2

图 15－9

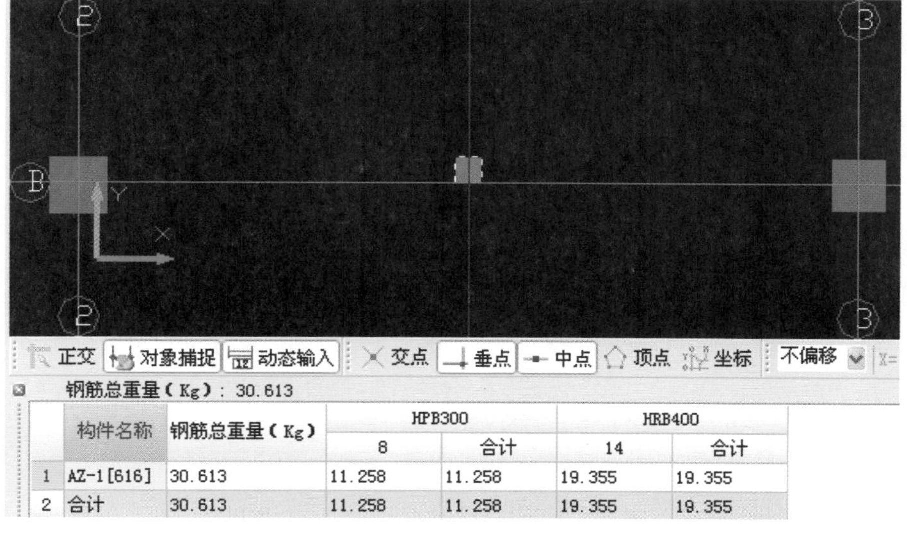

钢筋总重量(Kg)：30.613

	构件名称	钢筋总重量(Kg)	HPB300		HRB400	
			8	合计	14	合计
1	AZ-1[616]	30.613	11.258	11.258	19.355	19.355
2	合计	30.613	11.258	11.258	19.355	19.355

图 15－10

15.4 剪力墙

本层剪力墙底标高为梁顶标高。

第一步:定义构件。在绘图输入界面依次点击“墙→剪力墙→定义→新建→新建剪力墙”,然后输入剪力墙的尺寸信息及钢筋信息。如图 15－11 所示。

属性编辑

	属性名称	属性值
1	名称	JLQ-1
2	厚度(mm)	240
3	轴线距左墙皮距离(mm)	(120)
4	水平分布钢筋	(2)Ф12@200
5	垂直分布钢筋	(2)Ф12@200
6	拉筋	ф6@600*600
7	备注	
8	－ 其它属性	
9	其它钢筋	
10	汇总信息	剪力墙
11	保护层厚度(mm)	(20)
12	压墙筋	
13	纵筋构造	设置插筋
14	插筋信息	
15	水平钢筋拐角增加搭接	否
16	计算设置	按默认计算设置计算
17	节点设置	按默认节点设置计算
18	搭接设置	按默认搭接设置计算
19	起点顶标高(m)	层顶标高
20	终点顶标高(m)	层顶标高
21	起点底标高(m)	-2
22	终点底标高(m)	-2

图 15－11

第二步:绘制构件。剪力墙为线性构件,绘制方法同第 3 单元梁构件的绘制方法。

第三步:构件位置修改——单对齐操作,方法同土建算量中梁构件的操作方法。

第四步:汇总钢筋量。构件绘制完成之后,单击工具栏中的“汇总计算”按钮,软件将自动计算所绘制构件的钢筋工程量。

第五步:查看钢筋量。汇总计算完成之后,单击工具栏中的“查看工程量”按钮,如果要查看某一面墙的钢筋工程量,单击需要查看的墙图元,软件将会显示所选墙的钢筋工程量;如果要查看所有墙的钢筋工程量,框选所有墙,软件将会显示所有构件的钢筋工程量。如图15－12 所示。

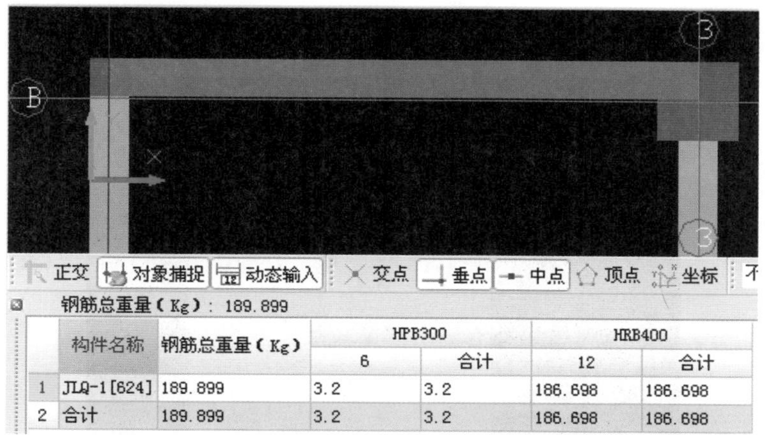

钢筋总重量(Kg)：189.899

	构件名称	钢筋总重量(Kg)	HPB300		HRB400	
			6	合计	12	合计
1	JLQ-1[624]	189.899	3.2	3.2	186.698	186.698
2	合计	189.899	3.2	3.2	186.698	186.698

图 15 - 12

15.5 独立基础

第一步：定义构件。在绘图输入界面依次点击"基础→独立基础→定义→新建→新建独立基础"，然后在独立基础之上新建独立基础单元，输入相关参数，点击绘图进入绘图界面。如图 15 - 13 所示。

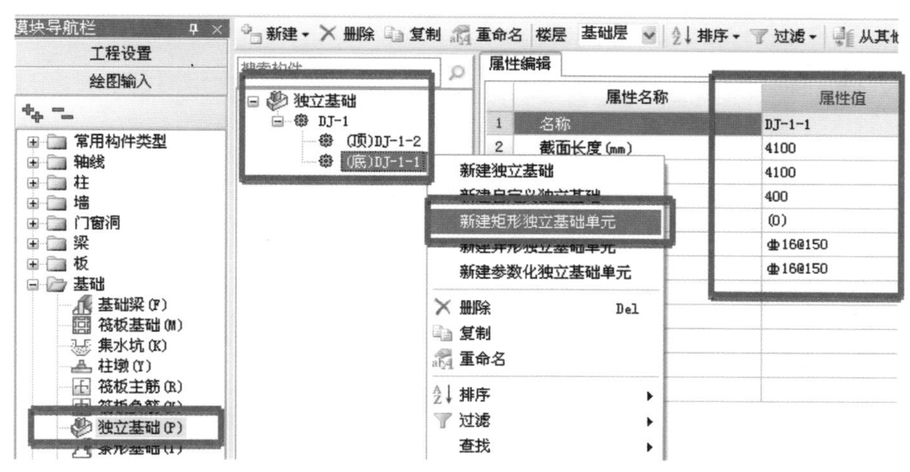

图 15 - 13

第二步：绘制构件。方法同土建算量中独立基础的绘制方法。

第三步：构件位置修改——运用"查改标注"对偏心的独立基础进行位置的修改。

第四步：汇总钢筋量。构件绘制完成之后，单击工具栏中的"汇总计算"按钮，软件将自动计算所绘制构件的钢筋工程量。

第五步：查看钢筋量。汇总计算完成之后，单击工具栏中的"查看工程量"按钮，如果要查看某一个独立基础的钢筋工程量，单击需要查看的独立基础图元，软件将会显示所选独立基础的钢筋工程量；如果要查看所有独立基础的钢筋工程量，框选所有独立基础，软件将会显示所有构件的钢筋工程量。如图 15 - 14 所示。

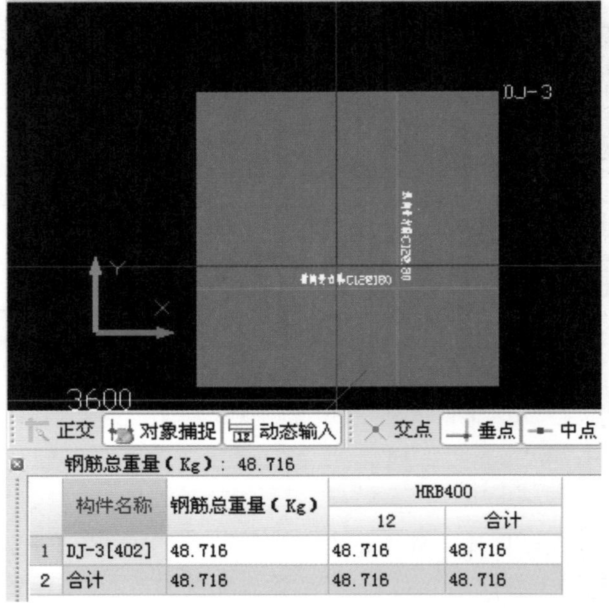

	构件名称	钢筋总重量(Kg)	HRB400	
			12	合计
1	DJ-3[402]	48.716	48.716	48.716
2	合计	48.716	48.716	48.716

图 15 - 14

解 读

独立基础各单元定义界面的“相对底标高”是指每个基础单元的底标高相对于基础整体的底标高的距离。

考核评估

将考核结果填入表 15 - 3 中。

表 15 - 3 任务考核表

<table>
<tr><th>序号</th><th>项目</th><th colspan="4">内容</th></tr>
<tr><td>1</td><td>构件定位</td><td colspan="4">正确 □ 不正确 □</td></tr>
<tr><td>2</td><td>属性信息编辑</td><td colspan="4">正确 □ 不正确 □</td></tr>
<tr><td rowspan="2">3</td><td rowspan="2">工程量</td><td rowspan="2">正确 □</td><td rowspan="2">误差范围内 □</td><td>误差±2%以内 □</td><td rowspan="2">不正确 □</td></tr>
<tr><td>误差±5%以内 □</td></tr>
</table>

任务总结

(1)本层柱底标高为基础顶标高，通过楼层复制的柱图元，默认底标高为层底标高，软件有自动扣减功能，此处可以不对柱底标高进行修改。

(2)无原位标注的梁,仍需要完成原位标注的操作过程。

(3)基础梁绘制完成之后,注意运用“单对齐”功能进行精确位置的调整。

(4)灵活运用“shift+左键”进行 DJ03 的绘制。

(5)点画独立基础之后,注意运用“查改标注”功能进行精确位置的调整。

(6)采用“单对齐”进行构件位置修改时,各构件需在其对应的界面内完成操作。

任务拓展

思考并尝试筏板基础的钢筋设置。

• 第16单元　单构件输入

广联达钢筋算量软件的应用原理是将各类构件建立模型，输入钢筋信息，再结合计算规则，软件就能够准确地计算出钢筋量。而在实际工程中，一些零星的构件，当不便于建立模型或者不用建立模型时，可以直接利用软件中的单构件输入进行计算。单构件输入主要有平法输入、参数输入和直接输入三种方法。

本单元以楼梯构件的钢筋录入与计算为例介绍参数输入法。

学习任务

1. 熟练掌握单构件输入的功能运用。根据图纸中楼梯的钢筋信息进行楼梯单构件输入。
2. 学会汇总工程量。正确汇总楼梯构件钢筋工程量。

任务要求

按照课程学习思路，进行楼梯钢筋算量工作。

任务描述

按照图纸信息进行楼梯钢筋信息的输入。

信息准备

在教师的带领下，熟读结施"楼梯结构图"，获取楼梯配筋信息，将相关信息填入表16－1中。

表16－1　信息准备内容表

序号	项目	内容
1	楼梯类型	
2	梯板厚度	
3	梯板配筋	双网双向配筋□　单网双向配筋□
4	分部钢筋	

任务实施

第一步：从绘图输入界面切换到单构件输入界面。

第二步：点击"构件管理"按钮，选择楼梯。

第三步：单击工具栏中的"添加构件"按钮，软件自动增加LT－1构件，修改名称为

ATc－1，修改构件数量为5，点击确定，如图16－1所示。

图16－1

第四步：依次单击工具栏中的“参数输入→选择图集→11G102－2楼梯→ATc型楼梯→选择”按钮，进入参数输入界面，如图16－2所示。

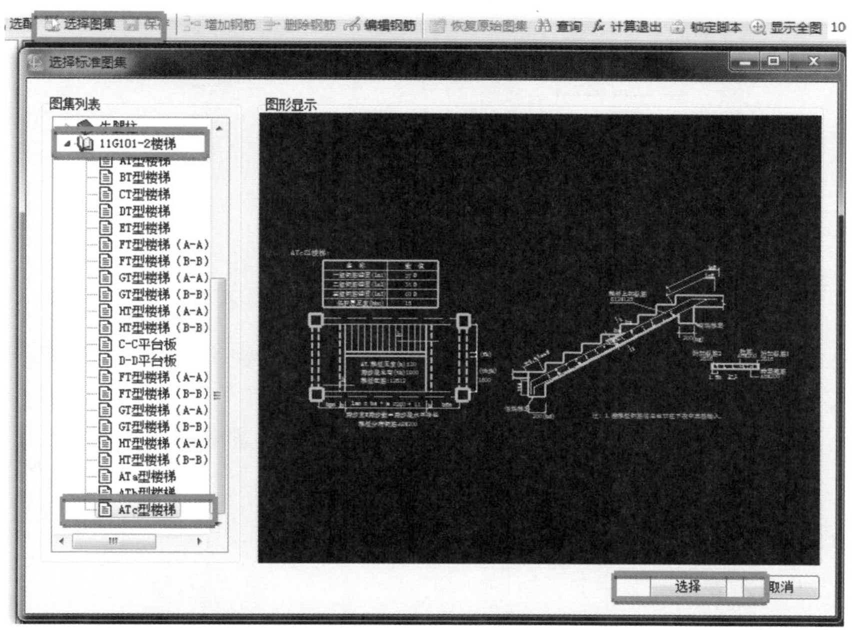

图16－2

第五步：在所选图集上输入钢筋信息后，单击工具栏中的“计算退出”按钮，楼梯钢筋信息就汇总完成，如图 16－3 所示。

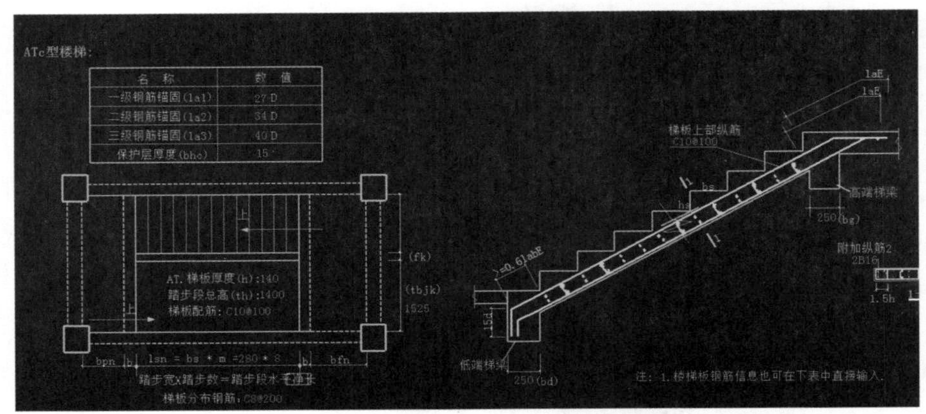

图 16－3

第六步：计算好的钢筋量，如图 16－4 所示。

	筋号	直径(mm)	级别	图号	图形	计算公式	公式描述	长度(mm)	根数	搭接	损耗(%)	单重(kg)	总重(kg)
1*	梯板下部纵筋	10	Φ	137	L B L1	2240*1.144+250*1.144-15+400+15*d		3384	13	0	0	2.088	27.143
2	梯板分布钢筋	8	Φ	79	110 1495	1525-2*15+2*(140-2*15)		1715	28	0	0	0.677	18.968
3	梯板上部纵筋	10	Φ	137	3384 B L1	2240*1.144+250*1.144-15+400+15*d		3384	13	0	0	2.088	27.143
4	附加纵筋1	16	Φ	137	3618 B L1	2240*1.144+250*1.144-15+544+15*d		3618	2	0	0	5.716	11.433
5	附加纵筋2	16	Φ	137	3618 B L1	2240*1.144+250*1.144-15+544+15*d		3618	2	0	0	5.716	11.433
6	拉筋	6	Φ	3	110	140-2*15+2*11.9*d		253	70	0	0	0.066	4.605
7	暗梁箍筋	6	Φ	195	H B	2*(2.5*140-3*15)+2*11.9*d		753	28	0	0	0.196	5.482

图 16－4

解　读

（1）楼梯钢筋布置规范性强、布筋复杂，在钢筋算量中，楼梯钢筋一般采用参数输入法录入在软件中。

（2）参数输入法一般适用于楼梯、阳台、挑檐、基础构件等零星构件。

考核评估

将考核结果填入表 16－2 中。

表 16－2　任务考核表

<table>
<tr><th>序号</th><th>项目</th><th colspan="4">内容</th></tr>
<tr><td>1</td><td>楼梯类型</td><td colspan="4">正确 □　不正确 □</td></tr>
<tr><td>2</td><td>配筋信息</td><td colspan="4">正确 □　不正确 □</td></tr>
<tr><td>3</td><td>楼梯数量</td><td colspan="4">正确 □　不正确 □</td></tr>
<tr><td rowspan="2">4</td><td rowspan="2">工程量</td><td rowspan="2">正确 □</td><td rowspan="2">误差范围内 □</td><td>误差±2%以内 □</td><td rowspan="2">不正确 □</td></tr>
<tr><td>误差±5%以内 □</td></tr>
</table>

任务总结

注意单构件输入法计算构件钢筋量中钢筋信息的正确录入。

任务拓展

用单构件定义并汇总楼梯结构图中的其他类型的楼梯钢筋量，并在小组内进行工程量的核对。

• 第 17 单元　楼层复制及楼层汇总计算

本单元任务操作同土建算量中第 10 单元，即 2～6 层各构件可以直接从首层复制构件图元，修改变化的构建钢筋信息后，汇总钢筋工程量即可。

学习任务

1. 学会楼层复制。各楼层间相同构件的复制。
2. 熟练掌握构件钢筋信息修改。公有属性对构件钢筋信息快速修改。
3. 学会汇总楼层工程量。楼层工程量的汇总。

任务要求

按照课程学习思路，复制并汇总计算 4.15—22.5 各标高层各构件工程量。

任务描述

熟读图纸后，对于与首层不同的构件钢筋信息进行修改后，汇总钢筋工程量。

信息准备

在教师的带领下，熟读 4.15—22.5 各标高层对应图纸，与首层构件对比，将信息填入表 17-1 中。

表 17-1　信息准备内容表

序号	项目	内容
1	柱	相同□　不相同□　不完全相同□ 不相同的有哪些：________
2	梁	相同□　不相同□　不完全相同□ 不相同的有哪些：________
3	板	相同□　不相同□　不完全相同□ 不相同的有哪些：________

任务实施

17.1 复制并修改各层柱构件钢筋信息

1. 复制构件图元——从1层复制至2层

将楼层切换至第2层。4.15标高以上各层均无KZ7、KZ8,因此,复制构件图元时不需要选择这些柱,如图17-1所示。

图17-1

2. 修改构件信息

(1)修改公有属性。

属性编辑框里面的蓝色字体属性为公有属性,修改之后,构件图元对应信息自动进行修改。

4.150—8.350标高需要修改公有属性的柱有:KZ1、KZ2、KZ3、KZ4、KZ4a、KZ5、KZ6。

(2)修改私有属性。

属性编辑框里面的黑色字体为私有属性,修改之后,需要在绘制界面重新绘制该构件图元。

4.150—8.350标高需要修改私有属性的柱有:KZ3、KZ3a。

根据图纸分析,可以看出标高8.350—14.950(3、4层)、标高14.950—22.500(5、6层)柱钢筋信息与标高4.150—8.350(2层)柱钢筋信息变化不大,因此可以先将1层柱复制到第2

层，待对第2层所有柱构件钢筋信息均修改完成之后，再以第2层为源楼层，复制到其他楼层，方法同第2层构件图元复制及修改方法。

17.2 复制并修改各层梁构件钢筋信息

1. 复制构件图元——从1层复制至2层

将楼层切换至第2层。4.15标高以上各层均无KL8、L98，此外，非框架梁的信息也不全相同，因此，复制构件图元时不需要选择这些框架梁，如图17-2所示。

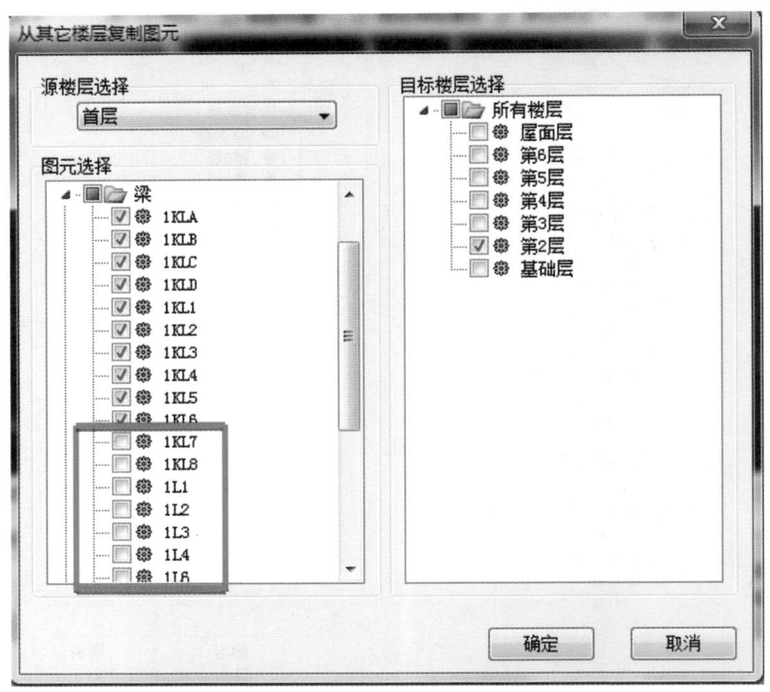

图17-2

2. 修改构件信息

(1)修改公有属性。

属性编辑框里面的蓝色字体属性为公有属性，修改之后，构件图元对应信息自动进行修改。

8.350标高需要修改公有属性的框架梁有：KLA、KLB、KLC、KLD、KL1、KL2、KL3、KL6。

(2)修改私有属性。

属性编辑框里面的黑色字体为私有属性，修改之后，需要在绘制界面重新绘制该构件图元。

4.150—8.350标高需要修改私有属性的框架梁有：KLB、KLC、KL2、KL3、KL4。

(3)修改原位标注。

根据图纸信息逐一进行梁原位标注钢筋信息的修改。

根据图纸分析，可以看出标高 11.650 标高、14.950 标高、18.250 标高、22.500 标高框架梁钢筋信息与标高 8.350 标高(2 层顶)框架梁钢筋信息变化不大，因此可以先将 1 层顶框架梁复制到第 2 层，待对第 2 层所有框架梁构件钢筋信息均修改完成之后，再以第 2 层为源楼层，复制到其他楼层，方法同第 2 层构件图元复制及修改方法。

17.3 复制并修改各层板构件钢筋信息

由于板钢筋布置比较复杂，建议只将板构件复制到其他楼层，再分别对各层板构件进行钢筋信息的布置。

17.4 楼层工程量汇总

楼层复制完成之后，即可进行工程量汇总工作。其方法同构件的工程量汇总方法。

考核评估

将考核结果填入表 17－2 中。

表 17－2 任务考核表

<table>
<tr><th>序 号</th><th>项 目</th><th colspan="4">内 容</th></tr>
<tr><td>1</td><td>构件修改</td><td colspan="4">正确 □　不正确 □</td></tr>
<tr><td rowspan="2">2</td><td rowspan="2">工程量</td><td rowspan="2">正确 □</td><td rowspan="2">误差范围内 □</td><td>误差±2%以内 □</td><td rowspan="2">不正确 □</td></tr>
<tr><td>误差±5%以内 □</td></tr>
</table>

任务总结

(1)楼层复制可简化大量的重复工作，但对于初学者来说，操作之前必须进行详细的图纸分析，找出相同信息及不同信息，否则将会遗漏部分构件的修改，从而影响工程量计算的准确度。

(2)当同类型构件的属性信息完全相同时，可采用“批量选择”功能进行批量修改。

(3)如果修改某个构件图元，一定要重新汇总计算工程量。

(4)KLC 进行原位标注时，注意重提梁跨的运用。

任务拓展

通过分析图纸之后，学生自己练习将基础层 GZ 复制到楼层上，汇总计算并在小组内进行工程量的核对。

• 第 18 单元　屋面层构件钢筋算量

学习任务

1. 学会屋面层构件的定义及绘制。女儿墙钢筋信息定义及构件绘制。
2. 熟练掌握绘图技巧。偏移、闭合等技巧性功能的运用。
3. 学会汇总工程量。工程量的汇总、钢筋三维查看及钢筋编辑。

任务要求

按照课程学习思路，绘制并汇总计算图纸结施“标高 22.500 米结构布置图”女儿墙钢筋工程量。

任务描述

按照图纸结施“标高 22.500 米结构布置图”女儿墙构件位置、尺寸及配筋信息进行定义并绘图。

信息准备

在教师的带领下，熟读结施“标高 22.500 米结构布置图”工程图纸，完成女儿墙钢筋信息的识读，将相关信息填入表 18－1 中。

表 18－1　信息准备内容表

序号	项目	内容
1	女儿墙	顶标高__________　底标高__________
		墙厚__________　钢筋信息__________

任务实施

在进行操作之前，将楼层切换至屋面层。

1. 定义构件

在绘图输入界面依次点击“墙→新建→新剪力墙”，在属性编辑框中输入相关参数，如图 18－1 所示。

图 18-1

2. 绘制构件

墙体是线性构件，与梁的绘制方法相同。进入绘图界面，点击"直线"按钮，依次单击(1，D)、(1，A)、(6，A)、(6，D)、(1，D)交点，单击右键结束，即可完成操作。

3. 偏移构件

鼠标左键选中一面墙，点击红色识别点，引至构件外侧，在数值编辑框里面输入偏移距离"130"，右键确认即可。如图 18-2 所示。

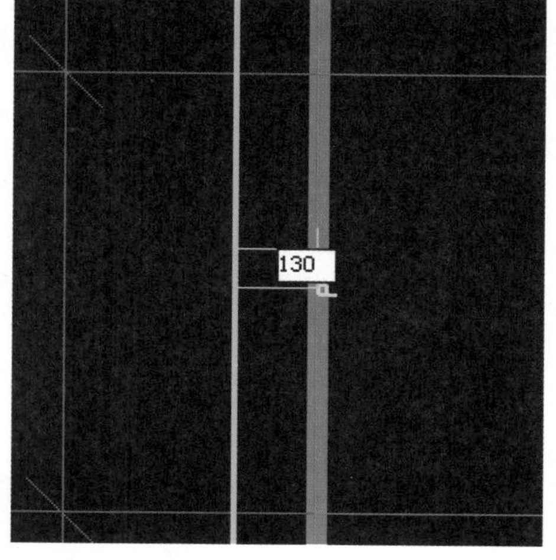

图 18-2

4. 闭合

选中一面墙的一个端点，直接将其拉伸至垂直墙面的中心线处，即可完成闭合操作。采用同样的方法将四个角点处的女儿墙均作闭合处理，使线性构件的中心线与中心线相交。

5. 汇总工程量

构件绘制完成之后，单击工具栏中的"汇总计算"按钮，软件将自动计算所绘制构件的钢筋工程量。

6. 查看工程量

汇总计算完成之后，单击工具栏中的"查看工程量"按钮，如果要查看某一面墙构件的钢筋工程量，单击需要查看的图元，软件将会显示某一面墙构件的钢筋工程量；如果要查看屋面层所有女儿墙构件的钢筋工程量，框选所有图元，软件将会显示整个屋面层女儿墙的钢筋工程量。如图 18-3 所示。

7. 查看钢筋三维

单击工具栏中的"钢筋三维"按钮，选中女儿墙图元，可以直观感受构件内部的钢筋配置信息。如图 18-4 所示。

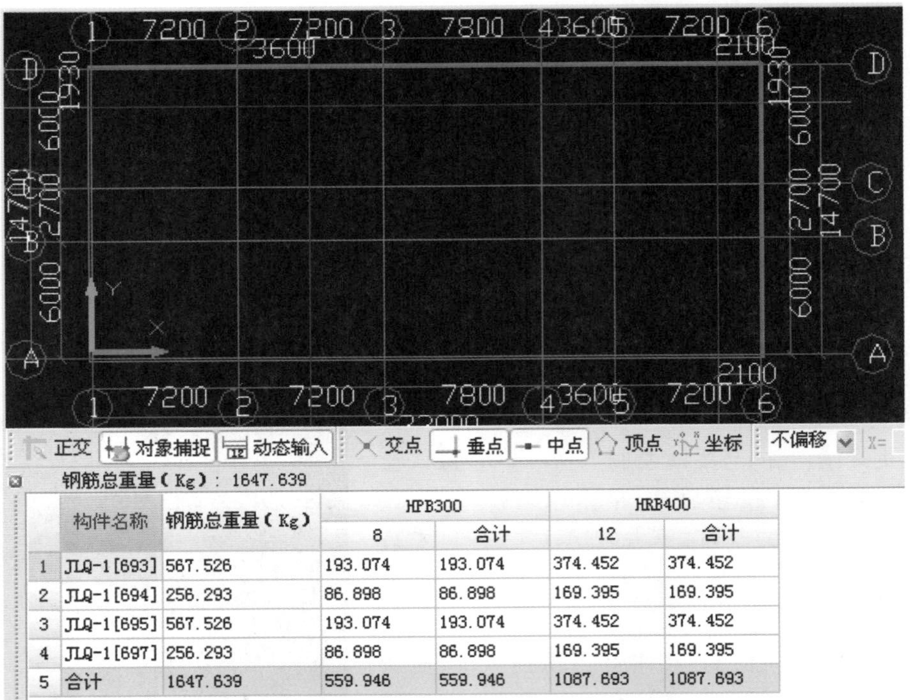

	构件名称	钢筋总重量（Kg）	HPB300		HRB400	
			8	合计	12	合计
1	JLQ-1[693]	567.526	193.074	193.074	374.452	374.452
2	JLQ-1[694]	256.293	86.898	86.898	169.395	169.395
3	JLQ-1[695]	567.526	193.074	193.074	374.452	374.452
4	JLQ-1[697]	256.293	86.898	86.898	169.395	169.395
5	合计	1647.639	559.946	559.946	1087.693	1087.693

图 18－3

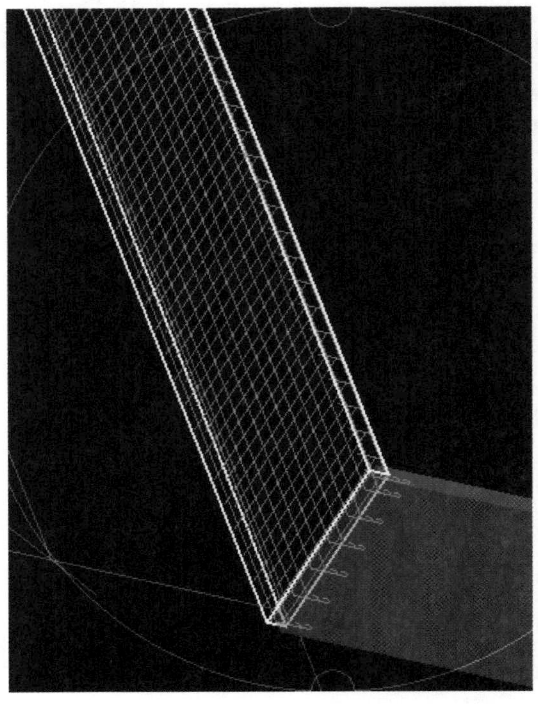

图 18－4

考核评估

将考核结果填入表 18－2 中。

表 18－2 任务考核表

<table>
<tr><th>序号</th><th>项目</th><th colspan="4">内容</th></tr>
<tr><td>1</td><td>构件定位</td><td colspan="4">正确 □ 不正确 □</td></tr>
<tr><td>2</td><td>属性信息编辑</td><td colspan="4">正确 □ 不正确 □</td></tr>
<tr><td rowspan="2">3</td><td rowspan="2">工程量</td><td rowspan="2">正确 □</td><td rowspan="2">误差范围内 □</td><td>误差±2%以内 □</td><td rowspan="2">不正确 □</td></tr>
<tr><td>误差±5%以内 □</td></tr>
</table>

任务总结

(1)女儿墙的定义及绘制方法与楼层墙的定义及绘制方法完全一致。

(2)绘制完成之后,需要进行偏移、闭合等操作。

任务拓展

学生自己探索并学习压顶等屋面层构件的钢筋信息定义及绘制方法,并在小组内进行讨论。

附　录

案例图纸

一、办公楼建筑图

		S21336-J653
	综合办公楼	图样目录
		共页第页

序号	名　称	图号 新制	图号 采用	备注
1	建筑设计说明(一)	S21336-J653-1		
2	建筑设计说明(二)	S21336-J653-2		
3	建筑用料说明表、门窗明细表 公共建筑节能设计判定表	S21336-J653-3		
4	一层平面图	S21336-J653-4		
5	二层平面图	S21336-J653-5		
6	三层平面图	S21336-J653-6		
7	四、五层平面图	S21336-J653-7		
8	六层平面图	S21336-J653-8		
9	屋顶平面图	S21336-J653-9		
10	①—⑥立面图	S21336-J653-10		
11	⑥—①立面图	S21336-J653-11		
12	Ⓐ—Ⓓ立面图　Ⓓ—Ⓐ立面图	S21336-J653-12		
13	1-1剖面图	S21336-J653-13		
14	1号楼梯详图	S21336-J653-14		

发图序号

设计

项目负责人

年 月 日

底图总号

建筑设计说明(一)

■ 总 述

一、工程概况：

1. 项目名称：综合办公楼
2. 建设地点：陕西省XX县
3. 设计使用年限：50 年
4. 耐火等级：二级。
5. 建筑物抗震设防烈度：6 度
6. 建筑结构类型：钢筋混凝土框架结构
7. 总建筑面积：3021.32 m²
8. 建筑基底面积：525.57 m²
8. 建筑层数：6 层
9. 建筑高度：23.55 m
10. 设计标高：主入口处室内外高差为 1.050 米，一层室内地坪相对标高 ±0.000，相当于绝对标高 99.55 。位置及平场标高详见工业场地总平面布置图。

二、设计范围

1. 本工程的施工图设计包括 建筑、结构、给排水、暖通、电气等专业的配套内容。
2. 本建筑施工图仅承担一般室内装修设计，二次装修及特殊装修须另行委托设计。
3. 景观设计须另行委托。

三、设计依据：

1. 甲方认可的单体建筑方案；
2. 《建筑工程设计文件编制深度规定》（ 2008 年版）；
3. 《全国民用建筑工程设计技术措施》（规划·建筑 2009 年）；
4. 《建筑设计防火规范》（GB 50016-2006 ）；
5. 《民用建筑设计通则》（ GB 50352-2005 ）；
6. 《办公建筑设计规范》（ JGJ 67-2006 ）；
7. 与本工程类型相应的现行建筑设计规范；
8. 其他条文中直接引用者不再重复。

四、标注说明

除标高以 m 为单位外，其他图纸的尺寸均以 mm 为单位。图中所注的各层标高均为建筑完成面标高，屋面标高为结构面标高。尺寸均以标注的数字为准，不得在图中量取。

五、本说明未提及的各项材料规格、材质、施工及验收等要求，均应遵照国家标准 GB 各项工程施工及验收规范进行。

六、当门窗（含防火门窗）、玻璃幕墙、外墙外保温等建筑部件另行委托设计、制作和安装时，生产厂家必须具有国家认定的相应资质。其产品的各项性能指标应符合相关技术规范的要求。还应及时提供与结构主体有关的预埋件和预留洞口的尺寸、位置、误差范围，并配合施工。厂家在制作前应复核土建施工后的相关尺寸，以确保安装无误。

七、施工前请认真阅读本工程各专业的施工图文件，并组织施工图技术交底。施工中如遇图纸问题，应及时与设计单位协商处理。未经设计单位认可，不得任意变更设计图纸。施工中应与各专业设计图密切配合施工，注意预留孔洞，不得随意剔凿。

八、根据《建筑工程质量管理条例》第二章第十一条的规定，建设单位应将本工程的施工图设计文件报有关主管部门审查，未经审查批准，不得使用。

九、未尽事宜应严格按国家及当地有关现行规范、规定要求进行施工。

■ 建筑防火

一、依据规范

1. 《建筑设计防火规范》（GB 50016-2006 ）；
2. 《建筑内部装修设计防火规范》（ GB 50222-95，2001 年修订版 ）；
3. 相应建筑设计规范中的有关规定。

二、防火分区设计：

1. 每层划分为一个防火分区。
2. 设 2 部疏散梯，疏散宽度共 2.43m。

三、除丙级防火门外（即各类管道井壁上的检查门），其他防火门必须安装自闭器。双扇平开防火门须安装自闭器和顺序器，常开防火门须安装信号控制关闭和反馈装置。

四、施工注意事项

1. 防火墙及防火隔墙应砌至梁底，不得留有缝隙。
2. 管道穿过防火墙及楼板处应采用不燃烧材料将周围填实。管道的保温材料应为不燃烧材料。
3. 管道井安装完管线后，应在每层楼板处补浇相同标号的钢筋混凝土将楼板封实。
4. 金属结构构件应喷涂满足相应规范要求的防火涂料。
5. 防火门、窗等消防产品应选用国家颁发生产许可证的企业生产的合格产品，以及经国家有关部门检验合格并符合建筑工程消防安全要求的建筑构件、配件及装饰材料。
6. 嵌入墙内的消火栓箱背面及侧面应喷涂防火涂料，使其耐火极限大于等于 小时。

■ 墙 体

一、钢筋混凝土墙、柱详见结施图。

二、填充墙

1. ±0.000 以上：

1)采用烧结多孔砖——砖标号及砂浆标号见结施图，定位及厚度见建施平面图。

2)采用非承重烧结空心砖——用于其它内、外填充墙均采用非承重烧结空心砖，砖标号及砂浆标号见结施图，定位见建施平面图。

±0.000 以下：采用实心砖，砖标号及砂浆标号见结施图，定位及厚度见建施平面图。

2. 砖墙构造柱、墙体配筋及其与梁、柱的连接等墙身构造详见结施图。砖墙未注明的墙身厚度均为 240，未注明的大头脚均为 250 。

三、墙身防潮层：

1. 墙身设置连续的水平防潮层，详见建筑用料说明表。
2. 当防潮部位遇有钢筋钢筋混凝土基础梁或圈梁充满处，可不另做防潮层。

四、墙身留洞

1. 钢筋混凝土构件上的留洞见结施图。
2. 凡 300x300 以下的预留洞口，建施图中均未标注，施工时应与设备工种配合预留。
3. 凡 ø100 左右的管道穿墙（楼板）洞，须采用钻孔机钻孔，不得砸墙（楼板）穿管。
4. 除图中另有注明者外，砌筑墙留洞待管道设备安装完毕后，用 C20 细石混凝土封堵。
5. 消火栓、配电箱等留洞同墙厚者背面均作钢板网面粉刷，网宽每边应大于洞口 200 。

五、竖井的砌筑

1. 120 烧结多孔砖砌筑。内侧应随砌随抹 20 厚1:2.5 水泥砂浆，赶光压实。

六、预埋套管

楼板和墙体预埋套管的规格及位置详见结施、水施、暖施、电施，土建与安装配合完成。

七、所有预埋木砖及木门窗等木制品与墙体接触部分，均需涂刷两道环保型防腐剂。

八、楼板和墙体预埋套管的规格及位置详见结施、水施、暖施、电施，土建与安装配合完成。

■ 建筑防水

一、屋面防水

1. 依据规范：《屋面工程技术规范》（GB50345-2012）。
2. 平屋面防水等级为 Ⅰ 级，设计为两道防水设防（一道卷材、一道涂料），具体见建筑用料说明表。

二、其它防水

1. 卫生间和其他用水房间的楼地面标高，应比同层其他房间、走廊的楼地面标高低 20 。
2. 卫生间墙根部应用 C20 混凝土现浇 150 高条带。
3. 相关楼（地）面防水层做法详见建筑用料说明表。

■ 建筑节能

一、依据规范：

1. 《民用建筑热工设计规范》（ GB50176-93 ）；
2. 《公共建筑节能设计标准》（DBJ04-241-2006 ）；
3. 《全国民用建筑工程设计技术措施—节能专篇》（2007）；

二、本项目地处山西临县，建筑气候分区为寒冷区。

建筑体型系数= 0.24 。

三、围护结构部位设计：

1. 屋面保温层采用 50 厚阻燃型挤塑板，其燃烧性能级别为B1 级。
导热系数：≤0.03W/(m².k)，传热系数[W/(m².K)]= 0.55 。
2. 外墙采用外保温系统，保温层采用 40 厚阻燃型挤塑板，其燃烧性能级别为B1 级。
导热系数：≤0.03W/(m².k)，传热系数[W/(m².K)]= 0.55 。

四、外窗：

外窗采用断热铝合金框料 中空玻璃（6高透光+12空气+6透明） ；
传热系数 K[W/(m².K)]=2.6 。

五、外窗的气密性要求详见本说明“门窗”。

■ 室内二次装修

一、室内二次装修的部位详见建筑用料说明表。

二、二次装修不得破坏建筑主体结构承重构件和超过结施图中标明的楼面荷载值。也不得任意更改公用的给排水管道、暖通风管及消防设施。

三、不得任意降低吊顶控制标高以及改动吊顶上的通风与消防设施。

四、不应减少安全出口及疏散走道的净宽和数量。

五、室内二次装修设计与变更均应遵守《建筑内部装修设计防火规范》（GB50222-95），并应经原设计单位的认可。

六、二次装修设计应符合《民用建筑工程室内环境污染控制规范》（GB50325-2010）的规定。

标记	处数	文件号	签名	日期		图序	1
总设计		审定		综合办公楼		S21336-J653-1	
设计		室主任				共 张	第 张
制图		总工程师				标记	重量	比例
审核		院长						1:100
标准化		日期		建筑设计说明(一)			

建筑设计说明（二）

■ 门 窗

一、依据规范

1.《建筑玻璃应用技术规程》（ JGJ113-2009 ）；

2.《建筑安全玻璃管理规定》（发改运行 [2003]2116 号文 ）。

二、门窗形式：

1. 外门窗的规格见门窗表，型式为断热铝合金门窗，深灰色（框料表面做氟碳处理）。门窗玻璃为中空玻璃（6高透光+12空气+6透明）。

2. 外窗开启扇处均设纱窗。

3. 非标准门窗立面见建施 13，该图仅表示门窗的洞口尺寸、分樘示意、开启扇位置及形式。据此，生产厂家应结合建筑功能、当地气候及环境条件，确定门窗的抗风压、水密性、气密性、隔声、隔热、防火、防玻璃炸裂等技术要求，按照相应规范负责设计、制作与安装。

4. 外门窗的气密性不应低于《建筑外门窗气密、水密、抗风压性能分级及检测方法》（ GB/T 7106-2008 ）规定的 4 级。

5. 外窗的传热系数分级为《建筑外门窗保温性能分级及检测方法》（ GB/T 8484-2008 ）规定的 5 级。

三、门窗立樘：

1. 外门、外窗立樘位置见平面图和墙身详图，图中未注明者立樘居墙中；

2. 平开内门立樘与开启方向的墙面平，弹簧门及所有内窗立樘均居墙中。

四、门窗在加工制作前应对建施图的门窗表进行核对，并应对已建成的门窗洞口尺寸进行实测，以实测结果调整尺寸偏差，无误后再行加工。

五、门窗工程在选用玻璃时，应符合 JGJ113-2009《建筑玻璃应用技术规程》第 6.2 条"玻璃的选择"中关于玻璃种类、玻璃厚度及其最大许用面积等相关规定。

六、面积大于1.5m²的窗玻璃或玻璃底边离最终装修面小于 500m落地窗，采用安全玻璃。

■ 环保设计

一、依据规范：

1.《民用建筑工程室内环境污染控制规范》（GB50325-2010）。

2. 相关建筑设计规范的有关规定。

二、本工程采取的环保措施：

1. 建筑材料及装修材料均应选用"环保型"产品；

2. 有噪声影响的房间均采取吸声或隔声处理。

3. 废弃物的运输与处理均符合有关规程。

■ 安防设计

一、依据规范：

1.《安全防范工程技术规范》（ GB50348-2004 ）。

2.《办公建筑设计规范》（ JGJ67-2006 ）的 4.1.6 条、4.1.7 条。

二、本工程采取的安防措施：

1. 底层所有外窗均设置铝合金窗护栏网，甲方自理。

2. 业主应根据房间功能的具体安排情况设置防盗门窗。上述房间的室内宜设报警设施

3. 所有临空的阳台、窗户及上人屋面女儿墙均应保证在可登踏面以上有 1050 高安全防护栏板，不足时应加设栏杆。

■ 其 它

一、考虑到教学需要，本图在实际工程的基础上有所改动，请勿照图施工。

公共建筑节能设计判定表

工程号	工程名称	建筑面积	设计建筑窗墙比				单一朝向窗墙比限值	屋顶透明部分与屋顶总面积之比M（M 的限值≤0.20）
S4038-J1653.1	陕西省XX县综合办公楼	3021.32m²						
建筑外表面面积	建筑体积	体形系数	南	东	西	北		
2608.2m²	10692m³	0.24	0.28	0.05	0.08	0.27	S≤0.7	

维护结构项目		设计建筑 传热系数K，W/(m²K)	设计建筑 遮阳系数 SC	体形系数S ≤0.3 传热系数限值 W/(m².K)	体形系数S ≤0.3 遮阳系数 SC	0.3<S≤0.4 传热系数限值 W/(m².K)	0.3<S≤0.4 遮阳系数 SC
屋顶非透明部分		0.55		≤0.55		≤0.45	
屋顶透明部分				≤2.70	≤0.50	≤2.70	≤0.50
外墙（含非透明幕墙）		0.55		≤0.60		≤0.50	
外窗	窗墙面积比 ≤0.2			≤3.50	不限制	≤2.80	不限制
	0.2<窗墙面积比≤0.3	2.60		≤3.00	不限制	≤2.50	不限制
	0.3<窗墙面积比≤0.4	2.60		≤2.70	≤0.70	≤2.30	≤0.70
	0.4<窗墙面积比≤0.5			≤2.30	≤0.60	≤2.00	≤0.60
	0.5<窗墙面积比≤0.7			≤2.00	≤1.50	≤1.80	≤0.50
接触室外空气的架空或外挑楼板				≤0.50		≤0.50	
非采暖空调房间与采暖空调空间的隔墙或楼板				≤1.50		≤1.50	

标记	数量	文件号	签名	日期		
总设计		审定		综合办公楼	图序	2
设计		室主任			S21336-J653-2	
制图		总工程师			共 张	第 张
审核		院长			标记 重量	比例 1:100
标准化		日期		建筑设计说明（二）		

建筑用料说明表

陕09J01图集

项目	适用范围	类别	总页次	编号	附注
墙体	非承重墙	见建筑设计说明 墙体		详见结构设计	
防潮层	砖墙	防水砂浆防潮层	12	潮1	设在-0.06 无梁处
散水	详见一层平面	细石混凝土散水	11	散4	宽1200
台阶	详见一层平面	花岗石贴面台阶	7	台5	芝麻灰,规格为 500x500x25
坡道	详见一层平面	花岗石贴面坡道	9	坡5	芝麻灰,规格为 500x500x40 表面剁平或机刨30宽横条状
外墙面	外墙1(见立面图)	涂料外墙面(外保温)	22	外墙14	灰色
	外墙2(见立面图)	涂料外墙面(外保温)	22	外墙14	白色
内墙面	卫生间	面砖墙面	124	内墙75	深棕色,规格为 300x300x5,砌至吊顶,面层二次装修
	除注明者外	乳胶漆墙面	108	内墙32	白色,亚光,面层二次装修
地面	卫生间	陶瓷地砖地面	42	地29	深棕色防滑地砖, 600x600x10, 面层二次装修 防水层为1.5厚FJS高分子防水涂膜一道,四周上翻500, 面层二次装修
	除注明者外	陶瓷地砖楼面	41	地28	浅黄色防滑地砖, 600x600x10, 面层二次装修
楼面	卫生间	陶瓷地砖防水楼面	63	楼41	深棕色防滑地砖,300X300x10,完成后比同层地面低20, 防水层为1.5厚FJS高分子防水涂膜一道,四周上翻500, 面层二次装修
	除注明者外	陶瓷地砖楼面	63	楼39	浅黄色防滑地砖, 600x600x10, 面层二次装修
踢脚	除卫生间外				同所处楼地面,踢脚高150,面层二次装修
顶棚	门厅、走廊 调度会议室,调度室	矿棉装饰板吊顶	172	棚29	白色,吊顶贴梁底,待二次装修
	卫生间	铝条板吊顶	173	棚32	银灰色,吊顶贴梁底,待二次装修
	除注明者外	乳胶漆顶棚	166	棚17	白色,亚光,面层二次装修
屋面	不上人屋面	水泥砂浆面层屋面	234	屋Ⅰ2	保温层:70厚挤塑聚苯乙烯泡沫塑料板 防水层:1.5厚FJS 高分子防水涂膜一道 1.5厚APF压敏反应型自粘高分子防水卷材
	其他屋面(含雨篷、挑檐、空调板等)	防水砂浆屋面			详见注:3
油漆	露明管线	银粉漆	220	油20	银色
	木材面	聚酯清漆	218	油12	木本色
	金属面	磁漆	220	油22	深灰蓝色

门窗明细表

类型	门窗名称	洞口尺寸(宽x高)	门窗数量	备注
铝合金门	LM1	10800x3300	1	
	LM2	6000x3300	1	断热铝合金框料 深灰色 框料表面氟碳处理
	LM3	1500x3000	4	
	LM4	1500x2400	3	
木门	MM1	1000x2100	48	夹板门
	MM2	1500x2100	9	夹板门
铝合金窗	LC1	1800x2100	36	
	LC2	2700x2100	15	
	LC3	1500x2100	2	断热铝合金框料 深灰色 框料表面氟碳处理
	LC4	1800x1500	36	
	LC5	2700x1500	18	
	LC6	1500x1500	3	
无框固定窗	GC1	6700x2400	1	12厚钢化玻璃 窗底距地1000
防火门	乙FM1	1500x2100	6	
	乙FM2	1500x2100	1	
防盗门	AHM1	1000x2100	2	防盗门

注:1.门窗在加工制作前应对建施图的门窗表进行核对,并应对已建成的门窗洞口尺寸进行实测,以实测结果调整尺寸偏差,无误后再行加工。

2.一层外窗均设易于从内部开启的防盗网,现场制作。6mX6m设分格缝一道,缝宽20,内填密封胶):

3.防水砂浆屋面做法:

1)25厚1:2.5水泥砂浆加3~5%

2)刷素水泥浆一道;

3)钢筋混凝土楼板。

标记	处数	文件号	签名	日期		图序	3
总设计		审定			综合办公楼	S21336-J653-3	
设计		室主任				共 张	第 张
制图		总工程师				标记 / 重量	比例
审核		院长					1:100
标准化		日期			建筑用料说明表、门窗明细表 公共建筑节能设计判定表		

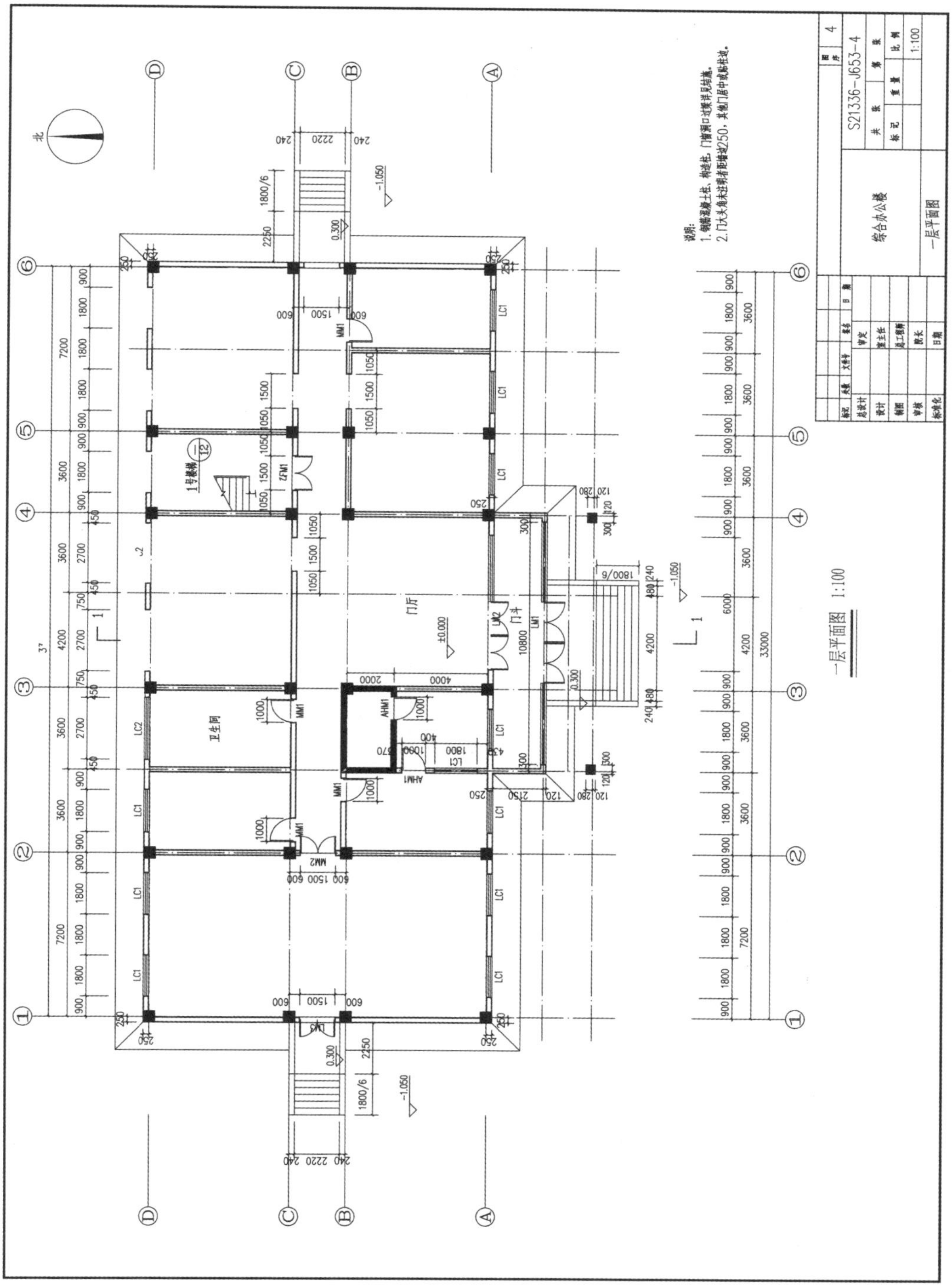

一层平面图 1:100

说明：
1. 钢筋混凝土柱、构造柱，门窗洞口过梁详见结施。
2. 门大头角未注明者距墙边250，其他门居中或贴柱边。

标记	处数	文件号	签名	日期			
总设计		审定		综合办公楼		图序	4
设计		室主任			S21336-J653-4		
制图		总工程师			共 张	第 张	
审核		院长			标 记	重 量	比 例
标准化		日期		一层平面图			1:100

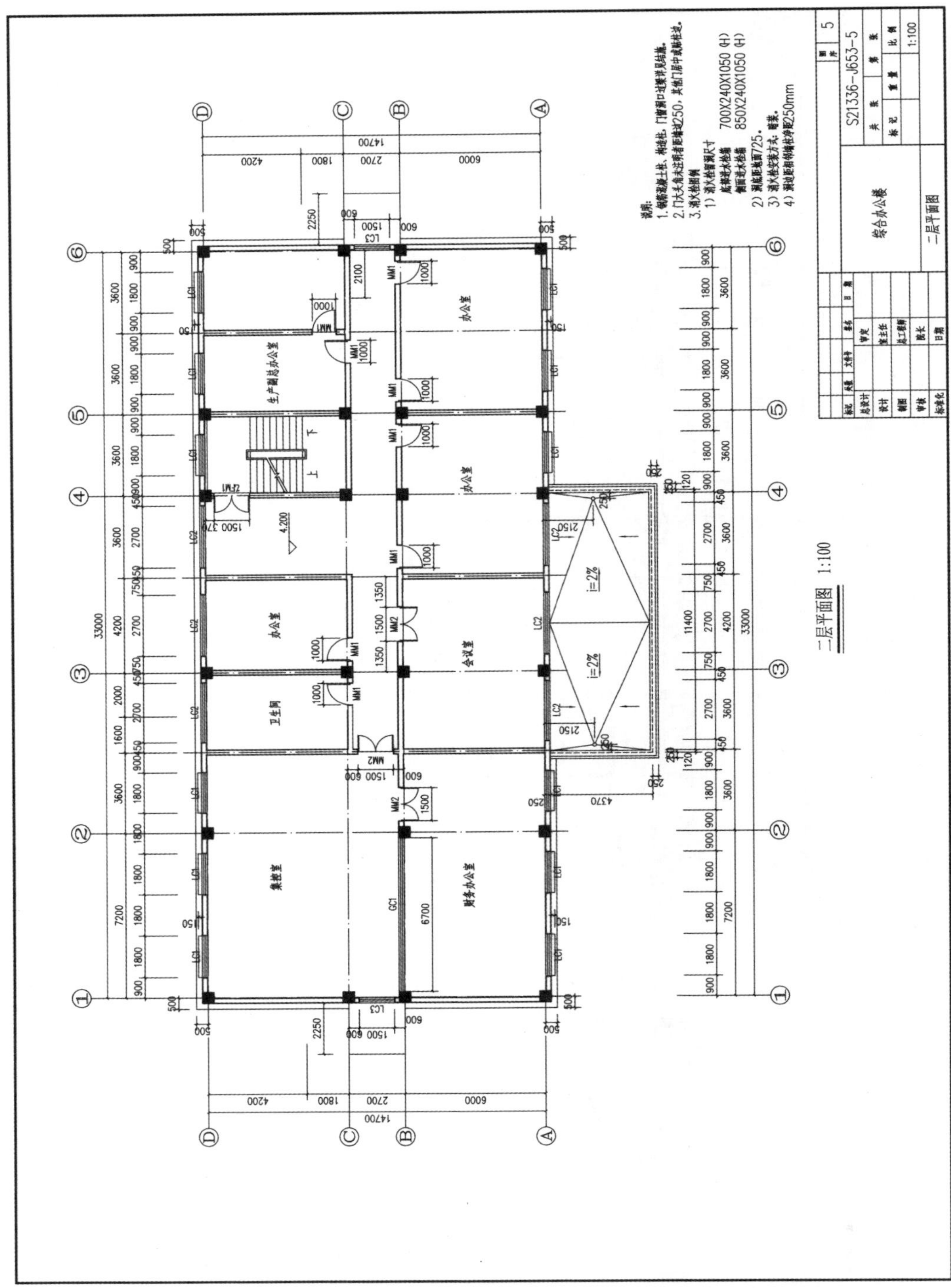

集控室
卫生间
办公室
生产副总办公室
财务办公室
会议室
办公室
办公室
上
下
4.200
i=2%
i=2%
说明：
1.钢筋混凝土柱、构造柱，门窗洞口过梁详见结施。
2.门大头角未注明者距墙边250，其他门居中或贴柱边。
3.消火栓图例
1）消火栓留洞尺寸
底部进水栓箱 700X240X1050 (H)
侧面进水栓箱 850X240X1050 (H)
2）洞底距地面725。
3）消火栓安装方式：暗装。
4）洞边距相邻墙柱净距250mm
图序 5
S21336-J653-5
综合办公楼
二层平面图
比例 1:100
总设计
设计
制图
审核
标准化
审定
室主任
总工程师
院长
日期
二层平面图 1:100

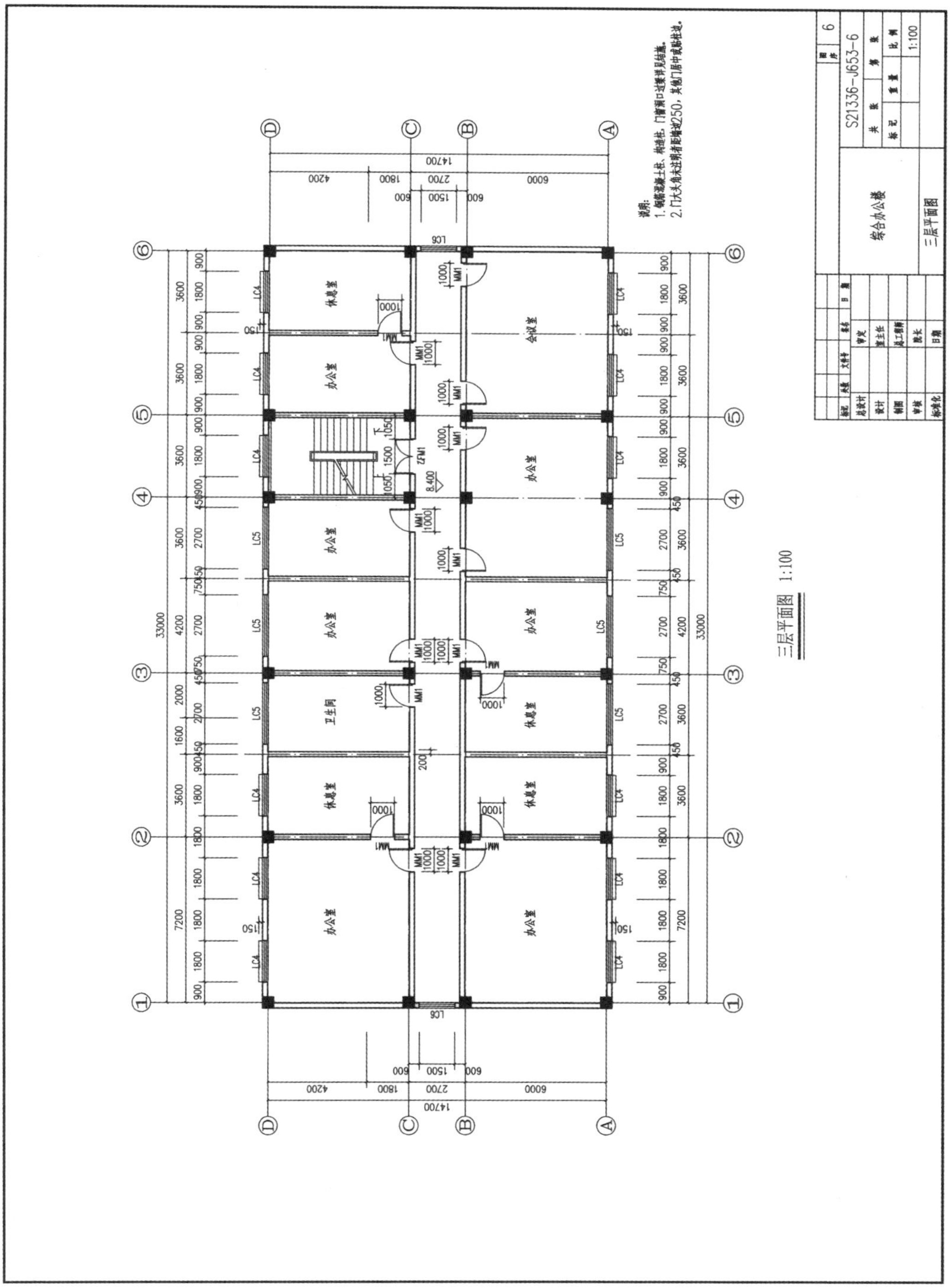

说明：
1. 钢筋混凝土柱、构造柱，门窗洞口过梁详见结施。
2. 门大头角未注明者距墙边250，其他门居中或贴柱边。

三层平面图 1:100

标记	处数	文件号	签名	日期	综合办公楼	图序	6
总设计		审定				S21336-J653-6	
设计		室主任				共 张	第 张
制图		总工程师				标记 重量	比例
审核		院长					1:100
标准化		日期			三层平面图		

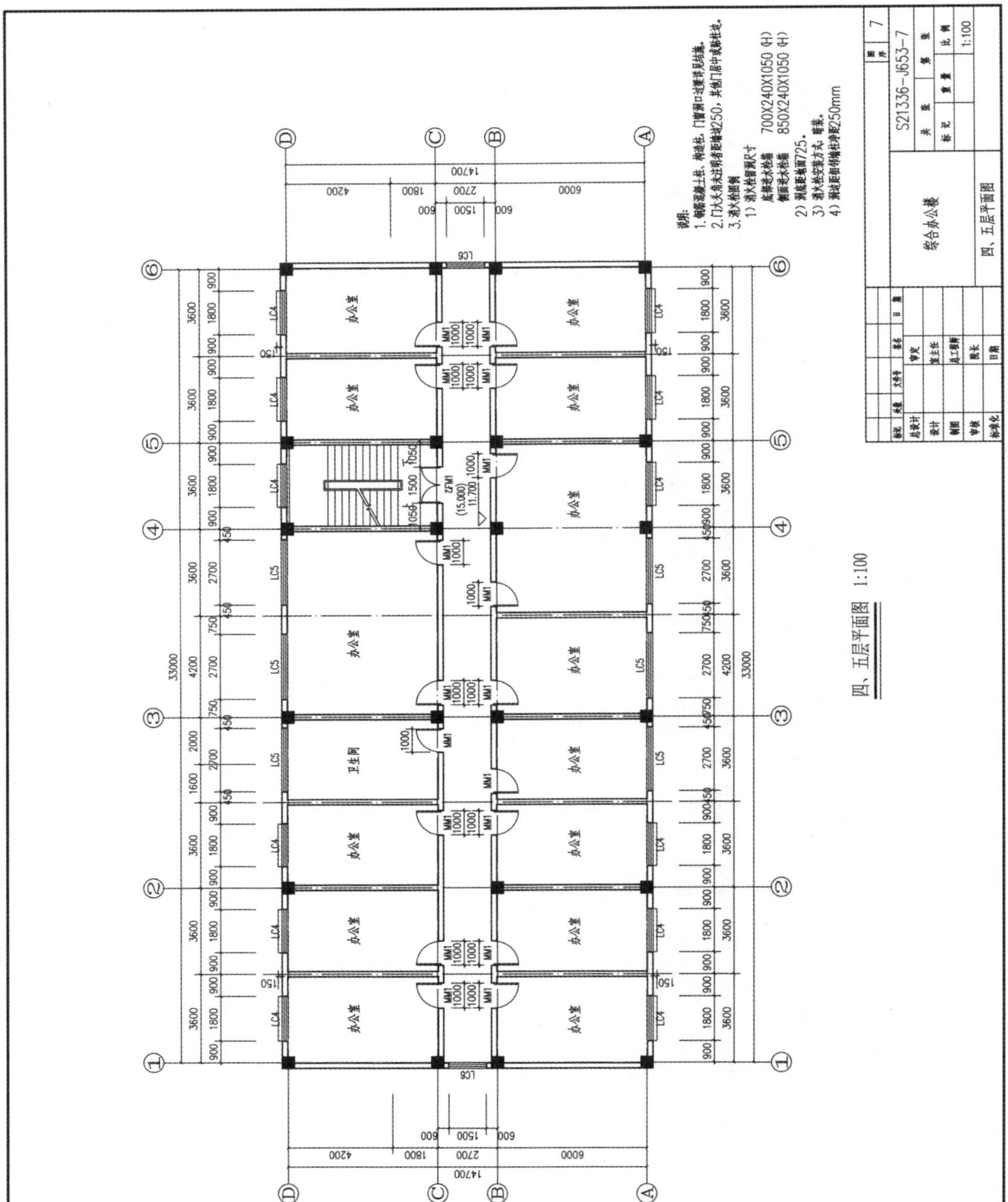

说明：

1. 钢筋混凝土柱、构造柱，门窗洞口过梁详见结施。
2. 门大头角未注明者距墙边250，其他门居中或贴柱边。
3. 消火栓图例
   1）消火栓留洞尺寸
      底部进水栓箱　700X240X1050（H）
      侧面进水栓箱　850X240X1050（H）
   2）洞底距地面725。
   3）消火栓安装方式：暗装。
   4）洞边距相邻墙柱净距250mm

四、五层平面图　1:100

标记	共量	文件号	签名	日期	综合办公楼	图序	7
总设计		审定				S21336-J653-7	
设计		室主任				共　张	第　张
制图		总工程师				标记　重量	比例
审核		院长					1:100
标准化		日期			四、五层平面图		

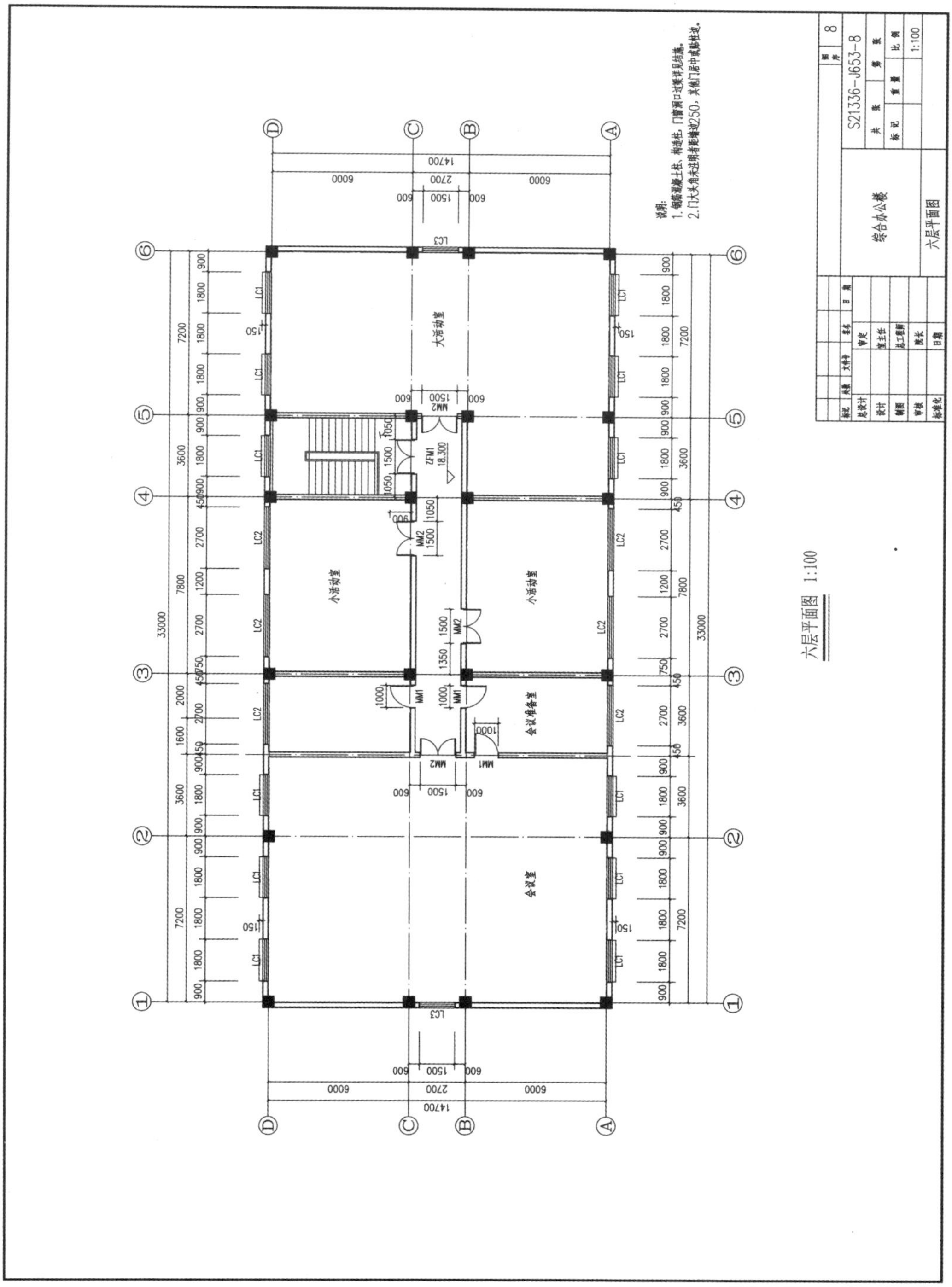

说明:
1. 钢筋混凝土柱、构造柱、门窗洞口过梁详见结施。
2. 门大头角未注明者距墙边250，其他门居中或贴柱边。

标记	处数	文件号	签名	日期
总设计		审定		
设计		室主任		
制图		总工程师		
审核		院长		
标准化		日期		

综合办公楼

六层平面图

S21336-J653-8

图序 8 | 共 张 | 第 张 | 标记 | 重量 | 比例 1:100

大活动室 小活动室 小活动室 会议准备室 会议室

LC1 LC2 LC3 MM1 MM2 ZFM1 18.300

六层平面图 1:100

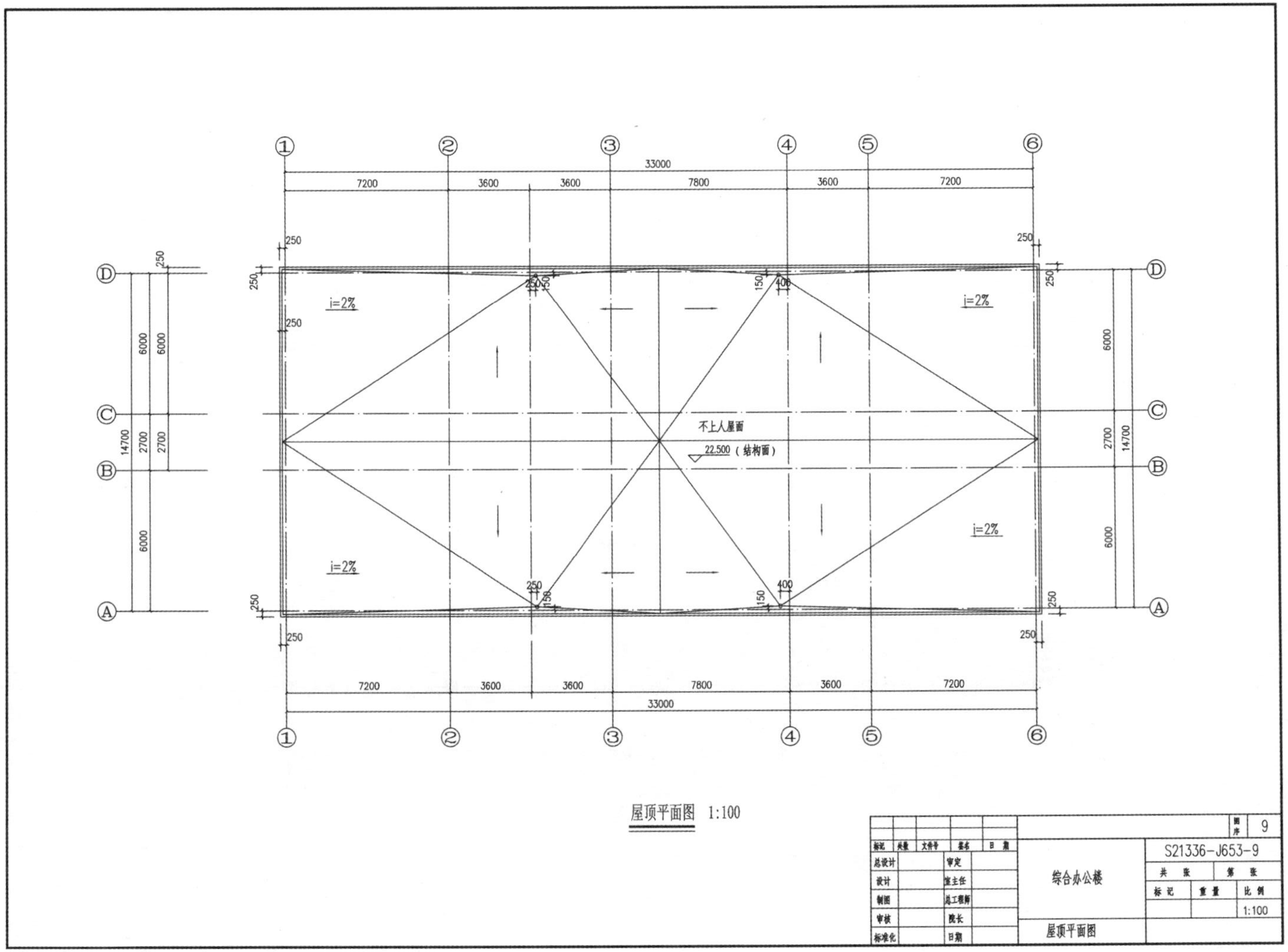

1 2 3 4 5 6
33000
7200 3600 3600 7800 3600 7200
A B C D
14700
6000 2700 6000
250
150
400
i=2%
不上人屋面
22.500（结构面）
屋顶平面图 1:100
标记 共数 文件号 签名 日期
总设计 审定
设计 室主任
制图 总工程师
审核 院长
标准化 日期
综合办公楼
屋顶平面图
图序 9
S21336-J653-9
共 张 第 张
标记 重量 比例
1:100

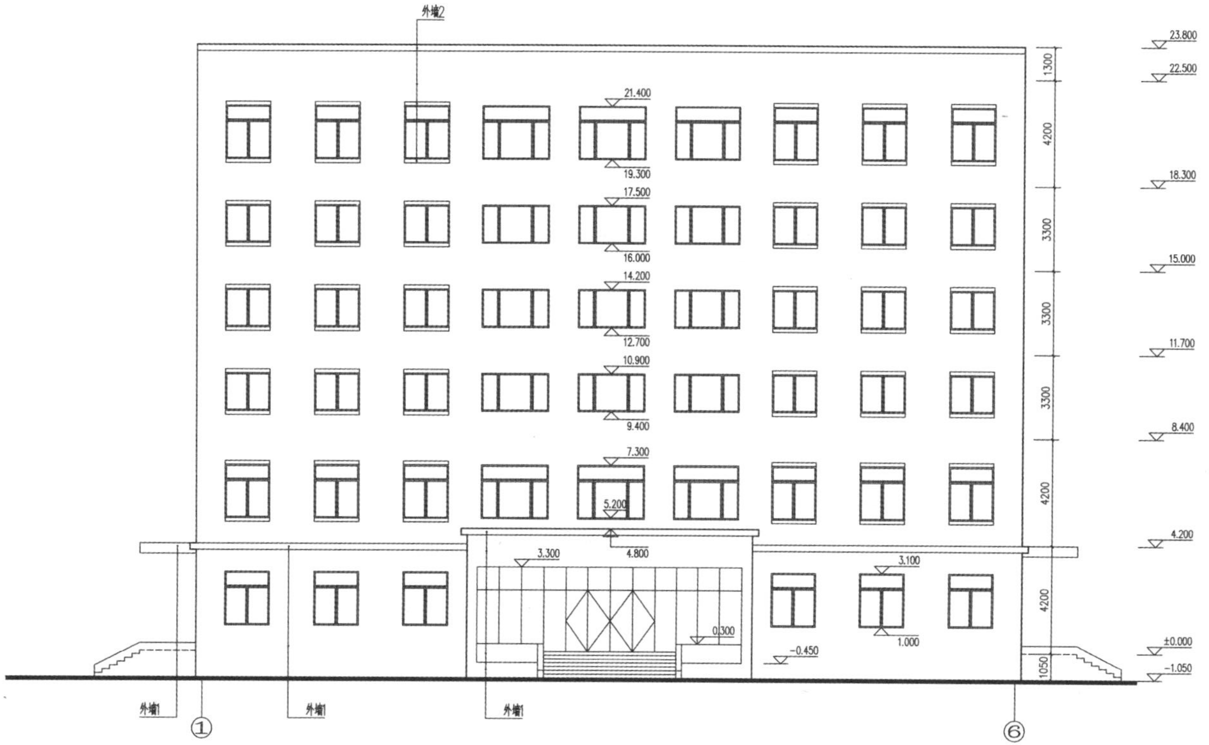

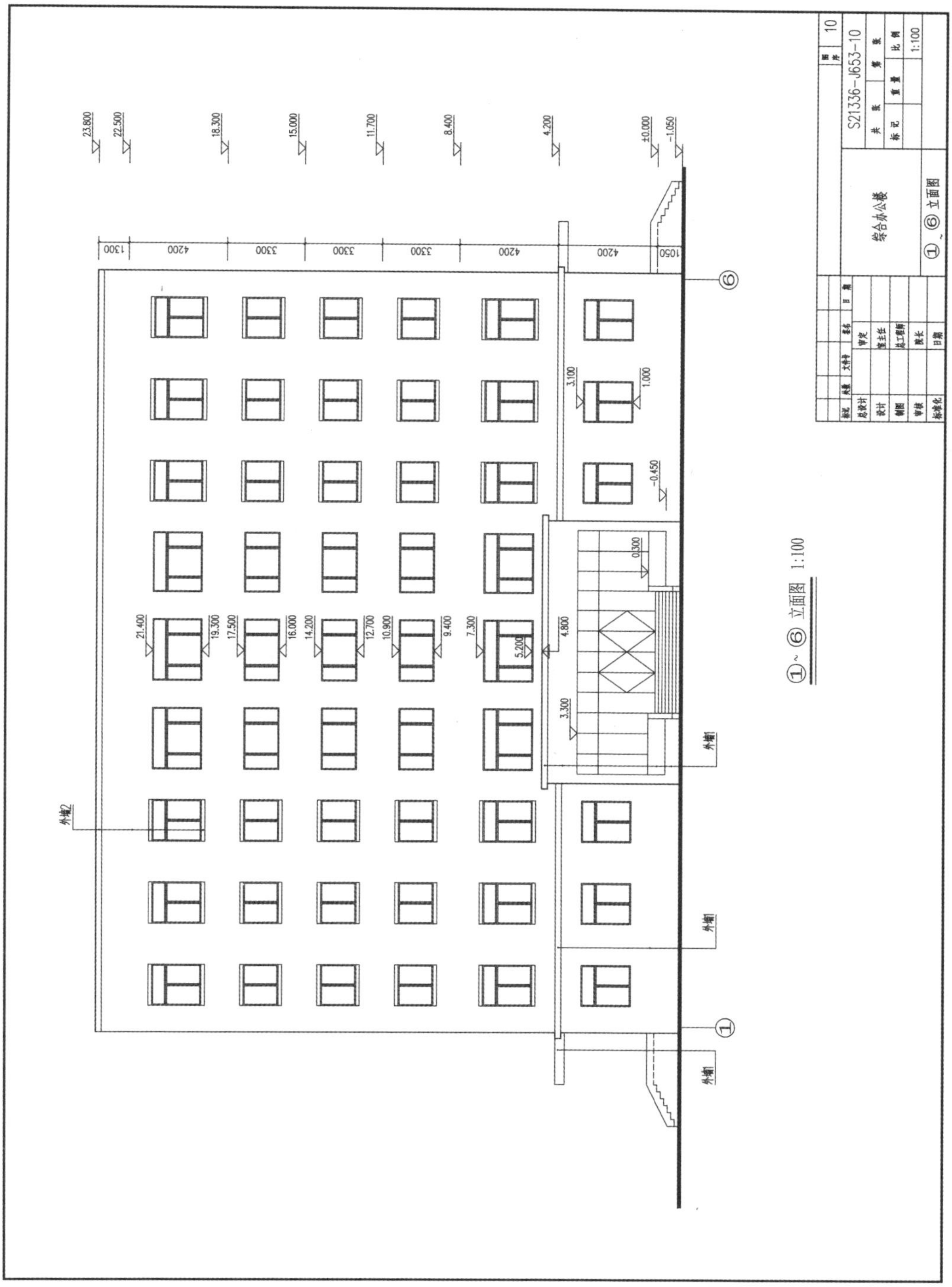

①~⑥ 立面图 1:100

标记	处数	文件号	签名	日期		图序	10
总设计		审定			综合办公楼	S21336-J653-10	
设计		室主任				共 张	第 张
制图		总工程师				标记	重量 / 比例
审核		院长					1:100
标准化		日期			①~⑥立面图		

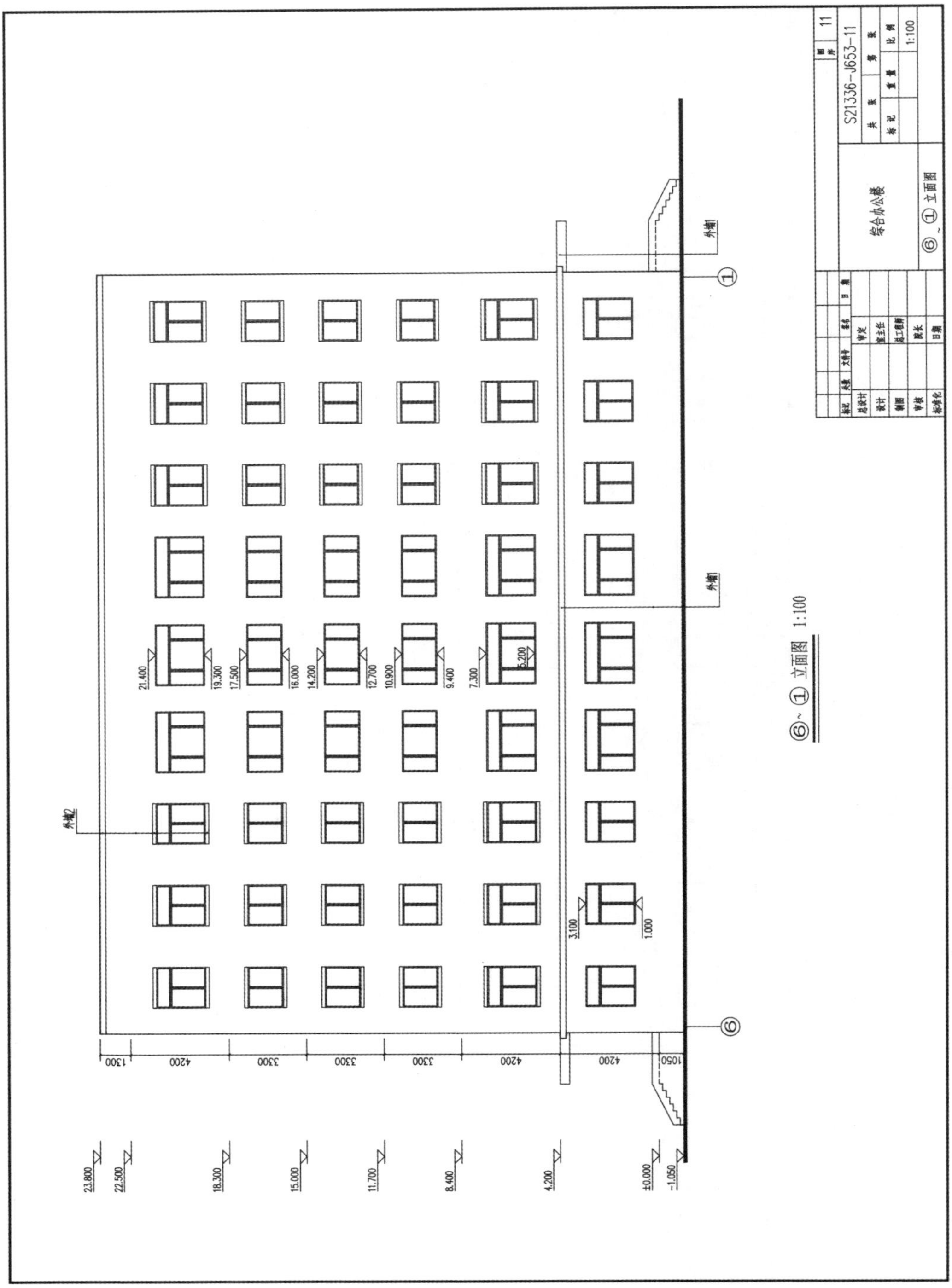

⑥~① 立面图 1:100

综合办公楼	S21336-J653-11
⑥~① 立面图	1:100

外墙

外墙2

23.800
22.500
18.300
15.000
11.700
8.400
4.200
±0.000
-1.050

21.400
19.300
17.500
16.000
14.200
12.700
10.900
9.400
7.300
5.200
3.100
1.000

1300
4200
3300
3300
3300
4200
4200
1050

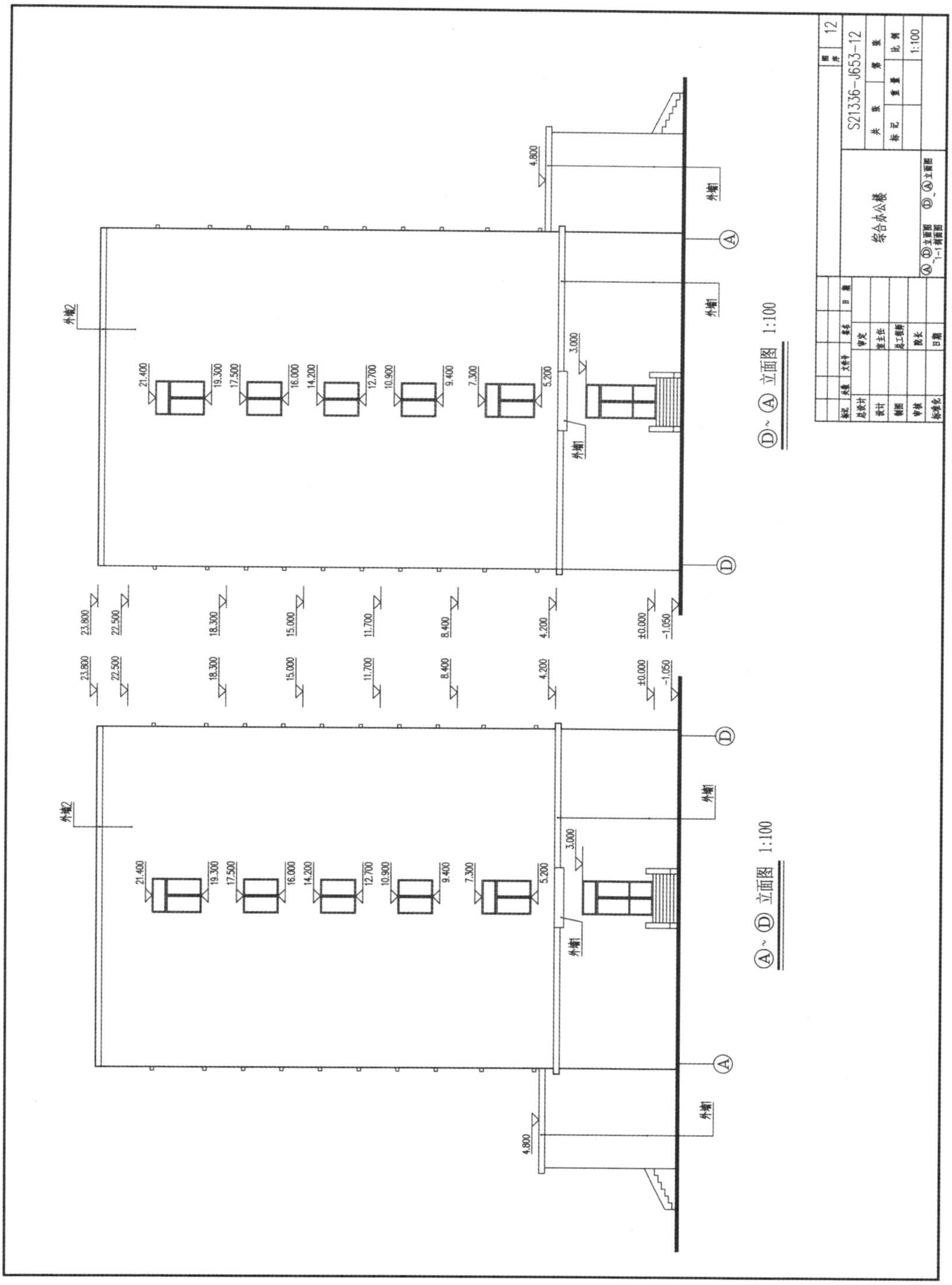

Ⓐ~Ⓓ 立面图 1:100

Ⓓ~Ⓐ 立面图 1:100

标记	关数	文件号	签名	日期	综合办公楼	图序	12
总设计		审定				S21336-J653-12	
设计		室主任				共 张	第 张
制图		总工程师				标 记	重 量	比 例
审核		院长			Ⓐ~Ⓓ立面图 1-1剖面图 Ⓓ~Ⓐ立面图		1:100
标准化		日期					

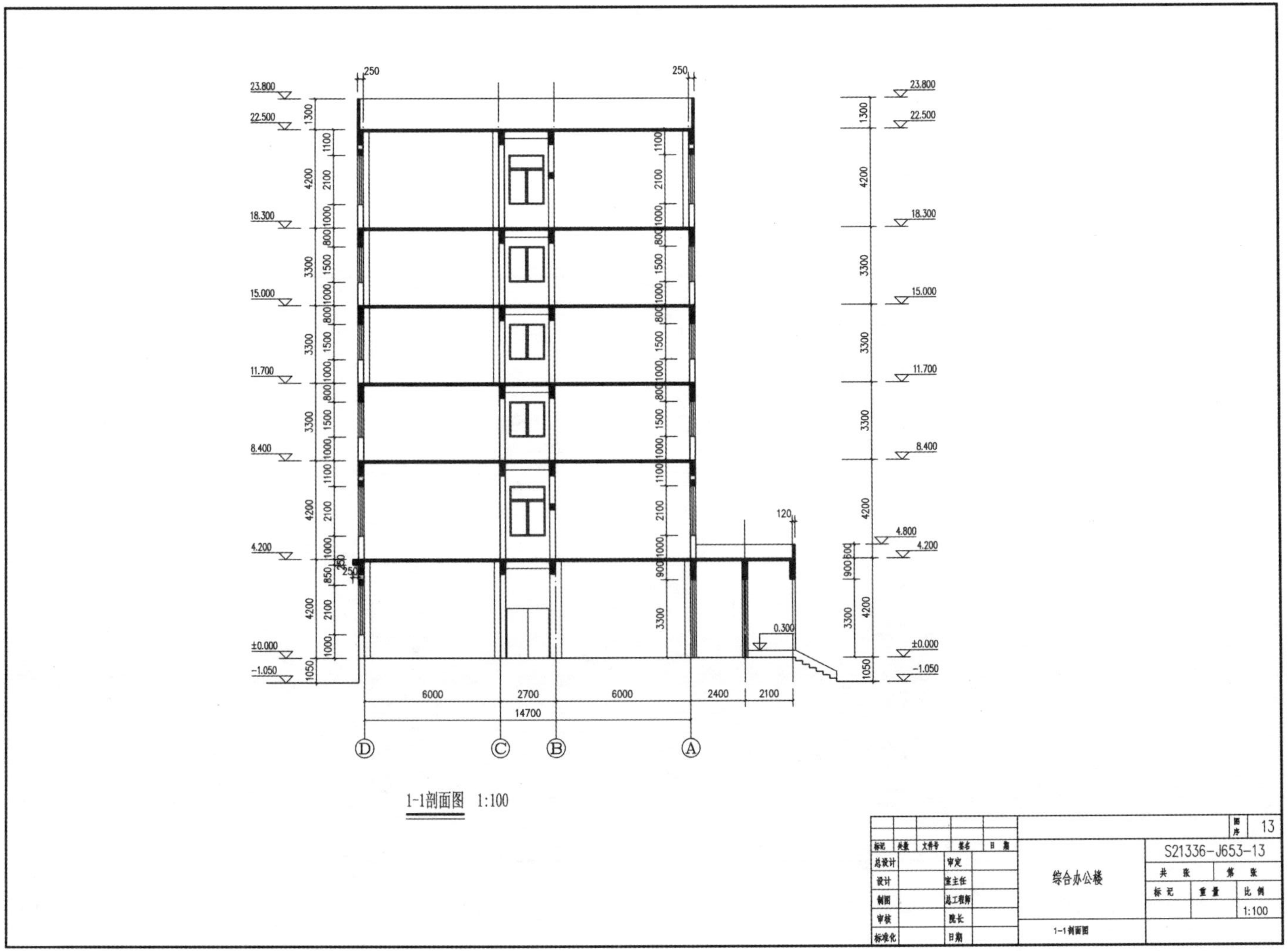
23.800
22.500
18.300
15.000
11.700
8.400
4.800
4.200
±0.000
-1.050
0.300
120
250
1300
4200
3300
1050
1100
2100
1000
800
1500
850
900
6000
2700
2400
14700
D
C
B
A
综合办公楼
1-1剖面图
S21336-J653-13
图序 13
共 张
第 张
标记
重量
比例
1:100
标记
处数
文件号
签名
日期
总设计
审定
设计
室主任
制图
总工程师
审核
院长
标准化
日期

1-1剖面图 1:100

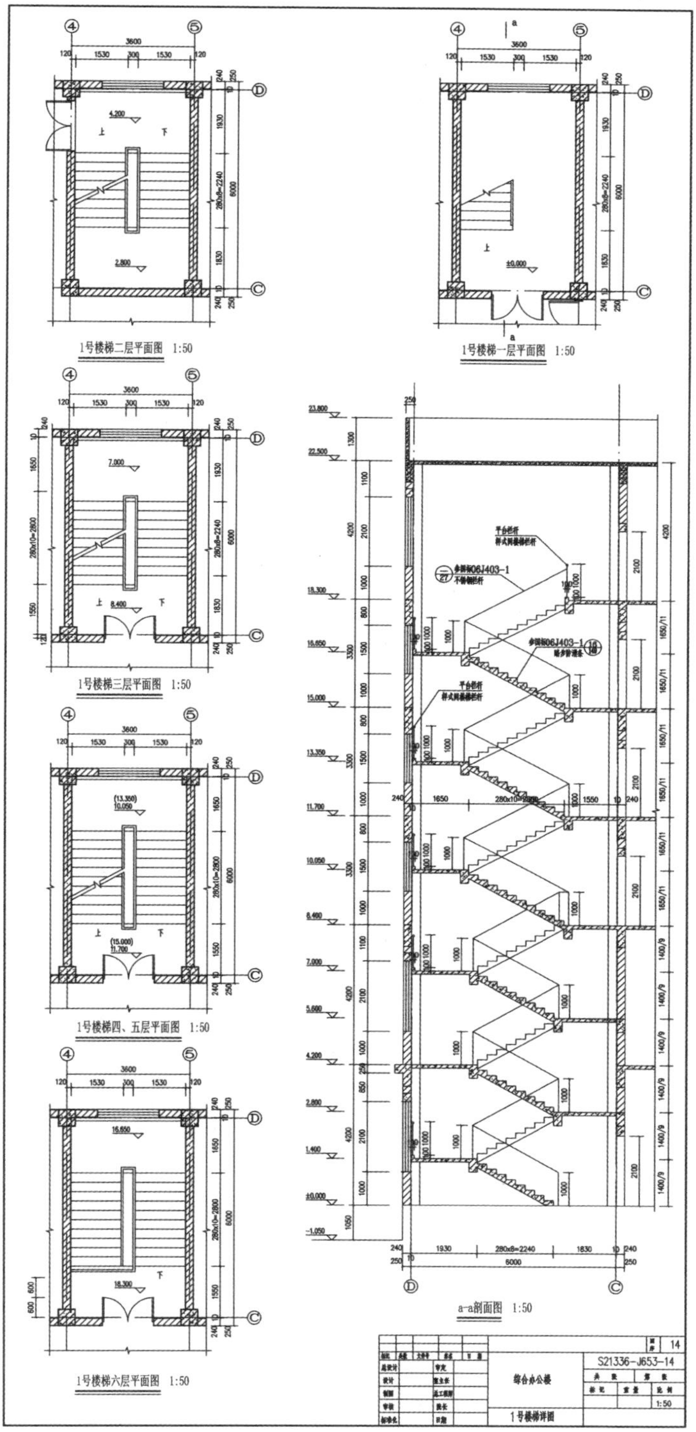

1号楼梯二层平面图 1:50

1号楼梯一层平面图 1:50

1号楼梯三层平面图 1:50

1号楼梯四、五层平面图 1:50

1号楼梯六层平面图 1:50

平台栏杆 样式同楼梯栏杆

参照标06J403-1 不锈钢栏杆

参照标06J403-1 踏步防滑条

a-a剖面图 1:50

综合办公楼

1号楼梯详图

S21336-J653-14

图序 14

比例 1:50

二、办公楼结构图

综合办公楼

图样目录

共页第页

序号	名称	图号 新制	图号 采用	备注
1	结构设计说明(一)	S21336-G653-1		
2	结构设计说明(二)	S21336-G653-2		
3	地基处理图及基础配筋图	S21336-G653-3		
4	基础顶~4.150米柱平法配筋图	S21336-G653-4		
5	标高4.150~8.250米柱平法配筋图	S21336-G653-5		
6	标高8.250~14.950米柱平法配筋图	S21336-G653-6		
7	标高14.950~22.500米柱平法配筋图	S21336-G653-7		
8	标高4.150米结构布置图	S21336-G653-8		
9	标高8.350米结构布置图	S21336-G653-9		
10	标高11.650、14.950米结构布置图	S21336-G653-10		
11	标高18.250米结构布置图	S21336-G653-11		
12	标高22.500米结构布置图	S21336-G653-12		
13	标高4.150米梁平法配筋图	S21336-G653-13		
14	标高8.350米梁平法配筋图	S21336-G653-14		
15	标高11.650、14.950米梁平法配筋图	S21336-G653-15		
16	标高18.250米梁平法配筋图	S21336-G653-16		
17	标高22.500米梁平法配筋图	S21336-G653-17		
18	标高4.150米板配筋图	S21336-G653-18		
19	标高8.350米板配筋图	S21336-G653-19		
20	标高11.650、14.950米板配筋图	S21336-G653-20		
21	标高18.250米板配筋图	S21336-G653-21		
22	标高22.500米板配筋图	S21336-G653-22		
23	楼梯图	S21336-G653-23		

发图序号

设计

项目负责人

年 月 日

底图总号

结构总说明(一)

1 概述

1.1 设计依据

1.1.1 现行国家标准规范和规程和主要法规:

1.1.2 考虑到教学需要，本图在实际工程的基础上有所改动，请勿照图施工

1.1.3 本工程采用的标准图集:

国标图集名称	编号
混凝土结构施工图平面整体表示方法制图规则和构造详图(现浇混凝土框架、剪力墙、梁、板)	11G101-1
混凝土结构施工图平面整体表示方法制图规则和构造详图(现浇混凝土板式楼梯)	11G101-2
混凝土结构施工图平面整体表示方法制图规则和构造详图(独立基础、条形基础、筏形基础及桩基承台)	11G101-3
砌体填充墙结构构造	12G614-1

1.2 工程概况:

1.2.1 工程建设地点：陕西省XX县。

1.2.2 ±0.000相当于绝对标高：99.550

1.2.3 工程简述:

建筑物名称	结构层数	结构高度	结构形式	基础形式
综合楼	6层	23.550	框架结构	独立基础

1.3 自然条件:

基本风压(kN/m^2)	0.45	基本雪压(kN/m^2)	0.25	最大冻深(m)	1.09

1.4 本工程设计标准:

结构设计使用年限	50年	地基基础设计使用年限	50年
结构安全等级	二级		
地基基础设计等级	丙级		

抗震设防分类	丙类	设计地震分组	第三组
抗震设防烈度	6	框架抗震等级	四级
设计基本地震加速度值	0.05g	场地类别	Ⅱ
场地特征周期	0.45s		

注：1. 有关结构和非结构构件的抗震构造措施应按本表相应的抗震设计标准取用。

2. 当抗震措施和抗震构造措施确定的抗震等级不同时应分别填写。

1.5 本工程结构环境类别:

环境类别	结构部位
一	室内正常环境构件；无侵蚀性静水浸没环境
二a	±0.000以下

1.5.1 混凝土结构，设计使用年限为50年时，其混凝土材料耐久性的基本要求应符合《混凝土结构设计规范》GB 50010-2010第3.5.3和3.5.4条的规定;

1.6 本工程主要楼、屋面均布活荷载标准值(kN/m^2)

办公室、、会议室	2.0	不上人屋面	0.5
卫生间	2.5	楼梯间	3.5
活动室	3.0	走廊	2.5

1.7 本工程结构整体计算、基础计算采用的主要电算程序:

程序名称及版本号	多层及高层建筑结构空间有限元分析与设计软件PKPM2012系列PMCAD、SATWE、JCCAD
编制单位	中国建筑科学研究院

1.8 在设计使用年限内未经技术鉴定或设计许可，不得改变结构的用途和使用环境。

1.9 本说明与所引用的标准图集规定有出入时，应以本说明为准。

1.10 本工程施工图中的标高单位均为m(米)，尺寸单位均为mm(毫米)。

2 结构材料的性能指标 所有材料必须符合现行规范对质量的要求)

2.1 混凝土强度等级:

基础垫层的混凝土强度等级为C15。

构造柱、填充墙水平系梁、圈梁混凝土强度等级为C25。

其余未注明构件混凝土强度等级为：C30

2.2 钢筋：ф为HPB300钢筋；⏀为HRB335钢筋；⏀为HRB400钢筋。

2.3 钢筋的强度标准值应具有不小于95%的保证率。

2.4 抗震等级为一、二、三级的框架和斜撑构件(含梯段)，其纵向受力钢筋采用普通钢筋时，钢筋的抗拉强度实测值与屈服强度实测值的比值不应小于1.25；钢筋的屈服强度实测值与强度标准值的比值不应大于1.30，且钢筋在最大拉力下的总伸长率实测值不应小于9%。

2.5 当进行钢筋代换时，除应符合设计要求的构件承载力、最大力下的总伸长率、裂缝宽度验算以及抗震规定外，尚应满足最小配筋率、钢筋间距、保护层厚度、钢筋锚固长度、接头面积百分率及搭接长度等构造要求。

2.6 吊钩、吊环应采用HPB300级钢筋制作；受力预埋件的锚筋应采用HPB300级、HRB335级或HRB400级钢筋，均严禁采用冷加工钢筋。

2.7 钢材：未注明者均为Q235碳素结构钢、B级。抗震设计时混合结构中的钢材的屈服强度实测值与抗拉强度实测值的比值不应大于0.85；伸长率不应小于20%；应有良好的焊接性和合格的冲击韧性。

2.8 焊条:

钢筋牌号	电弧焊接头型式			
	帮条焊 搭接焊	坡口焊、熔槽帮条焊 预埋件穿孔塞焊	窄间隙焊	钢筋与钢板搭接焊 预埋件T型角焊
HPB 300	E4303	E4303	E4316 E4315	E4303
HRB 335	E4303	E5003	E5016 E5015	E4303
HRB 400	E5003	E5503	E6016 E6015	E5003

2.9 砌体填充墙:

±0.000以下：采用烧结普通砖(容重不大于$19.0KN/m^3$) MU15，水泥砂浆M10。

±0.000以上 外围护墙：非承重烧结空心砖(容重不大于$12.4KN/m^3$)MU3.5，混合砂浆M5.0。

内隔墙：1)承重多孔砖(容重不大于$14.3KN/m^3$)MU10，混合砂浆M5.0。(用于厕所、卫生间隔墙)，

2)非承重烧结空心砖(容重不大于$12.4KN/m^3$)MU3.5，混合砂浆M5.0。(用于其它内隔墙)

砌体填充墙材质、位置、厚度应配合建筑平面图。砌体施工控制质量等级为B级。

2.10 混凝土外加剂应遵守《混凝土外加剂应用技术规范》GB 50119-2003的相关要求。

3. 钢筋的锚固与连接

3.1 受拉钢筋的锚固长度:

3.1.1 受拉钢筋的锚固长度L_a和L_{aE}见图集11G101-1第53页。

3.2 受力钢筋接头的规定:

3.2.1 纵向受力钢筋搭接区箍筋构造，见图集11G101-1第54页。

3.2.2 纵向受拉钢筋绑扎搭接长度L_l及L_{lE}见图集11G101-1第55页。

3.2.3 纵向受压钢筋采用搭接连接时，其受压搭接长度不应小于纵向受拉钢筋搭接长度的70%，且不应小于200mm。

3.2.4 机械连接时接头的适用范围、构造和质量等应符合:

1. 《钢筋机械连接技术规程》 JGJ 107-2010
2. 对于钢筋直径20及以上者宜优先采用机械连接。
3. 优先采用冷挤压或等强直螺纹接头，采用锥形螺纹接头必须经设计人员同意并出具书面变更。

3.2.5 焊接接头的类型及质量应符合:

1. 《混凝土结构工程施工质量验收规范》GB 50204-2002(2011年版)
2. 《钢筋焊接及验收规程》JGJ 18-2012
3. 细晶粒热轧带肋钢筋及直径大于28mm的带肋钢筋，其焊接应试验确定。
4. 采用搭接或帮条电弧焊时，优先采用双面焊，焊接长度不小于5d，采用单面焊时，焊接长度不小于10d。

3.2.6 结构构件钢筋连接的一般规定:

1. 施工图中未说明的钢筋接头均按受拉钢筋连接。
2. 同一连接区段内纵向受拉钢筋绑扎搭接接头、机械连接接头、焊接接头的要求见图集11G101-1第55页。
3. 同一连接区段内钢筋连接接头面积的百分率:

a. 同一连接区段内受拉钢筋搭接接头面积的百分率：对于梁类、板类及墙类构件，不宜大于25%；对柱类构件，不宜大于50%。当工程中确有必要并经设计院同意对梁类构件可放宽，但不宜大于50%；对板、墙、柱及预制类构件的拼接处，还可根据实际情况放宽。

b. 同一连接区段内受拉钢筋焊接接头面积的百分率不应大于50%，受压钢筋的焊接接头可不受限制。

c. 同一连接区段内受拉钢筋机械连接接头面积的允许百分率见下表，受压钢筋的机械连接接头可不受限制。

接头等级	框架梁、柱端箍筋加密区	其它部位
Ⅰ	<50%	<100%
Ⅱ	<50%	<50%
Ⅲ	不应采用	<25%

4. 进行疲劳验算的构件，其纵向受力钢筋不应采用绑扎搭接，也不宜采用焊接接头。

3.3 纵向受拉钢筋末端采用弯钩或机械锚固时其形式见图集11G101-1第55页。

4 基坑开挖与地基

4.1 地基处理 见地基图

4.2 基础施工前应按《建筑场地基坑探查与处理技术规程》DBJ 61-57-2010进行基探，探基资料应及时送交设计单位，待设计单位核定同意后方能进行处理。

4.3 基坑开挖应按勘察资料进行放坡，无条件放坡时应进行基坑支护的专项设计，确保周围建筑物和施工人员的安全。地下水位较高时，应先将地下水水位降低至施工地面以下一定深度后再开挖。

4.4 采用机械开挖时，坑底应保留300厚土层用人工清底。

4.5 基坑开挖后，应会同勘察、设计、施工、监理、建设单位进行基坑检验，确认没有异常情况后才能进行下一步的施工。开挖深度不小于5m或开挖深度虽小于5m但现场地质和周围环境比较复杂的基坑工程，应按照《建筑基坑工程监测技术规范》GB50497-2009的相关规定进行基坑工程监测。

4.6 存在相邻建筑物时，应组织好基坑开挖顺序，采取相应的措施确保建筑物的安全。

4.7 采用垫层法处理地基时，素土或灰土垫层的施工质量应采用压实系数λ_c控制。垫层厚度小于或等于3米时，压实系数$\lambda_c \geq 0.97$；垫层厚度大于3米时，从基础底面标高算起向下3米范围内$\lambda_c \geq 0.95$，3米至垫层顶面标高范围内$\lambda_c \geq 0.97$。

4.8 基础施工完后基坑应及时回填，确保建筑物地基承载力、变形和稳定要求。

标记	处数	文件号	签名	日期		图序	1
总设计		审定			综合办公楼	S21336-G653-1	
设计		室主任				共 张	第 张
制图		总工程师				标记 / 重量	比例 1:100
审核		院长					
标准化		日期			结构设计说明(一)		

结构总说明(二)

5 混凝土结构的一般要求

5.1 钢筋的混凝土保护层最小厚度(有特殊要求者另见详图):

5.1.1 基础底面:有垫层者为40,无垫层者为70,采用桩基时承台为50。

5.1.2 其它见图集11G101-1第54页。表中钢筋的混凝土保护层最小厚度与表中板、墙相同。

5.1.3 设计使用年限内应建立定期检测、维修制度,构件表面的防护层应按规定维护或更新,结构出现可见的耐久性缺陷时,应及时处理。

6 混凝土结构构件

6.1 基础

6.1.1 未注明基础素混凝土垫层100厚,基础边外放100。基础垫层上建施防水层和保护层的厚度未注明时按60厚。

6.1.2 独立基础钢筋构造见图集11G101-3第60~68页。

6.1.3 用于独立基础、条形基础和桩基承台,位于柱根部的基础联系梁钢筋构造按图集11G101-1非框架梁的钢筋构造执行。

6.1.4 其它

1. 墙、柱插筋在基础中的锚固见图集11G101-3第58、59页。插筋和墙、柱上部纵筋的连接应符合图集11G101-1第57、58、63、70、73页相关要求。

2. 防雷接地应配合电施图的要求,把有关钢筋通过焊接连通以保证导电要求。

6.2 楼板

6.2.1 有梁楼盖楼(屋)面板的钢筋构造见图集11G101-1第92~95页。

6.2.2 无梁楼盖板带的钢筋构造见图集11G101-1第96~97页。

6.2.3 板上矩形洞边长或圆形洞直径不大于300时,本施工图中均未标注,施工时应配合有关图纸预留,受力钢筋绕过孔洞不另设加强钢筋,见图集11G101-1第101页。

6.2.4 板加腋、局部升降板、悬挑板的阳角放射筋和阴角钢筋、无梁楼盖柱帽、抗冲切箍筋和抗冲切弯起钢筋的构造见图集11G101-1第99~100、103~106页。

6.2.5 外露现浇挑檐板、女儿墙或通长阳台板,每隔12m宜设置温度缝,缝宽20mm,缝内填嵌防水嵌缝膏。设计未注明时,施工单位施工时按此规定设置,不得遗漏。

6.2.6 现浇板内埋设机电暗管时,应尽量分散并减小交叉层数,管外径不应大于板厚的1/3,且尽量埋在板截面中心1/3部位,应固定牢靠,不应离板底或板顶面太近。

6.2.7 板支座处未注明的板顶面受力钢筋的分布筋为Φ6@200。当板顶面另行配置了防裂构造钢筋时,该板支座处板顶面受力钢筋的分布筋与其防裂构造钢筋相同。

6.2.8 图集11G101-1中板钢筋构造的补充说明

1. 图集11G101-1第92页板在端部支座的锚固构造,当端部为梁且设计未注明时,板面钢筋的锚固长度按铰接考虑。

2. 双向板板底钢筋短向钢筋在长向钢筋之下,板面短向钢筋在长向钢筋之上。

6.3 框架梁、非框架梁、井字梁、柱、剪力墙

6.3.1 按本图给定的抗震、或非抗震等级选用图集11G101-1第55~91页相应的抗震或非抗震等级的构造内容。

6.3.2 图集11G101-1的补充说明

1. 图集11G101-1第86页非框架梁梁面端部钢筋锚固长度设计未注明时按充分利用钢筋的抗拉强度计算,但该页中充分利用钢筋抗拉强度时钢筋的水平段锚固长度≥0.6l_{ab}改为≥0.4l_{ab},该页图1修改相同。

2. 现浇钢筋混凝土框架梁、柱纵向受力钢筋的连接方法除应符合本说明3.2条的规定外,尚应符合下列规定:

a. 框架柱:一、二级抗震等级及三级抗震等级的底层宜采用机械连接接头,也可采用绑扎搭接或焊接接头;三级抗震等级的其它部位和四级抗震等级可采用绑扎搭接或焊接接头。

b. 框支梁、框支柱:宜采用机械连接接头。

c. 框架梁:一级宜采用机械连接接头,二、三、四级可采用绑扎搭接或焊接接头。

3. 位于框架柱顶层的框架梁,其配筋构造按屋面框架梁相应节点施工。

6.4 楼梯

6.4.1 本结构楼梯抗震构造措施同上部结构。
现浇混凝土板式楼梯的钢筋、滑动支座的构造见图集11G101-2。

7 砌体填充墙的构造措施

7.1 砌体填充墙与框架柱或剪力墙的拉结按图集12SG614-1第8~15页施工;施工时必须配合建施按隔墙位置在柱或剪力墙内预留锚拉钢筋。

7.2 外墙中未与柱或剪力墙相连接的独立窗间墙,应在窗间墙的中点处或两端设置构造柱。构造柱具体位置见平面图。构造柱应在主体完工后施工,应先砌墙后浇柱。未注明构造柱截面为240x240,纵筋为4Φ12、箍筋Φ6@200。构造柱钢筋、构造柱与后砌填充墙拉结钢筋做法见图集12SG614-1第16页。

7.3 砌体填充墙,墙高>4m时,在墙高中部或门洞顶应设置与柱或剪力墙连接且沿墙全长贯通的钢筋混凝土水平系梁或圈梁,水平系梁与柱、剪力墙的拉结见图集12SG614-1第19~20页。圈梁或现浇过梁与柱、剪力墙的拉结同水平系梁,但柱、剪力墙中的水平系梁预埋钢筋应改成同圈梁或现浇过梁的纵向钢筋。水平系梁用于非抗震区,抗震区采用圈梁,圈梁高120mm,配筋:6、7度纵筋 4Φ10、箍筋Φ6@250;8度纵筋 4Φ12、箍筋Φ6@200;9度纵筋 4Φ14箍筋Φ6@150。

7.4 砌体填充墙长度>5m时,墙顶应与梁或板拉结,见图集12SG614-1第16页。

7.5 构造柱纵筋的锚固和搭接见图集12SG614-1第15页。

7.6 设防烈度6~9度地区的建筑,其楼梯间和人流通道的砌体填充墙,应采用钢丝网砂浆面层加强。

8 制图标准

8.1 本工程结构构件的制图规则分为平面整体表示(简称平法)和施工图详图表示两种,见下表

构件名称	柱、剪力墙、梁	楼梯	独立基础;条形基础、筏形基础主梁、次梁;独立承台、承台梁;	条形基础翼缘板、筏形基础平板;楼梯;楼(屋)面板
制图规则	11G101-1平法	11G101-2平法	11G101-3平法	施工详图

8.1.1 采用施工详图表示的结构构件,设计未注明的构造详图仍按本说明的相关规定和标准图集配套采用,当相关图集的标准构造详图与本说明规定有出入时,应以本说明规定为准。

8.2 对图集11G101-1的修改:

8.2.1 图集11G101-1第4.2.4条第4款改为:附加箍筋或吊筋直接画在平面中的主梁上,用线引注。对于吊筋,引注总配筋量;对于附加箍筋引注总附加箍筋道数,未注明者为六道,每侧三道。附加箍筋直径肢数同主梁箍筋。

8.2.2 井字梁支座处顶面纵筋向跨内延伸的长度未注明时同图集11G101-1中的非框架梁,但其跨度应是井字梁集中标注所指的跨度。

8.2.3 图集11G101-1第87页梁侧面纵向构造筋和拉筋详图中,未标注梁单侧纵向构造纵筋可根据梁宽和梁腹板的高度按下表施工。当梁一侧或两侧无现浇板时,h_w取梁高。

梁宽 b \ 梁腹板高度 h_w	钢筋混凝土梁单侧纵向构造钢筋					
	h_w≤450	450<h_w≤600	600<h_w≤800	800<h_w≤1000	1000<h_w≤1200	1200<h_w≤1400
≤250	1Φ12	2Φ10	3Φ10	4Φ10	5Φ10	6Φ10
300	1Φ14	2Φ12	3Φ12	4Φ10	5Φ10	6Φ10
350	1Φ16	2Φ12	3Φ12	4Φ12	5Φ12	6Φ12
400	1Φ18	2Φ14	3Φ14	4Φ12	5Φ12	6Φ12
500	1Φ18	2Φ14	3Φ14	4Φ14	5Φ14	6Φ14
600	1Φ20	2Φ16	3Φ16	4Φ14	5Φ14	6Φ14

9 施工注意事项

9.1 施工单位应严格遵守国家现行的各项施工质量验收规范,采取有效措施保证结构施工期间的安全。

9.2 本工程设计未考虑冬季施工措施,施工单位应根据有关施工规范自定。

9.3 钢筋混凝土结构施工中必须密切配合建施、水施、电施、设施和动施等有关图纸施工。如:配合建施的楼梯栏杆、钢梯、吊顶、门窗安装等设置埋件或预留孔洞及柱与墙身的拉结钢筋等;电施的预埋线、防雷装置、接地与柱内纵向钢筋按图要求焊接成整体等;水施和设施图中预埋管及预留洞等。对于电梯机房留洞、电梯井道尺寸、井壁预埋件、留洞和检修吊钩位置等,均应由甲方与电梯供货方确认设计图纸,满足电梯安装和使用要求后方可施工。

9.4 悬挑构件施工时,钢筋位置要准确,并保证有足够的锚固长度,临时支撑需待混凝土设计强度值达到100%方可拆除。

9.5 对跨度不小于4m的钢筋混凝土梁、板,其模板应按设计要求起拱。当设计中无具体要求时,应按<<混凝土结构工程施工质量验收规范>>GB 50204-2002(2011年版)的相关规定起拱。

9.6 施工期间堆载不得超过使用荷载,特别注意梁、板上集中堆载对结构受力和变形产生的不利影响。

10 其它

10.1 凡后砌墙上的门窗洞低于梁底标高时,应增设钢筋混凝土过梁。对未特别说明的过梁,洞口以上墙高<2.5m的选用图集13G322-2《钢筋混凝土过梁》中的GL-4xx1P,墙高>2.5m的选用GL-4xx2P,其中xx代表洞口宽度。

10.2 所有外露铁件除锈后均应涂刷底漆两道、面漆二道。除锈、涂料涂装应符合《钢结构工程施工质量验收规范》GB 50205-2001中钢结构防腐涂料涂装的相关要求。

10.3 对有防火要求的建筑物,结构构件的防火措施应符合国家现行有关标准要求。

10.4 当门洞边无砖墙支撑预制过梁时,改做现浇过梁(墙厚x150,2Φ10,Φ8@200)。

10.5 结构施工图中留洞须与建筑图、水暖施工图校对无误后施工。

标记 | 处数 | 文件号 | 签名 | 日期
总设计 | 审定
设计 | 室主任
制图 | 总工程师
审核 | 院长
标准化 | 日期

综合办公楼

结构设计说明(二)

图序 2

S21336-G653-2

共 张 第 张

标记 重量 比例 1:100

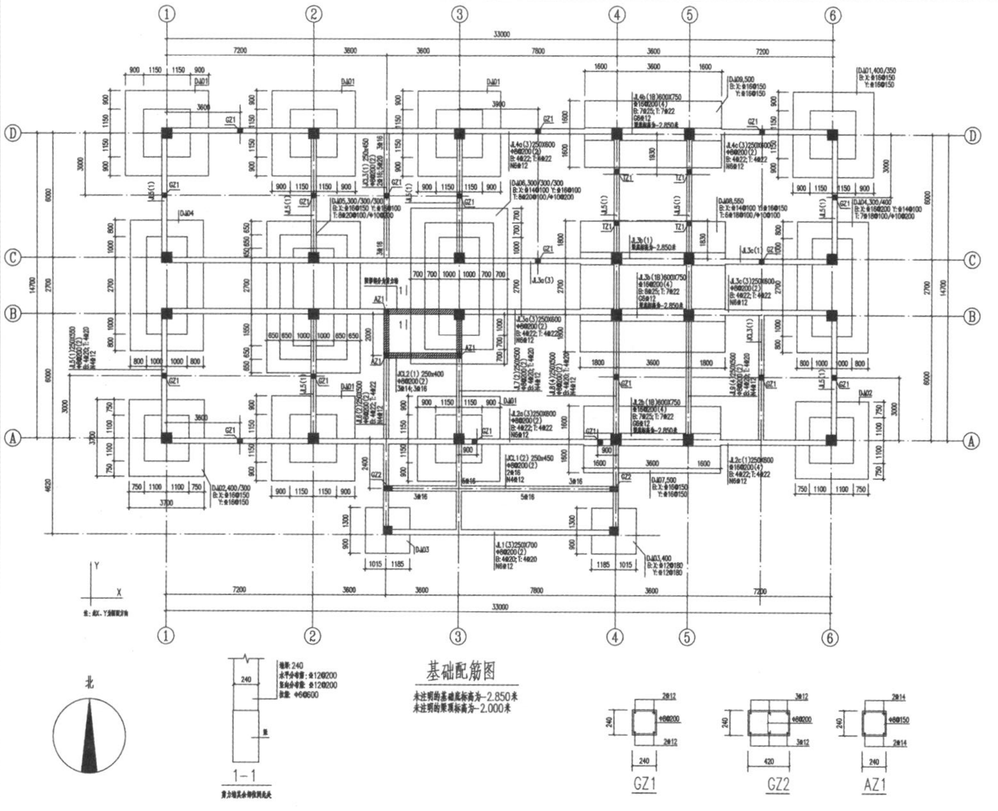

基础配筋图

未注明的基础底标高为-2.850米
未注明的梁顶标高为-2.000米

GZ1　GZ2　AZ1　1-1

地基及基础设计说明

1、本工程±0.000相当于绝对标高99.550.

2、地基处理：

本工程地基处理采用砂石垫层，基坑开挖至基础底标高下-4.450米，然后做1.5m厚砂石垫层(砂石垫层应级配良好，不含植物残体、垃圾等杂质。碎石的最大粒径不宜大于50mm。)，分层夯实回填至-2.950米，砂土垫层宽出基础外边缘不小于2.0m，压实系数不小于0.97，垫层需整片处理，垫层特征值应通过现场静载荷试验确定，处理后地基承载力特征值不小于200kPa.

3、基础施工：

1).基础混凝土强度等级：C30；钢筋：Φ为HPB300级钢筋，Φ为HRB400级钢筋.

2).基础下做100厚C15混凝土垫层，每边宽出基础外缘100.

3).独立基础及柱插筋构造见《混凝土结构施工图平面整体表示方法制图规则和构造详图(独立基础、条形基础、桩基承台)》(11G101-3)图集.

4).基础次梁(JCLx)配筋平面表示法含义详见《混凝土结构施工图平面整体表示方法制图规则和构造详图》(11G101-1).

5).次梁梁中附加箍筋每边3根，间距50，直径同梁箍筋.

6).未定位构造柱均居中布置.

4、其他：

1)开挖基槽时，在基础底设计标高以上，预留适当厚度约200mm的土，待垫层施工时，再挖至设计标高，分层施工垫层.

2)开挖基槽时，如遇坟坑，枯井，人防工事，软弱土层等异常情况，应按照有关施工规范、规程、规定进行处理.

3)基槽开挖完毕，应进行钎探，然后会同勘察设计单位验槽.

4)垫层施工时应严格执行《建筑地基处理技术规范》(JGJ79-2012).

5)土方开挖完成后应立即对基坑进行封闭，防止水浸和暴露，并应及时进行地下结构施工。基坑土方开挖应严格按设计要求进行，不得超挖.基坑周边超载，不得超过设计荷载限制条件.

6)施工单位应根据实测地下水位的标高，做相应的降水措施.

7)施工时，应做好基坑支护，以确保边坡稳定及周边道路，建(构)筑物的安全，基坑放坡坡度由施工单位自定.

8)本设计未考虑冬雨季施工措施。雨季施工时，要作好支护和排水.

9)若地质情况与以上描述不符，请与设计人员联系调整地基处理方案.

10)房心填土要求素土回填，分层压实，压实系数不小于0.94.

综合办公楼	S21336-G653-3	图号 3
地基处理图及基础配筋图	比例	1:100

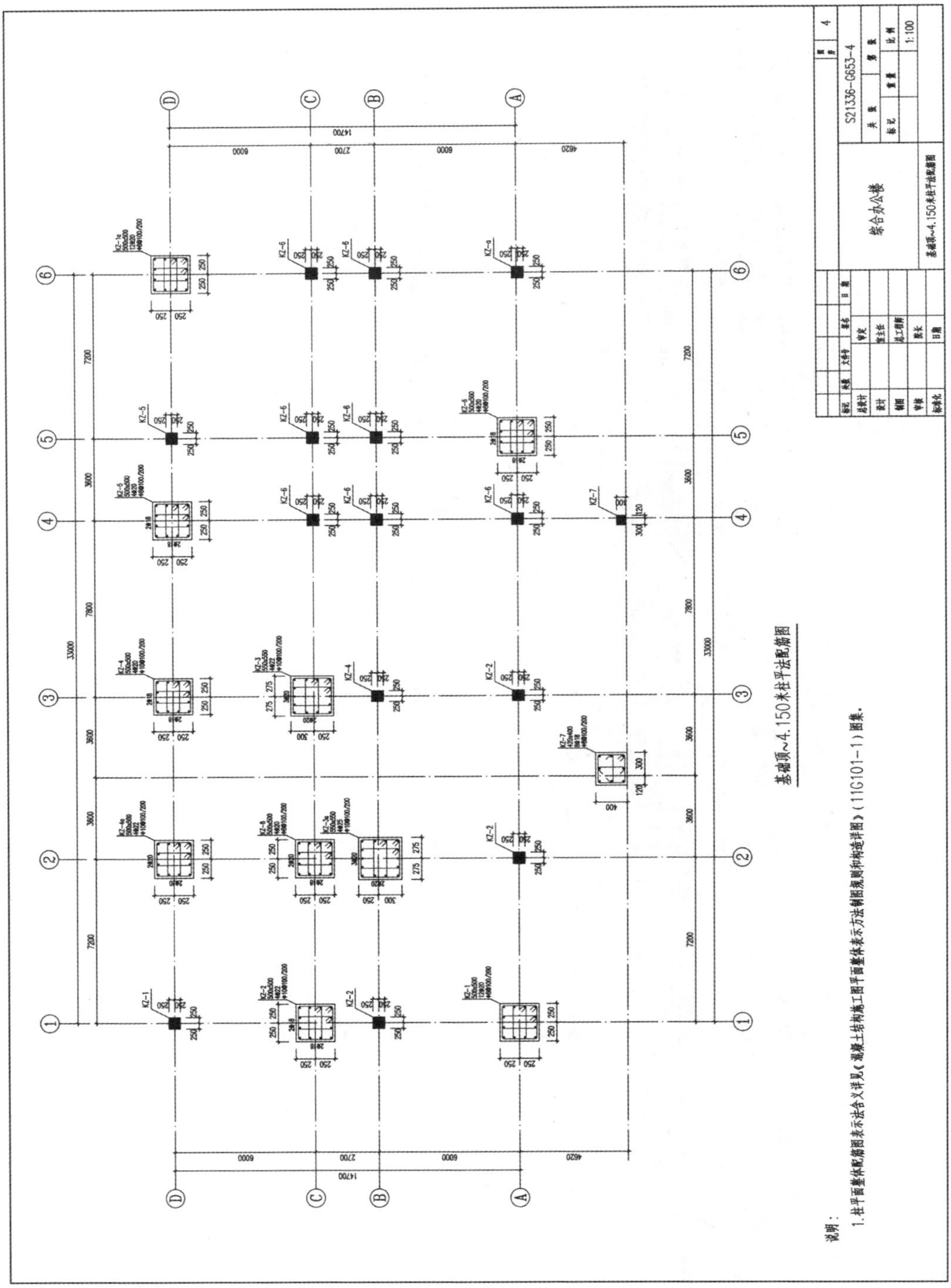

基础顶~4.150米柱平法配筋图

说明：

1.柱平面整体配筋图表示法含义详见《混凝土结构施工图平面整体表示方法制图规则和构造详图》(11G101-1)图集。

标记	处数	文件号	签名	日期	综合办公楼	S21336-G653-4		图序 4
总设计		审定				共 张		第 张
设计		室主任				标记	重量	比例
制图		总工程师						1:100
审核		院长						
标准化		日期			基础顶~4.150米柱平法配筋图			

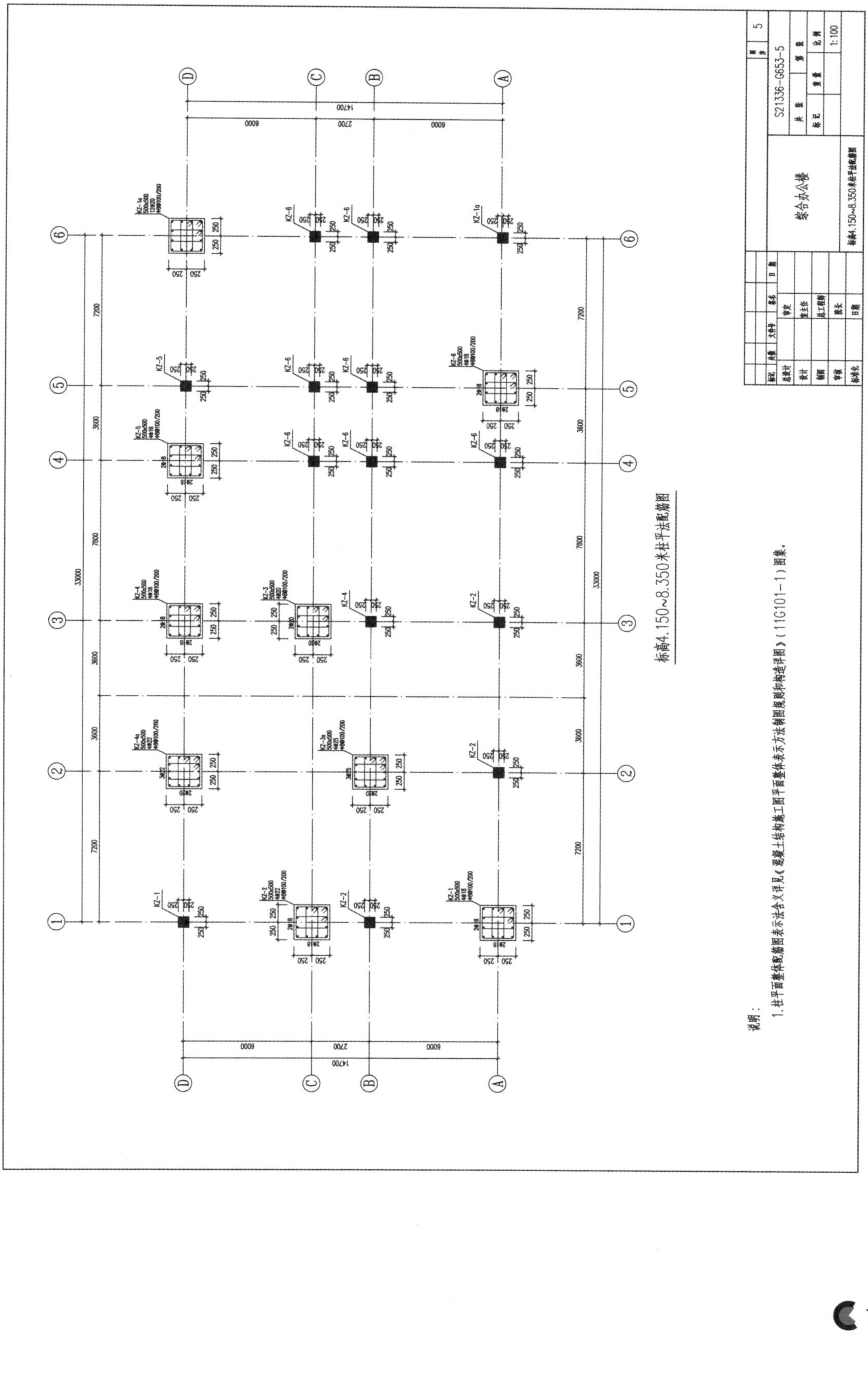

① ② ③ ④ ⑤ ⑥

33000

7200 3600 3600 7800 3600 7200

KZ-1
KZ-4a 500x500 4⌀22 ⌀8@100/200
KZ-4 500x500 4⌀18 ⌀8@100/200
KZ-5 500x500 4⌀18 ⌀8@100/200
KZ-5
KZ-1a 500x500 12⌀20 ⌀8@100/200

KZ-2 500x500 4⌀22 ⌀8@100/200
KZ-3 500x500 4⌀20 ⌀8@100/200
KZ-6 KZ-6 KZ-6

KZ-2
KZ-3a 500x500 4⌀25 ⌀8@100/200
KZ-4
KZ-6 KZ-6 KZ-6

KZ-1 500x500 4⌀18 ⌀8@100/200
KZ-2 KZ-2 KZ-6
KZ-6 500x500 4⌀18 ⌀8@100/200
KZ-1a

Ⓓ Ⓒ Ⓑ Ⓐ

6000 2700 6000 14700

7200 3600 3600 7800 3600 7200

33000

① ② ③ ④ ⑤ ⑥

标高4.150~8.350米柱平法配筋图

说明：

1.柱平面整体配筋图表示法含义详见《混凝土结构施工图平面整体表示方法制图规则和构造详图》（11G101-1）图集。

标记	处数	文件号	签名	日期	综合办公楼	图序 5
总设计		审定				S21336-G653-5
设计		室主任				共 张 第 张
制图		总工程师				标记 重量 比例
审核		院长				1:100
标准化		日期			标高4.150~8.350米柱平法配筋图	

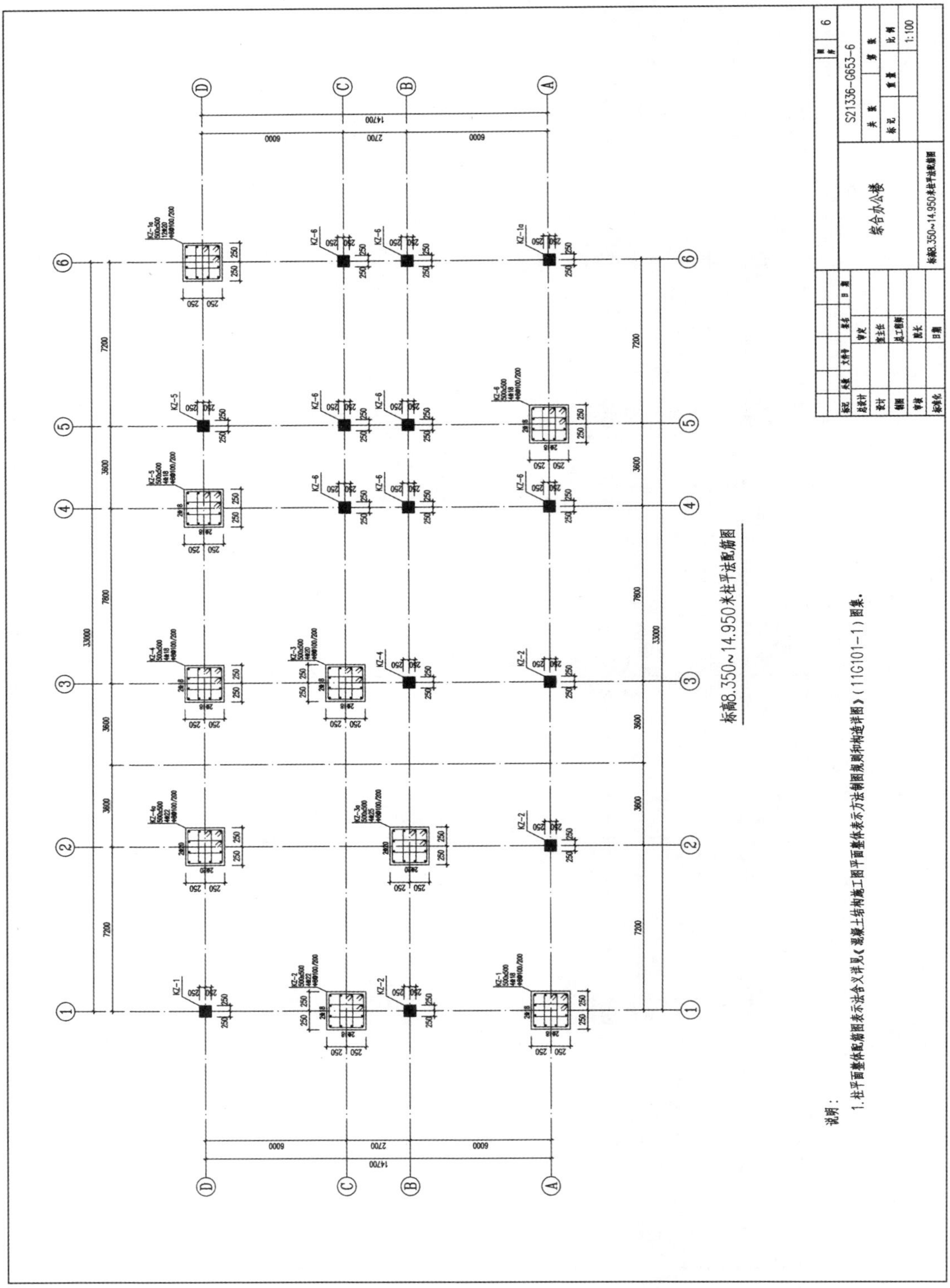

标高8.350~14.950米柱平法配筋图

说明：

1. 柱平面整体配筋图表示法含义详见《混凝土结构施工图平面整体表示方法制图规则和构造详图》（11G101-1）图集。

标记	共数	文件号	签名	日期		综合办公楼	S21336-G653-6		图序 6
总设计		审定					共 张	第 张	
设计		室主任					标记	重量	比例
制图		总工程师							1:100
审核		院长							
标准化		日期				标高8.350~14.950米柱平法配筋图			

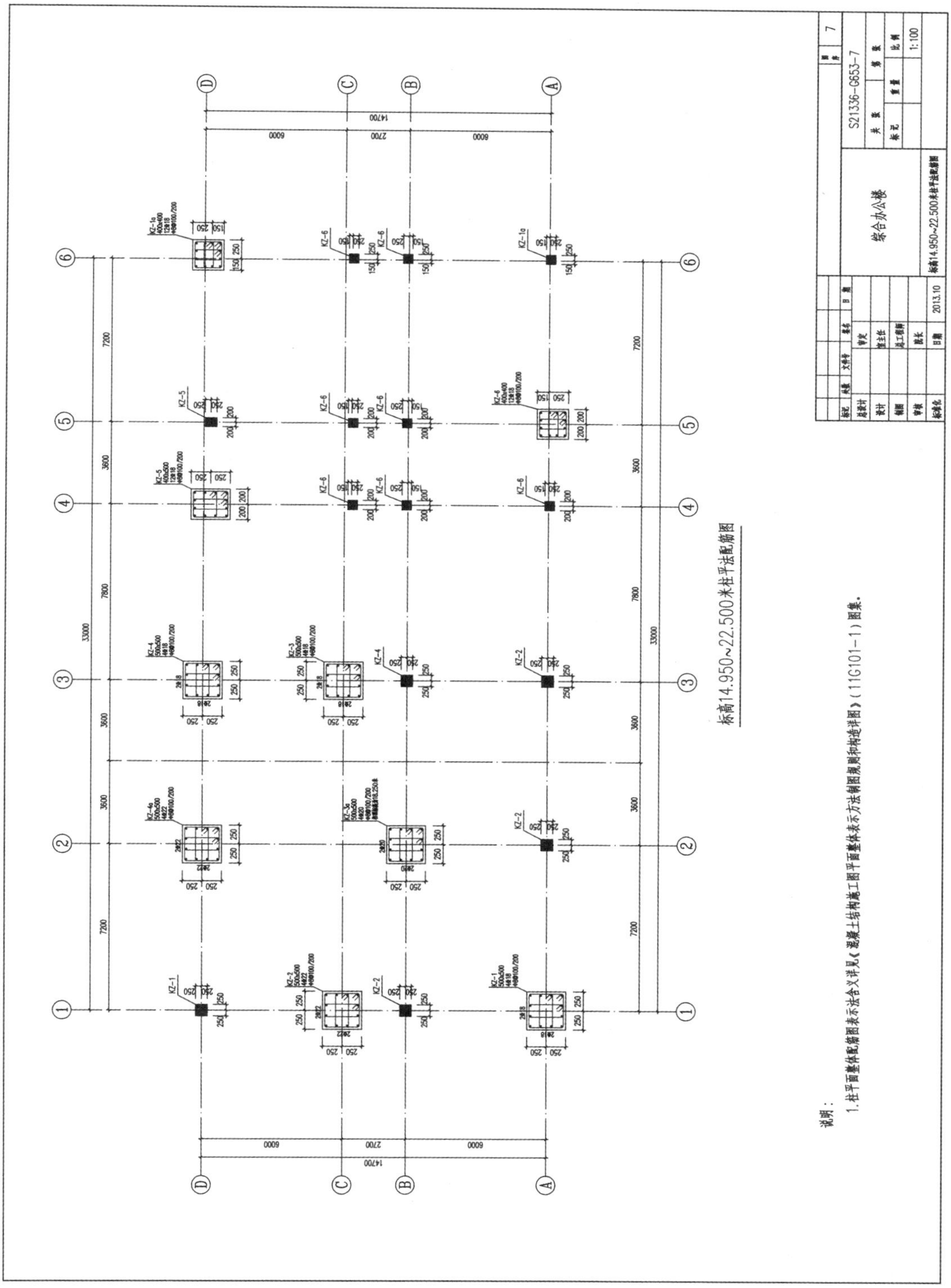

标高14.950~22.500米柱平法配筋图

说明：

1.柱平面整体配筋图表示法含义详见《混凝土结构施工图平面整体表示方法制图规则和构造详图》（11G101-1）图集。

标记	处数	文件号	签名	日期			
总设计		审定		综合办公楼	S21336-G653-7		图序 7
设计		室主任			共 张	第 张	
制图		总工程师			标记	重量	比例
审核		院长					1:100
标准化		日期	2013.10	标高14.950~22.500米柱平法配筋图			

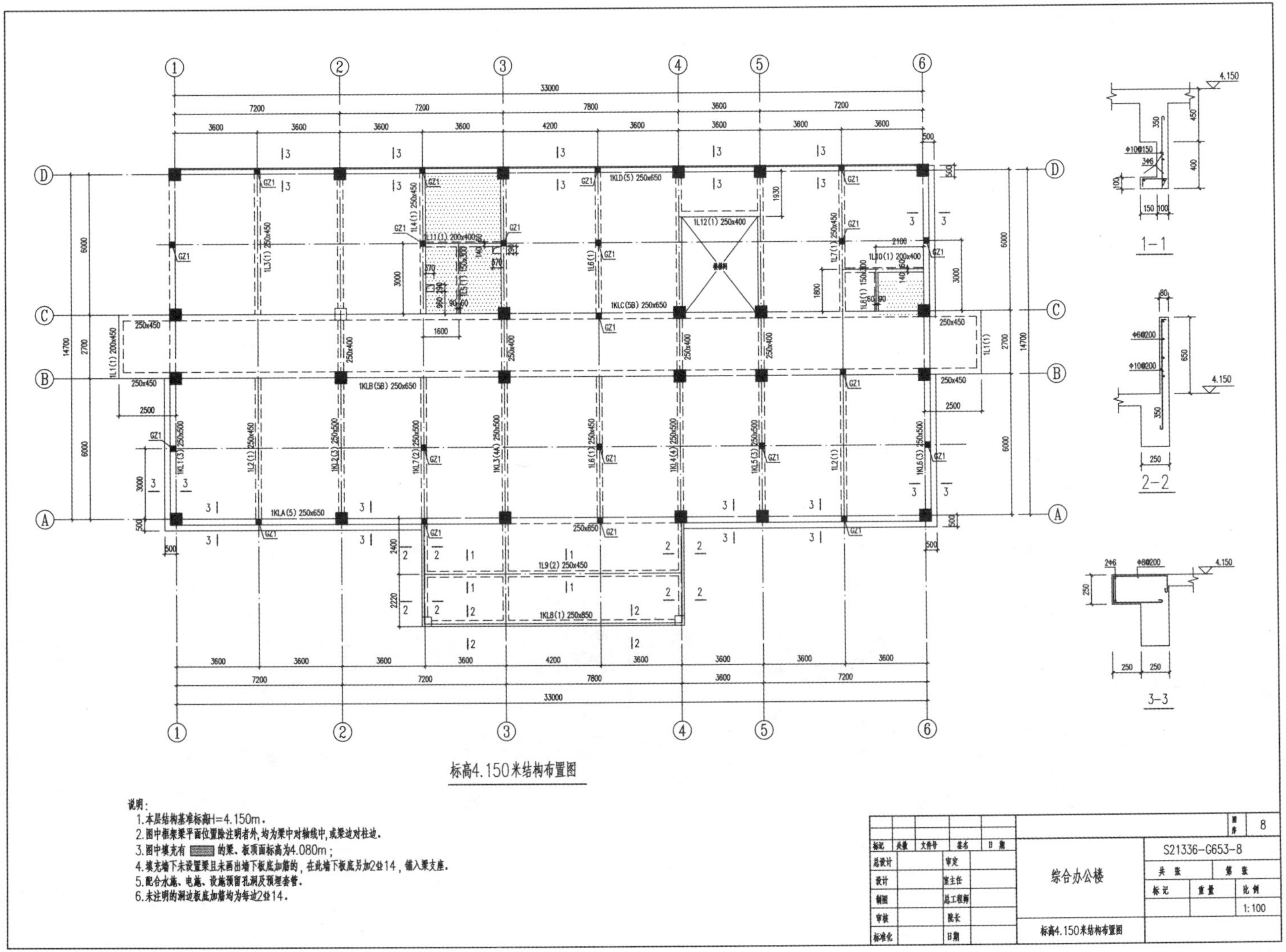
标高4.150米结构布置图
说明：
1.本层结构基准标高H=4.150m。
2.图中框架梁平面位置除注明者外，均为梁中对轴线中，或梁边对柱边。
3.图中填充有 的梁、板顶面标高为4.080m；
4.填充墙下未设置梁且未画出墙下板底加筋的，在此墙下板底另加2⌀14，锚入梁支座。
5.配合水施、电施、设施预留孔洞及预埋套管。
6.未注明的洞边板底加筋均为每边2⌀14。
综合办公楼
标高4.150米结构布置图
S21336-G653-8
1:100

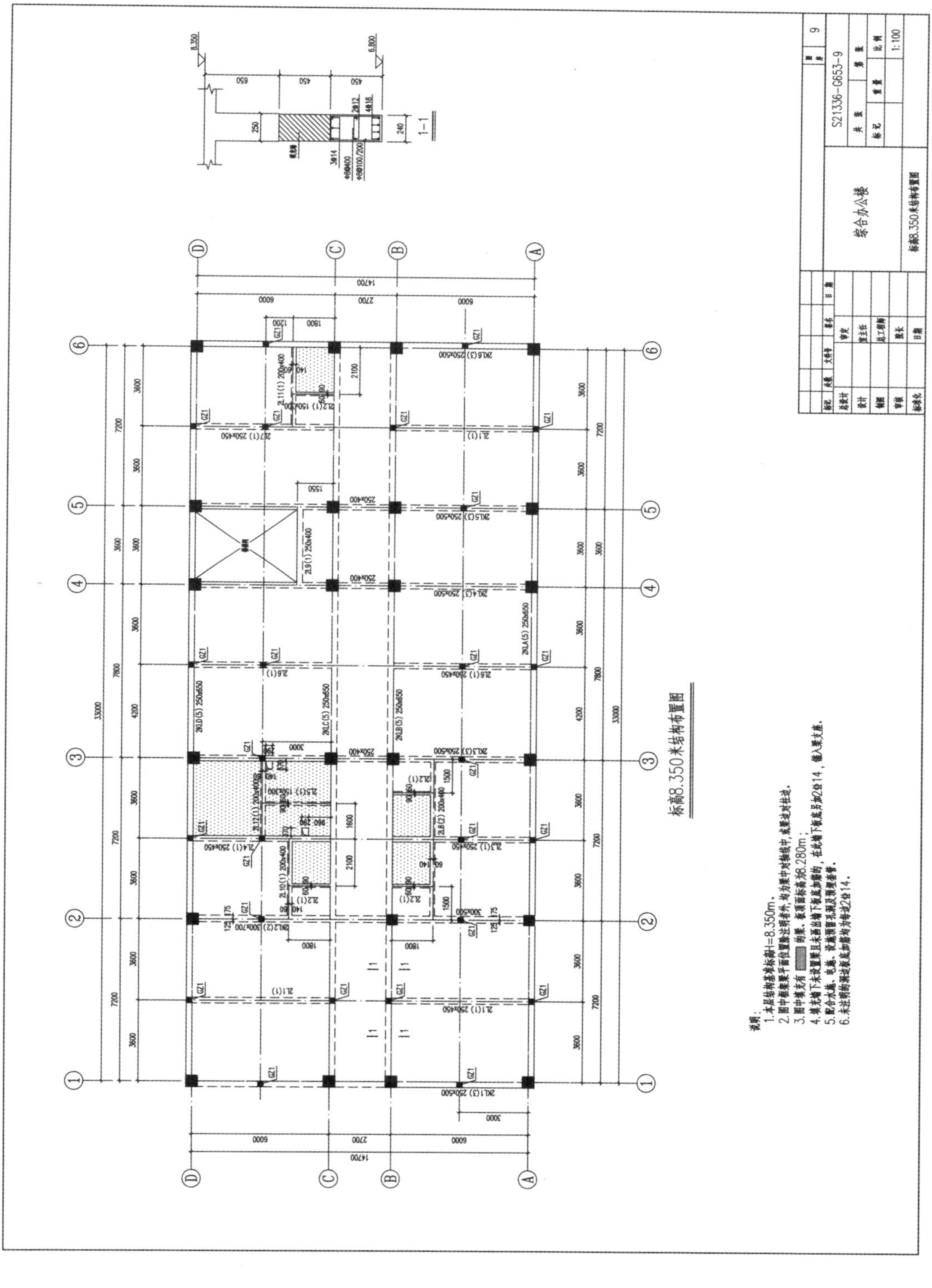

1-1

标高8.350米结构布置图

说明：

1. 本层结构基准标高H=8.350m。
2. 图中框架梁平面位置除注明者外，均为梁中对轴线中，或梁边对柱边。
3. 图中填充有 ▨ 的梁、板顶面标高为8.280m；
4. 填充墙下未设置梁且未画出墙下板底加筋的，在此墙下板底另加2⌀14，锚入梁支座。
5. 配合水施、电施、设施预留孔洞及预埋套管。
6. 未注明的洞边板底加筋均为每边2⌀14。

标记	共数	文件号	签名	日期
总设计		审定		
设计		室主任		
制图		总工程师		
审核		院长		
标准化		日期		

综合办公楼

标高8.350米结构布置图

图号	9
S21336-G653-9	
共 张	第 张
标记	重量	比例
		1:100

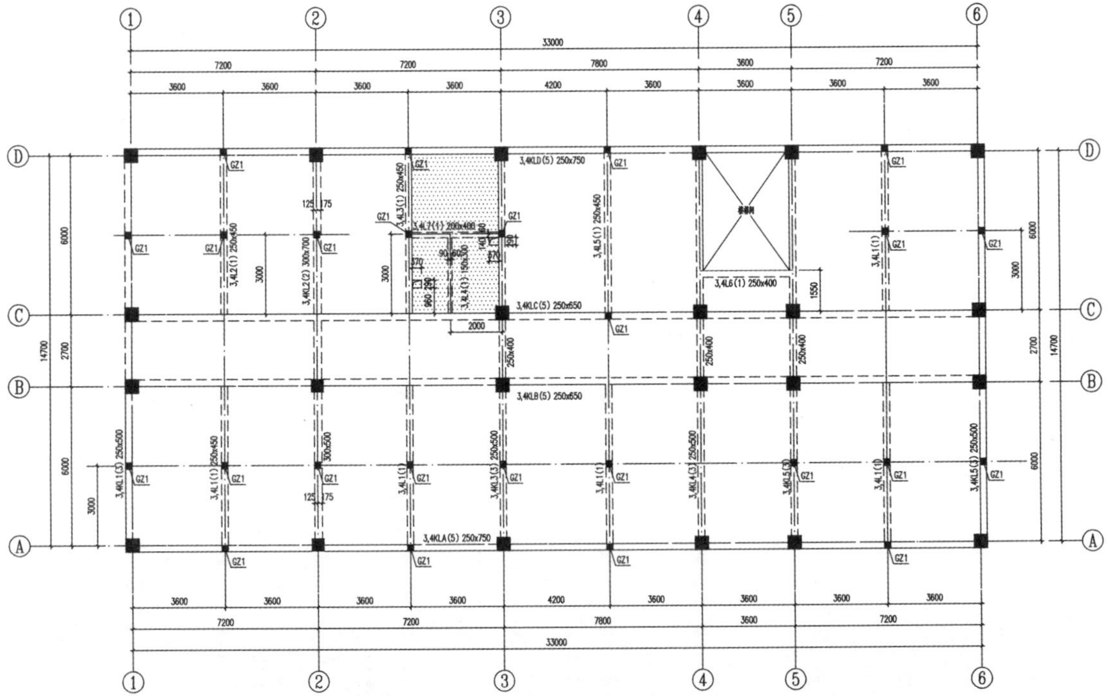

标高11.650、14.950米结构布置图

说明：

1. 本层结构基准标高H=11.650、14.950m.
2. 图中框架梁平面位置除注明者外，均为梁中对轴线中，或梁边对柱边.
3. 图中填充有 ▒▒ 的梁、板顶面标高为11.580、14.880m；
4. 填充墙下未设置梁且未画出墙下板底加筋的，在此墙下板底另加2⌀14，锚入梁支座.
5. 配合水施、电施、设施预留孔洞及预埋套管.
6. 未注明的洞边板底加筋均为每边2⌀14.

						图序	10
标记	处数	文件号	签名	日期	综合办公楼	S21336-G653-10	
总设计		审定				共　张	第　张
设计		室主任				标记	重量　比例
制图		总工程师					1:100
审核		院长					
标准化		日期			标高11.650、14.950米结构布置图		

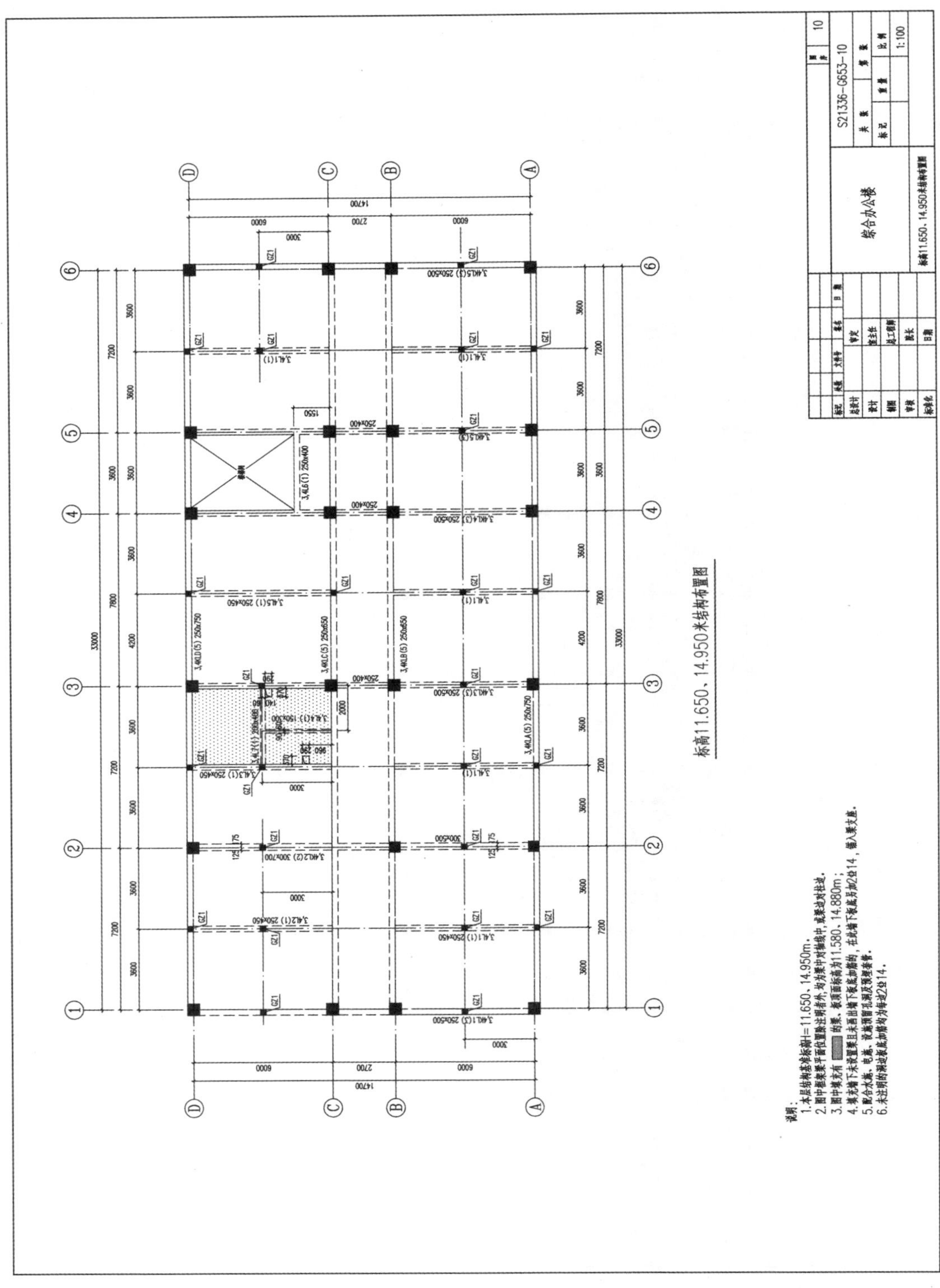

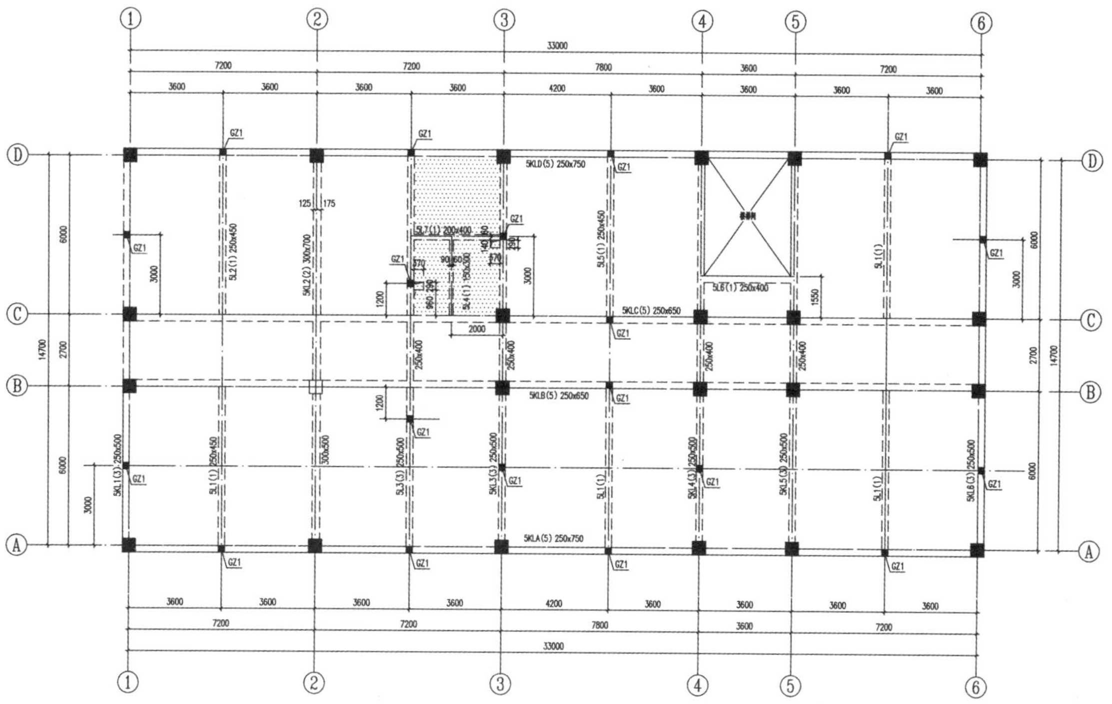

标高18.250米结构布置图

说明：

1. 本层结构基准标高H=18.250m。
2. 图中框架梁平面位置除注明者外，均为梁中对轴线中，或梁边对柱边。
3. 图中填充有 [填充图例] 的梁、板顶面标高为18.180m；
4. 填充墙下未设置梁且未画出墙下板底加筋的，在此墙下板底另加2⌀14，锚入梁支座。
5. 配合水施、电施、设施预留孔洞及预埋套管。
6. 未注明的洞边板底加筋均为每边2⌀14。

标记	共数	文件号	签名	日期	综合办公楼	S21336-G653-11	图序 11
总设计		审定				共 张	第 张
设计		室主任				标记	重量
制图		总工程师				比例 1:100	
审核		院长					
标准化		日期			标高18.250米结构布置图		

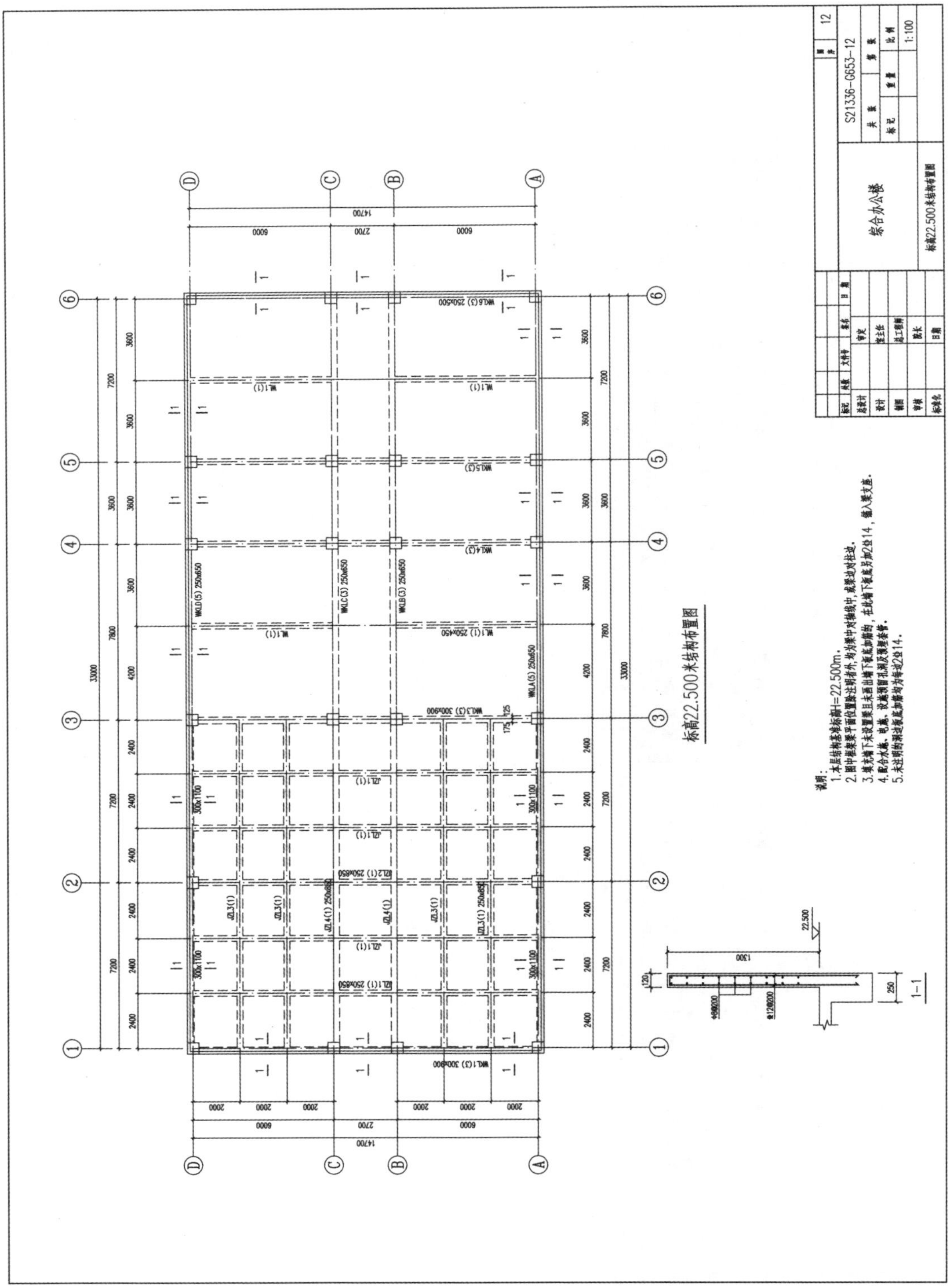

WKLD(5) 250x650
WKLC(3) 250x650
WKLB(3) 250x650
WKLA(5) 250x650
WKL1(3) 300x900
WKL3(3) 300x900
WKL4(3)
WKL5(3)
WKL6(3) 250x500
WL1(1) 250x450
JZL1(1) 250x850
JZL2(1) 250x850
JZL3(1) 250x850
JZL4(1) 250x850
300x1100

标高22.500米结构布置图

1-1

说明：

1. 本层结构基准标高H=22.500m。
2. 图中框架梁平面位置除注明者外，均为梁中对轴线中，或梁边对柱边。
3. 填充墙下未设置梁且未画出墙下板底加筋的，在此墙下板底另加2⌀14，锚入梁支座。
4. 配合水施、电施、设施预留孔洞及预埋套管。
5. 未注明的洞边板底加筋均为每边2⌀14。

标记	处数	文件号	签名	日期	综合办公楼	图序	12
总设计		审定				S21336-G653-12	
设计		室主任				共 张	第 张
制图		总工程师				标记 / 重量	比例
审核		院长					1:100
标准化		日期			标高22.500米结构布置图		

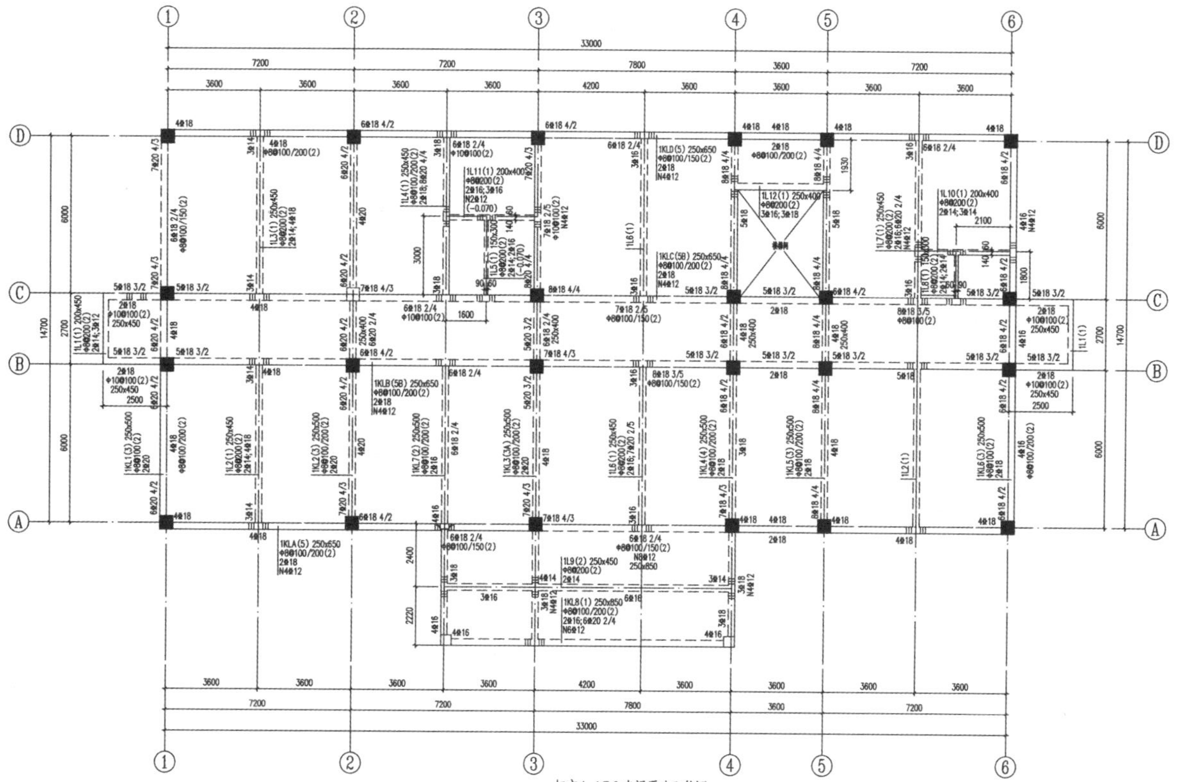

标高4.150米梁平法配筋图

注：

1. 梁平面整体配筋图表示法含义详见<<混凝土结构施工图平面整体表示方法制图规则和构造详图>>(11G101-1)图集。
2. 梁中附加箍筋每边3根，间距50，直径同梁箍筋；未注明的附加吊筋均为2⌀16。
   梁中附加箍筋构造见图集11G101-1第87页相关节点。
3. 除注明者外，梁与轴线居中或与柱边平齐。
4. 当梁平柱边时，梁纵筋应置于柱纵筋内侧。
5. 编号相同的梁其配筋相同（包括梁支座处的附加箍筋及吊筋）。
6. 钢筋下料时应注意：梁在支座的左右处纵筋，能连通者应互相连通；连通的负筋不能在支座处截断。

标记	共数	文件号	签名	日期	综合办公楼	图号	13
总设计		审定				S21336-G653-13	
设计		室主任				共 张	第 张
制图		总工程师				标记 重量	比例 1:100
审核		院长					
标准化		日期			标高4.150米梁平法配筋图		

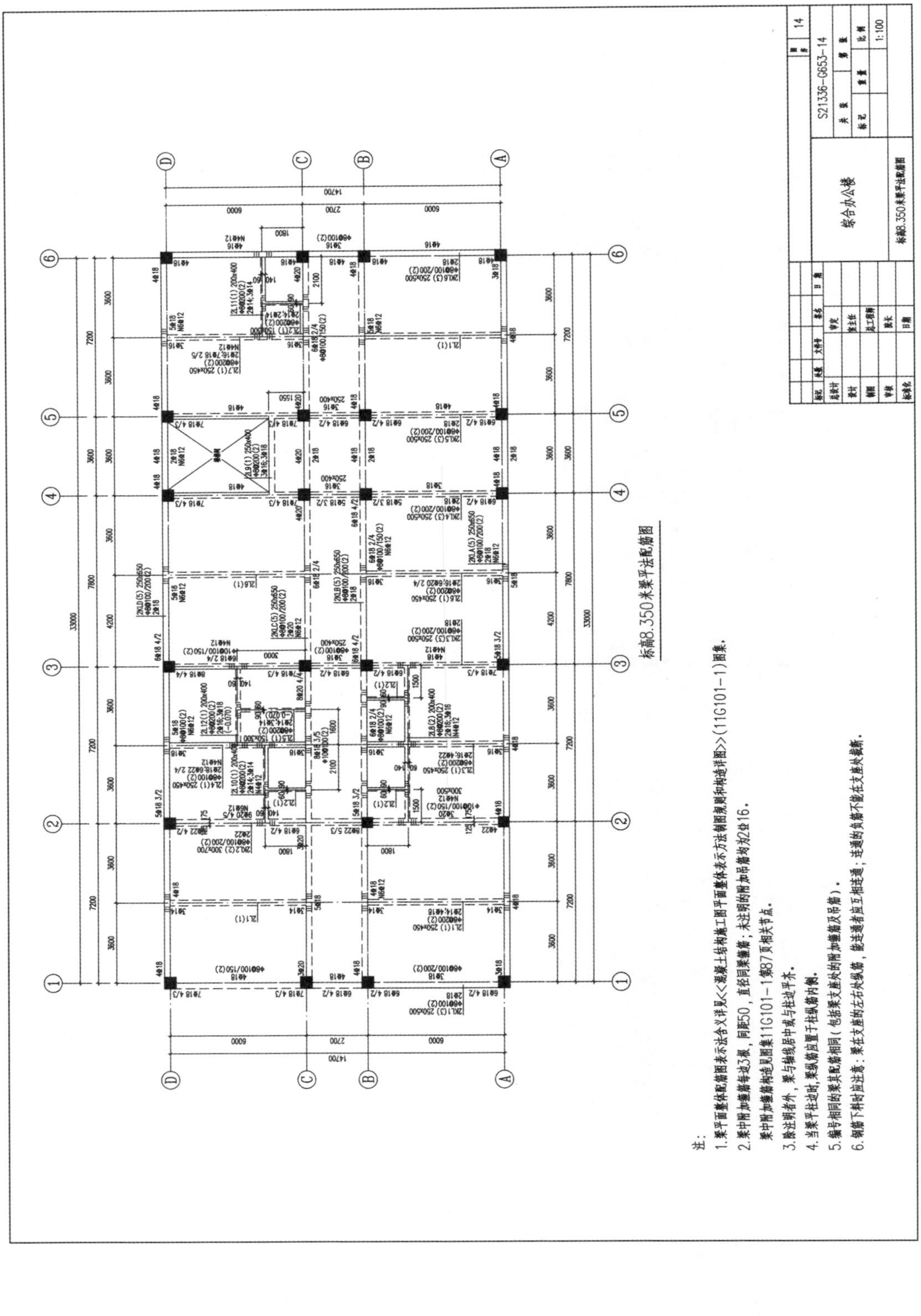

标高8.350米梁平法配筋图

注：

1.梁平面整体配筋图表示法含义详见<<混凝土结构施工图平面整体表示方法制图规则和构造详图>>(11G101-1)图集。

2.梁中附加箍筋每边3根，间距50，直径同梁箍筋；未注明的附加吊筋均为2⌀16。

梁中附加箍筋构造见图集11G101-1第87页相关节点。

3.除注明者外，梁与轴线居中或与柱边平齐。

4.当梁平柱边时，梁纵筋应置于柱纵筋内侧。

5.编号相同的梁其配筋相同(包括梁支座处的附加箍筋及吊筋)。

6.钢筋下料时应注意：梁在支座的左右处纵筋，能连通者应互相连通；连通的负筋不能在支座处截断。

标记	处数	文件号	签名	日期	综合办公楼	图序	14
总设计		审定				S21336-G653-14	
设计		室主任				共 张	第 张
制图		总工程师				标记 重量	比例
审核		院长					1:100
标准化		日期			标高8.350米梁平法配筋图		

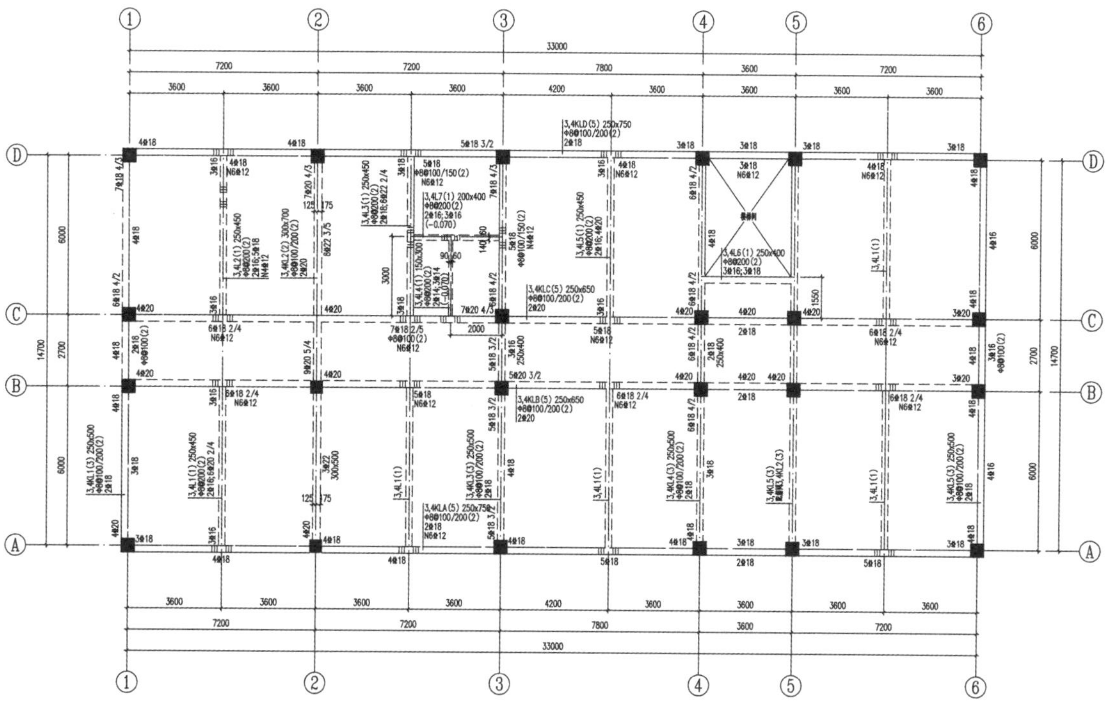

标高11.650、14.950米梁平法配筋图

注：

1.梁平面整体配筋图表示法含义详见<<混凝土结构施工图平面整体表示方法制图规则和构造详图>>(11G101-1)图集。

2.梁中附加箍筋每边3根，间距50，直径同梁箍筋；未注明的附加吊筋均为2⌀16。

梁中附加箍筋构造见图集11G101-1第87页相关节点。

3.除注明者外，梁与轴线居中或与柱边平齐。

4.当梁平柱边时，梁纵筋应置于柱纵筋内侧。

5.编号相同的梁其配筋相同（包括梁支座处的附加箍筋及吊筋）。

6.钢筋下料时应注意：梁在支座的左右处纵筋，能连通者应互相连通；连通的负筋不能在支座处截断。

标记	处数	文件号	签名	日期	综合办公楼	S21336-G653-15		图序 15
总设计		审定				共 张	第 张	
设计		室主任				标记	重量	比例
制图		总工程师						1:100
审核		院长						
标准化		日期			标高11.650、14.950米梁平法配筋图			

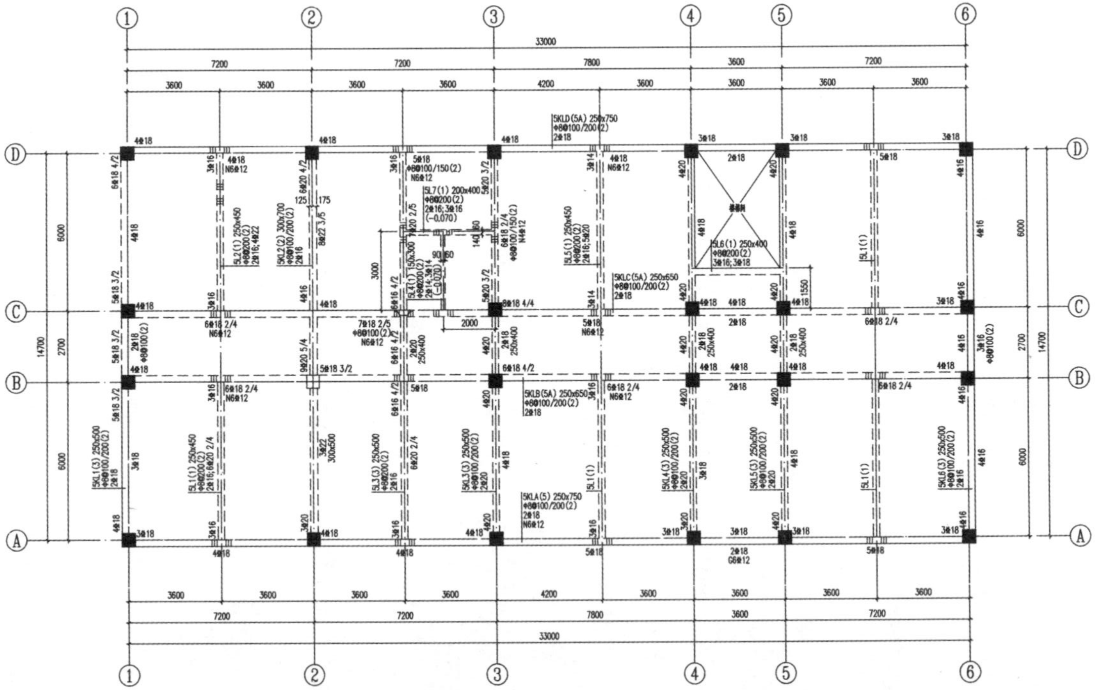

标高18.250米梁平法配筋图

注：

1.梁平面整体配筋图表示法含义详见<<混凝土结构施工图平面整体表示方法制图规则和构造详图>>(11G101-1)图集.

2.梁中附加箍筋每边3根，间距50，直径同梁箍筋；未注明的附加吊筋均为2⌀16.

梁中附加箍筋构造见图集11G101-1第87页相关节点.

3.除注明者外，梁与轴线居中或与柱边平齐.

4.当梁平柱边时，梁纵筋应置于柱纵筋内侧.

5.编号相同的梁其配筋相同（包括梁支座处的附加箍筋及吊筋）.

6.钢筋下料时应注意：梁在支座的左右处纵筋，能连通者应互相连通；连通的负筋不能在支座处截断.

标记	处数	文件号	签名	日期	综合办公楼	图号	16
总设计		审定				S21336-G653-16	
设计		室主任				共 张	第 张
制图		总工程师				标记 重量	比例
审核		院长					1:100
标准化		日期			标高18.250米梁平法配筋图		

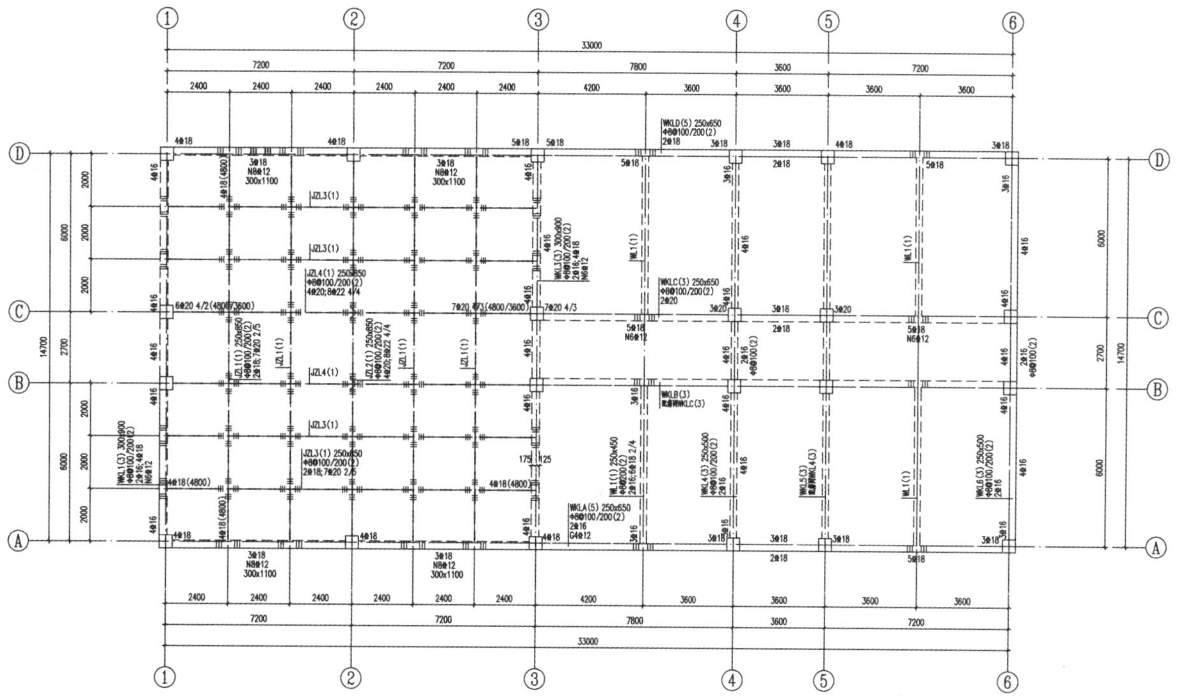

标高22.500米梁平法配筋图

注:

1. 梁平面整体配筋图表示法含义详见<<混凝土结构施工图平面整体表示方法制图规则和构造详图>>(11G101-1)图集.
2. 梁中附加箍筋每边3根，间距50，直径同梁箍筋；未注明的附加吊筋均为2⌀16.
   梁中附加箍筋构造见图集11G101-1第87页相关节点.
3. 除注明者外，梁与轴线居中或与柱边平齐.
4. 当梁平柱边时,梁纵筋应置于柱纵筋内侧.
5. 编号相同的梁其配筋相同(包括梁支座处的附加箍筋及吊筋).
6. 钢筋下料时应注意：梁在支座的左右处纵筋，能连通者应互相连通；连通的负筋不能在支座处截断.

标记	处数	文件号	签名	日期	综合办公楼	图序 17
总设计		审定				S21336-G653-17
设计		室主任				共 张 第 张
制图		总工程师				标记 重量 比例
审核		院长				1:100
标准化		日期			标高22.500米梁平法配筋图	

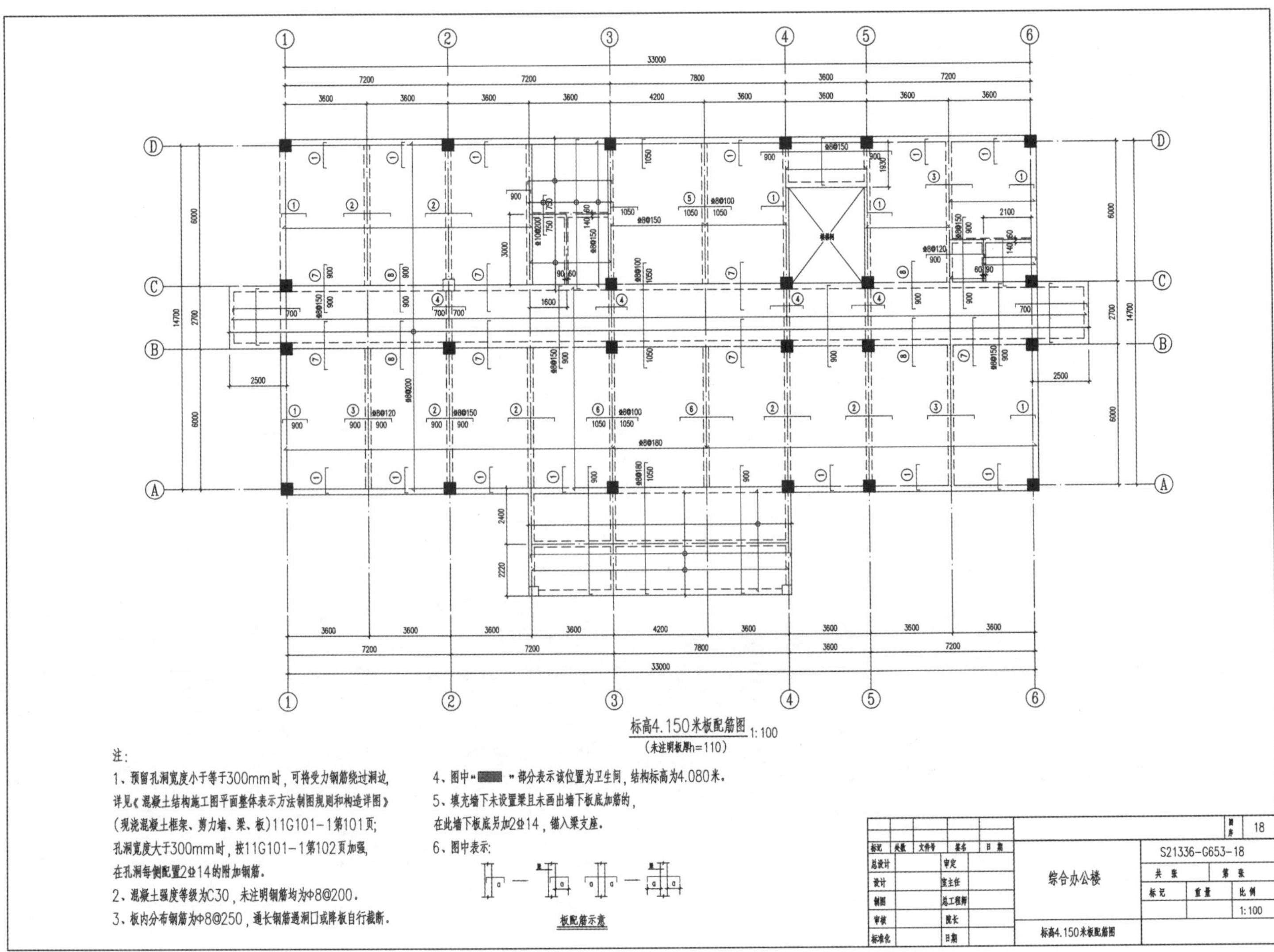

标高4.150米板配筋图 1:100
(未注明板厚h=110)
注:
1、预留孔洞宽度小于等于300mm时，可将受力钢筋绕过洞边，
详见《混凝土结构施工图平面整体表示方法制图规则和构造详图》
(现浇混凝土框架、剪力墙、梁、板)11G101-1第101页;
孔洞宽度大于300mm时，按11G101-1第102页加强，
在孔洞每侧配置2⌀14的附加钢筋。
2、混凝土强度等级为C30，未注明钢筋均为⌀8@200。
3、板内分布钢筋为⌀8@250，通长钢筋遇洞口或降板自行截断。
4、图中"▇"部分表示该位置为卫生间，结构标高为4.080米。
5、填充墙下未设置梁且未画出墙下板底加筋的，
在此墙下板底另加2⌀14，锚入梁支座。
6、图中表示:
板配筋示意
综合办公楼
标高4.150米板配筋图
S21336-G653-18
18
1:100

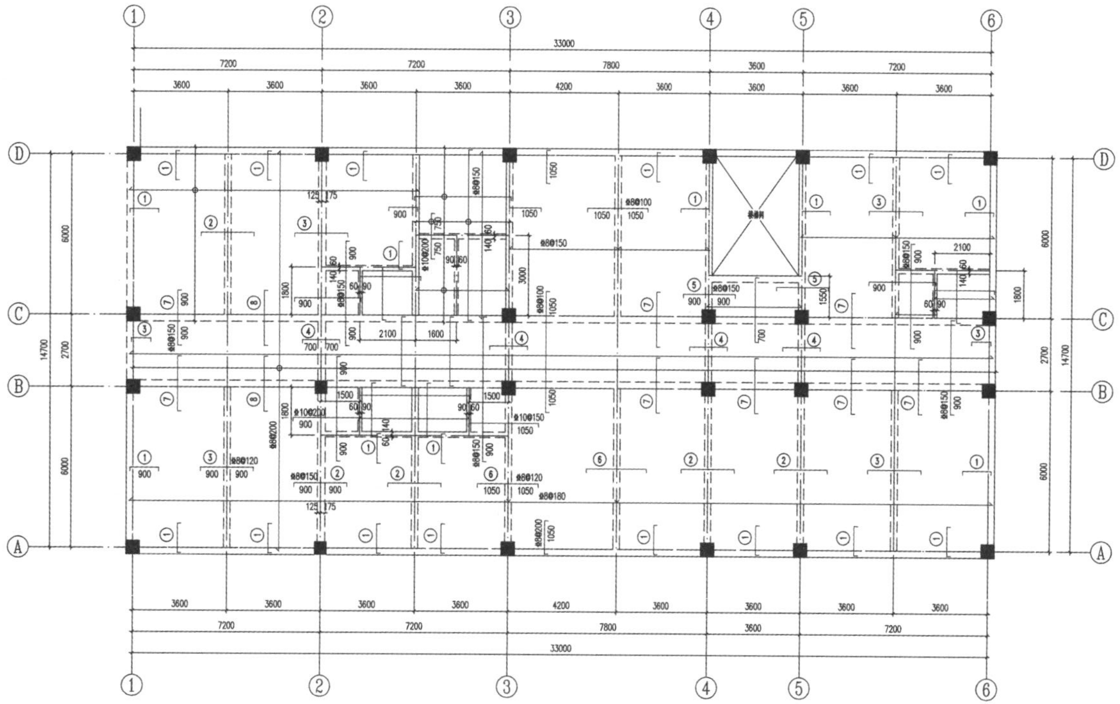

标高8.350米板配筋图 1:100

(未注明板厚h=110)

注：

1、预留孔洞宽度小于等于300mm时，可将受力钢筋绕过洞边，详见《混凝土结构施工图平面整体表示方法制图规则和构造详图》(现浇混凝土框架、剪力墙、梁、板)11G101-1第101页；孔洞宽度大于300mm时，按11G101-1第102页加强，在孔洞每侧配置2⌀14的附加钢筋。

2、混凝土强度等级为C30，未注明钢筋均为Φ8@200。

3、板内分布钢筋为Φ8@250，通长钢筋遇洞口或降板自行截断。

4、图中“▨”部分表示该位置为卫生间，结构标高为8.280米。

5、填充墙下未设置梁且未画出墙下板底加筋的，在此墙下板底另加2⌀14，锚入梁支座。

6、图中表示：

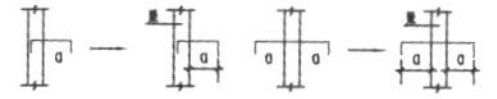

板配筋示意

标记	处数	文件号	签名	日期	综合办公楼	图序 19
总设计		审定				S21336-G653-19
设计		室主任				共 张 第 张
制图		总工程师				标记 重量 比例
审核		院长				1:100
标准化		日期			标高8.350米板配筋图	

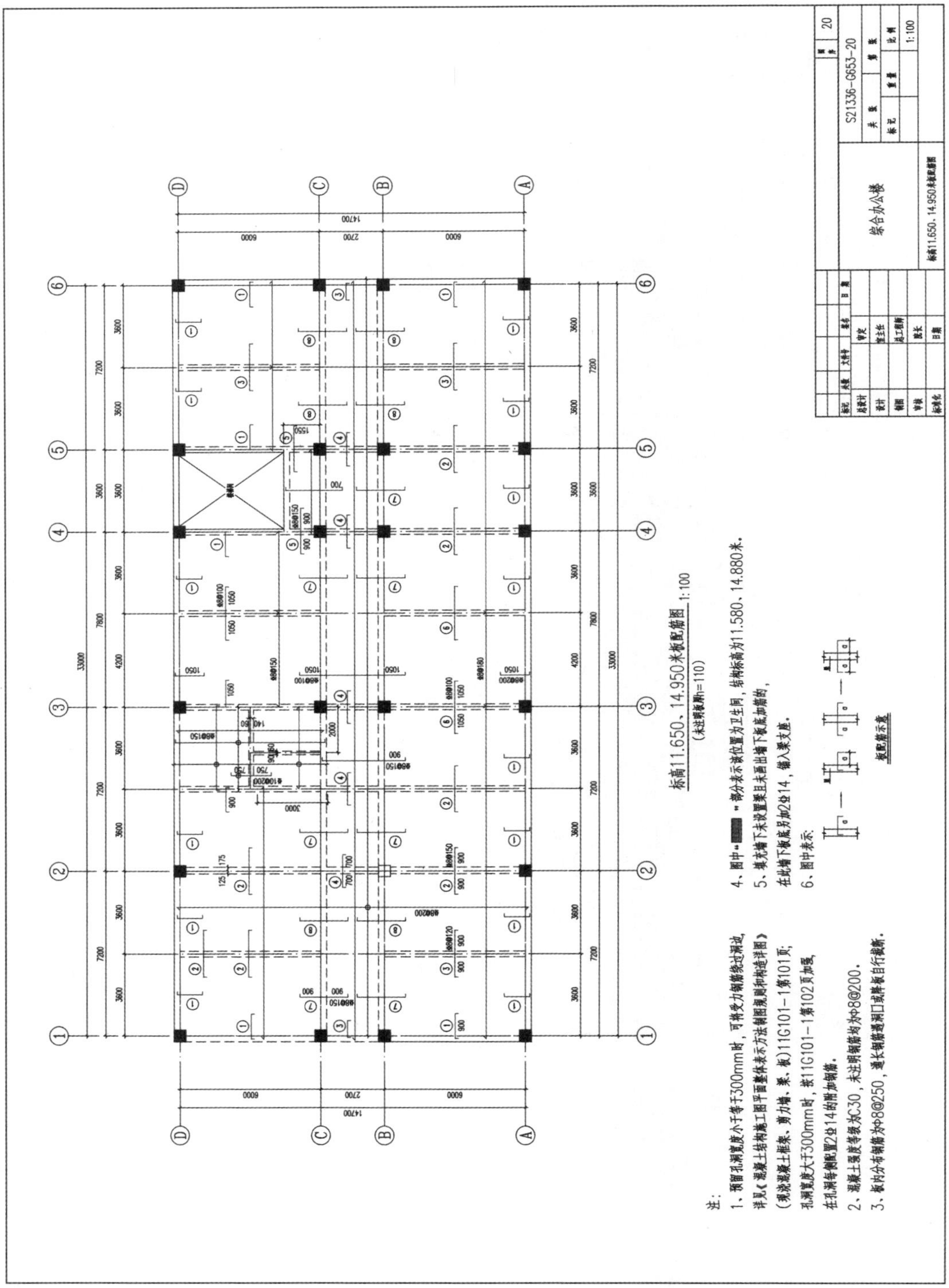

标高11.650、14.950米板配筋图 1:100

（未注明板厚h=110）

注：

1、预留孔洞宽度小于等于300mm时，可将受力钢筋绕过洞边，详见《混凝土结构施工图平面整体表示方法制图规则和构造详图》（现浇混凝土框架、剪力墙、梁、板）11G101-1第101页；孔洞宽度大于300mm时，按11G101-1第102页加强，在孔洞每侧配置2⌀14的附加钢筋。

2、混凝土强度等级为C30，未注明钢筋均为⌀8@200。

3、板内分布钢筋为⌀8@250，通长钢筋遇洞口或降板自行截断。

4、图中“▓▓”部分表示该位置为卫生间，结构标高为11.580、14.880米。

5、填充墙下未设置梁且未画出墙下板底加筋的，在此墙下板底另加2⌀14，锚入梁支座。

6、图中表示：

板配筋示意

标记	共数	文件号	签名	日期	综合办公楼	S21336-G653-20		图序	20
总设计		审定				共 张		第 张	
设计		室主任				标记	重量	比例	
制图		总工程师						1:100	
审核		院长			标高11.650、14.950米板配筋图				
标准化		日期							

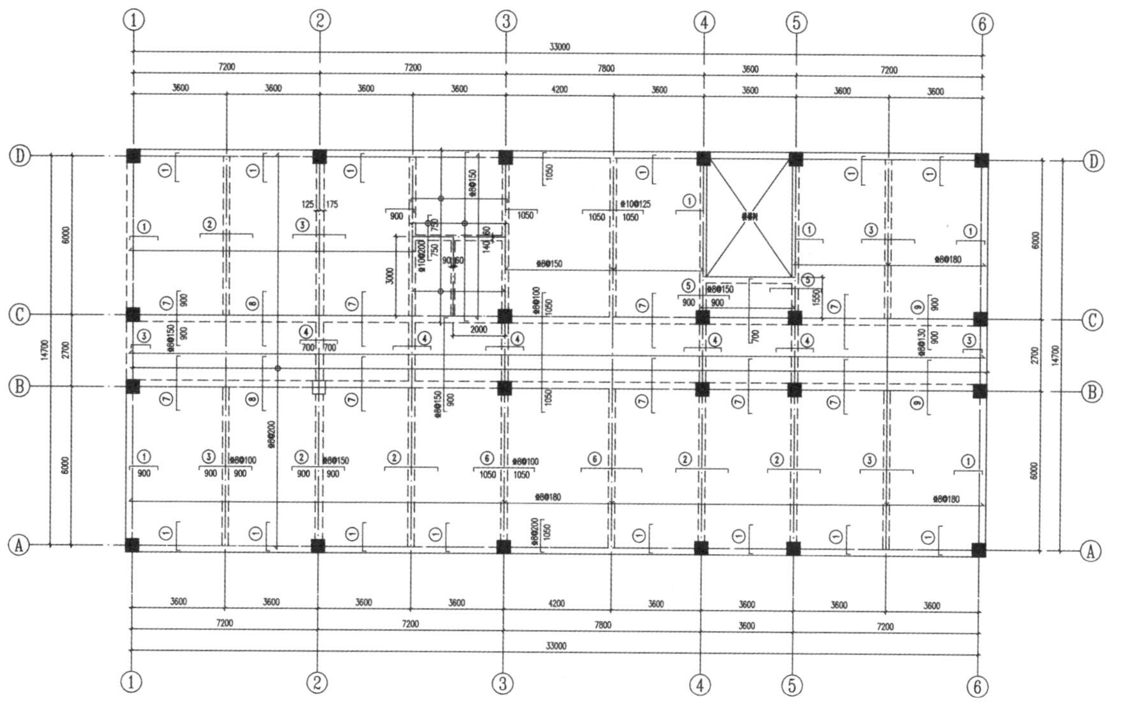

标高18.250米板配筋图 1:100

(未注明板厚h=110)

注:

1、预留孔洞宽度小于等于300mm时，可将受力钢筋绕过洞边，详见《混凝土结构施工图平面整体表示方法制图规则和构造详图》(现浇混凝土框架、剪力墙、梁、板)11G101-1第101页;
孔洞宽度大于300mm时，按11G101-1第102页加强，在孔洞每侧配置2⌀14的附加钢筋。

2、混凝土强度等级为C30，未注明钢筋均为Φ8@200。

3、板内分布钢筋为Φ8@250，通长钢筋遇洞口或降板自行截断。

4、图中"▒▒▒"部分表示该位置为卫生间，结构标高为18.180米。

5、填充墙下未设置梁且未画出墙下板底加筋的，在此墙下板底另加2⌀14，锚入梁支座。

6、图中表示:

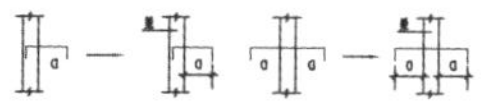

板配筋示意

标记	共数	文件号	签名	日期	综合办公楼	图序 21
总设计		审定				S21336-G653-21
设计		室主任				共 张 第 张
制图		总工程师				标记 重量 比例
审核		院长				1:100
标准化		日期			标高18.250米板配筋图	

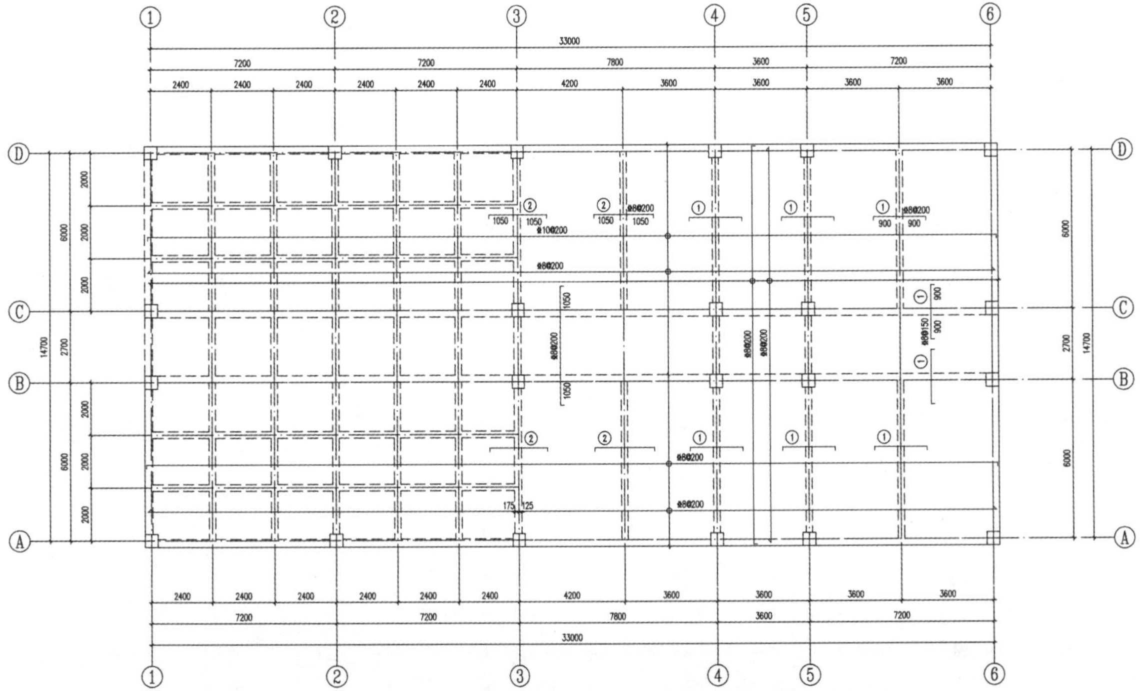

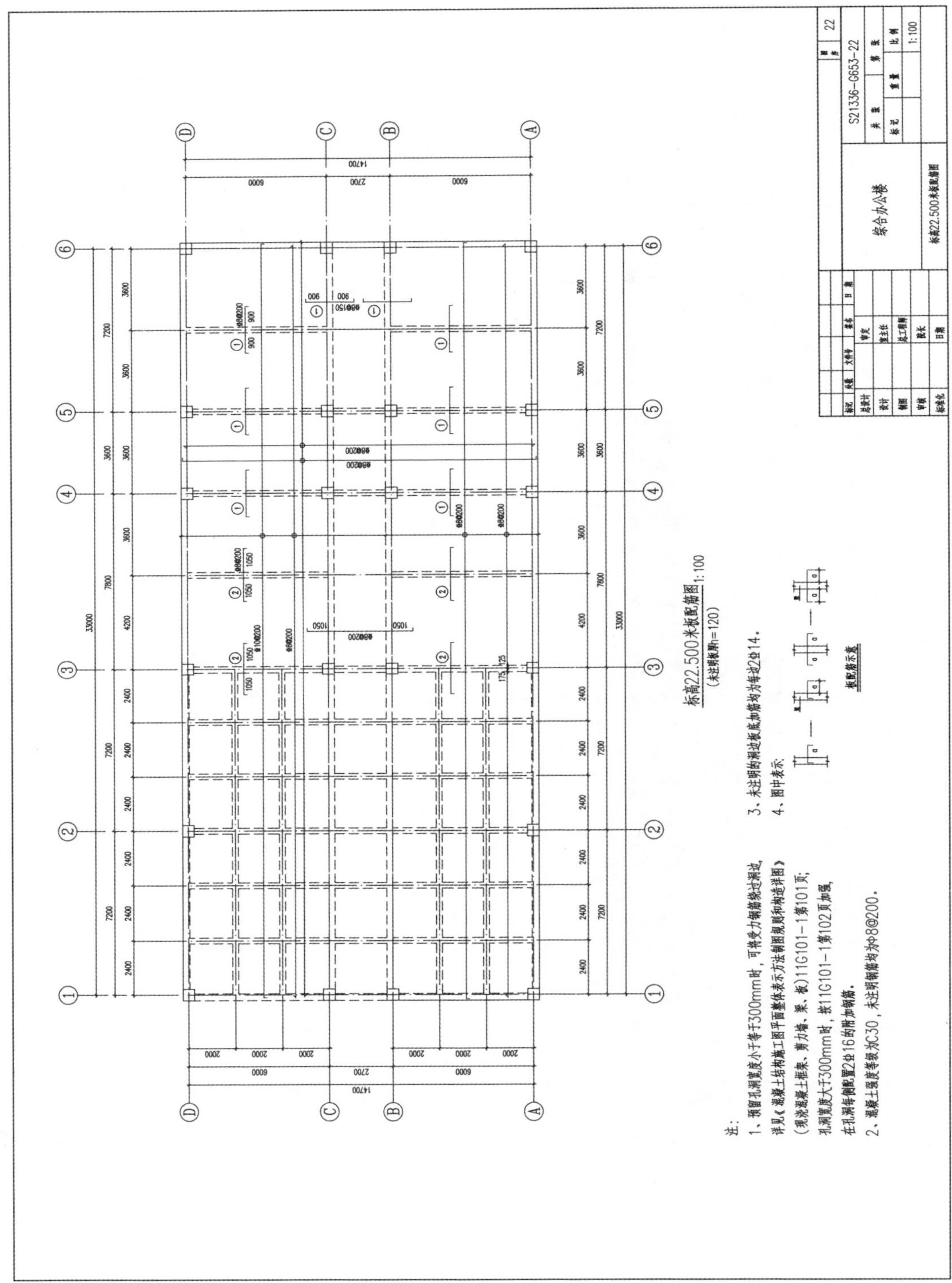

标高22.500米板配筋图 1:100

（未注明板厚h=120）

注：

1、预留孔洞宽度小于等于300mm时，可将受力钢筋绕过洞边，详见《混凝土结构施工图平面整体表示方法制图规则和构造详图》（现浇混凝土框架、剪力墙、梁、板）11G101-1第101页；孔洞宽度大于300mm时，按11G101-1第102页加强，在孔洞每侧配置2Φ16的附加钢筋。

2、混凝土强度等级为C30，未注明钢筋均为Φ8@200。

3、未注明的洞边板底加筋均为每边2Φ14。

4、图中表示：

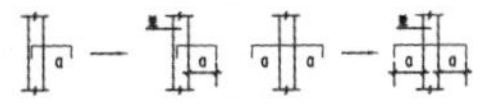

板配筋示意

标记	处数	文件号	签名	日期		
总设计		审定			综合办公楼	图序 22
设计		室主任				S21336-G653-22
制图		总工程师				共 张 第 张
审核		院长				标记 重量 比例
标准化		日期			标高22.500米板配筋图	1:100

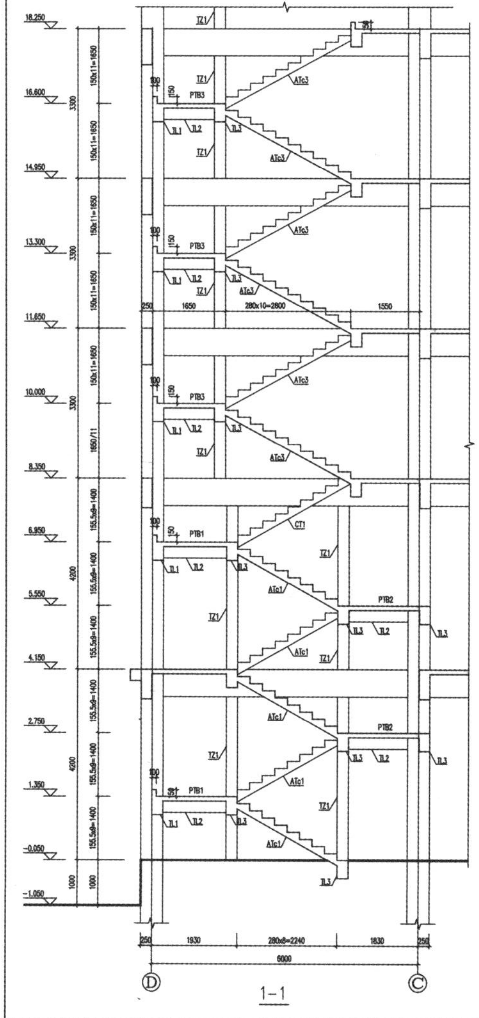

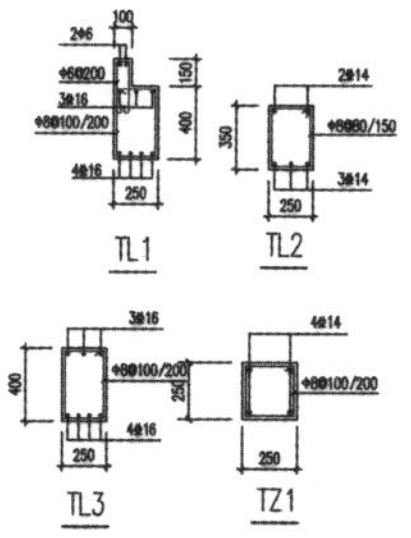

1-1

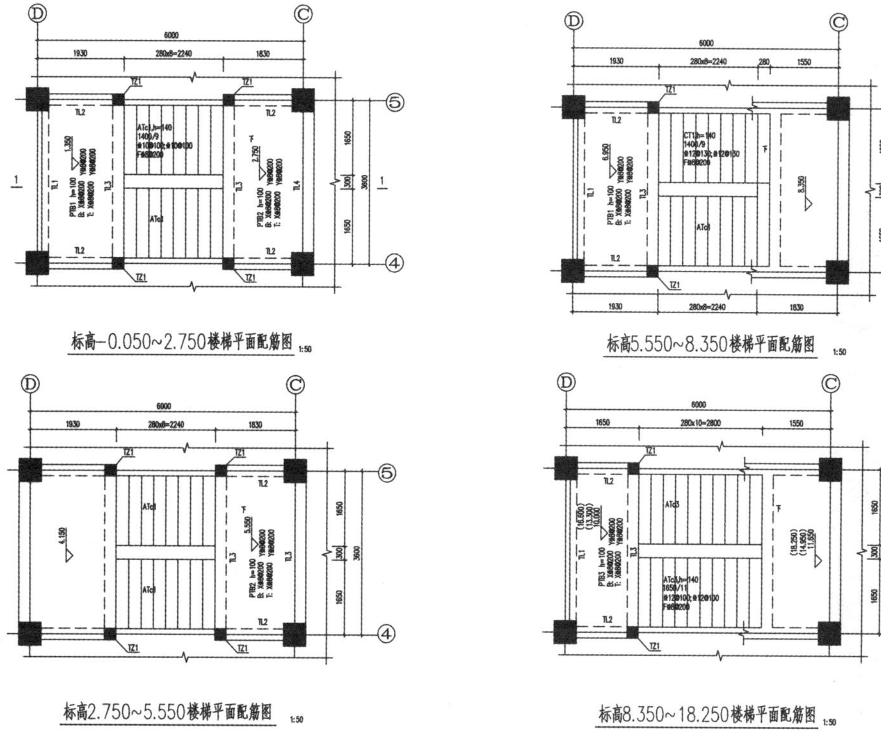

标高-0.050~2.750楼梯平面配筋图 1:50

标高5.550~8.350楼梯平面配筋图 1:50

标高2.750~5.550楼梯平面配筋图 1:50

标高8.350~18.250楼梯平面配筋图 1:50

TL1　TL2　TL3　TZ1

注：

1.本楼梯平面图、剖面图与国家标准图集11G101-2及建筑图配合使用。

2.本图所注标高均为结构标高。

3.混凝土等级为C30，"Φ"为钢筋HPB300级钢筋，"⊈"为钢筋HRB400级钢筋。

4.本图所注梯板纵筋双向拉通，构造参11G101-2第44页ATc型楼梯板构造。

5.梯柱（TZ）在层高范围内通高设置；

6.CT1的配筋构造同ATc1

标记	处数	文件号	签名	日期	综合办公楼	S21336-G653-23		图号 23
总设计		审定				共 张	第 张	
设计		室主任				标记	重量	比例
制图		主任工程师						1:100
审核		院长						
标准化		日期			楼梯图			

· 参考文献

[1]广联达软件股份有限公司.方联达工程造价类软件实训教程[M].北京:人民交通出版社,2008.

[2]中国建筑标准设计研究院.混凝土结构施工图平面整体表示方法制图规则和构造详图[M].北京:中国计划出版社,2006.

[3]张晓敏,李社生.建筑工程造价软件应用——广联达系列软件[M].北京:中国建筑工业出版社,2013.

图书在版编目(CIP)数据

广联达造价软件应用技术/赵迪主编. —西安:西安交通大学出版社,2016.7

ISBN 978-7-5605-8783-7

Ⅰ.①广… Ⅱ.①赵… Ⅲ.①建筑工程—工程造价—应用软件 Ⅳ.①TU723.3—39

中国版本图书馆 CIP 数据核字(2016)第 165084 号

书　　名　广联达造价软件应用技术
主　　编　赵　迪
责任编辑　王建洪

出版发行　西安交通大学出版社
（西安市兴庆南路 10 号　邮政编码 710049）
网　　址　http://www.xjtupress.com
电　　话　(029)82668357　82667874(发行中心)
(029)82668315(总编办)
传　　真　(029)82668280
印　　刷　西安明瑞印务有限公司

开　　本　787mm×1092mm　1/16　**印张**　12.875　**字数**　308 千字
版次印次　2016 年 8 月第 1 版　2016 年 8 月第 1 次印刷
书　　号　ISBN 978-7-5605-8783-7/TU·196
定　　价　56.80 元

读者购书、书店添货,如发现印装质量问题,请与本社发行中心联系、调换。
订购热线:(029)82665248　(029)82665249
投稿热线:(029)82668133　(029)82665379
读者信箱:xj_rwjg@126.com